网络空间安全技术丛书

信息安全风险评估手册

第2版

郭　鑫　编著

机 械 工 业 出 版 社

本书首先介绍了信息安全风险评估的基础知识，然后介绍了信息安全风险评估的主要内容、实施流程、评估工具、评估案例、信息安全管理控制措施、手机客户端安全检测、云计算信息安全风险评估和智慧城市安全解决方案等内容。

本书主要面向国家和地方政府部门、大型企事业单位的信息安全管理人员，以及信息安全专业人员，可作为信息安全风险评估、风险管理、ISMS（ISO/IEC27001）认证的培训教材和自学参考书。

图书在版编目(CIP)数据

信息安全风险评估手册 / 郭鑫编著. —2 版. —北京：机械工业出版社，2022.1(2025.1 重印)
(网络空间安全技术丛书)
ISBN 978-7-111-69929-3

Ⅰ. ①信… Ⅱ. ①郭… Ⅲ. ①信息系统-安全技术-风险评价-手册
Ⅳ. ①TP309-62

中国版本图书馆 CIP 数据核字(2021)第 266536 号

机械工业出版社(北京市百万庄大街 22 号 邮政编码 100037)
策划编辑：杨 源 责任编辑：杨 源
责任校对：张艳霞 责任印制：张 博

北京建宏印刷有限公司印刷

2025 年 1 月第 2 版·第 4 次印刷
184mm×260mm·16 印张·387 千字
标准书号：ISBN 978-7-111-69929-3
定价：99.00 元

电话服务
客服电话：010-88361066
010-88379833
010-68326294

网络服务
机 工 官 网：www.cmpbook.com
机 工 官 博：weibo.com/cmp1952
金 书 网：www.golden-book.com
机工教育服务网：www.cmpedu.com

出版说明

随着信息技术的快速发展，网络空间逐渐成为人类生活中一个不可或缺的新场域，并深入到了社会生活的方方面面，由此带来的网络空间安全问题也越来越受到重视。网络空间安全不仅关系到个体信息和资产安全，更关系到国家安全和社会稳定。一旦网络系统出现安全问题，那么将会造成难以估量的损失。从辩证角度来看，安全和发展是一体之两翼、驱动之双轮，安全是发展的前提，发展是安全的保障，安全和发展要同步推进，没有网络空间安全就没有国家安全。

为了维护我国网络空间的主权和利益，加快网络空间安全生态建设，促进网络空间安全技术发展，机械工业出版社邀请中国科学院、中国工程院、中国网络空间研究院、浙江大学、上海交通大学、华为及腾讯等全国网络空间安全领域具有雄厚技术力量的科研院所、高等院校、企事业单位的相关专家，成立了阵容强大的专家委员会，共同策划了这套“网络空间安全技术丛书”(以下简称“丛书”)。

本套丛书力求做到规划清晰、定位准确、内容精良、技术驱动，全面覆盖网络空间安全体系涉及的关键技术，包括网络空间安全、网络安全、系统安全、应用安全、业务安全和密码学等，以技术应用讲解为主，理论知识讲解为辅，做到“理实”结合。

与此同时，我们将持续关注网络空间安全前沿技术和最新成果，不断更新和拓展丛书选题，力争使该丛书能够及时反映网络空间安全领域的新方向、新发展、新技术和新应用，以提升我国网络空间的防护能力，助力我国实现网络强国的总体目标。

由于网络空间安全技术日新月异，而且涉及的领域非常广泛，本套丛书在选题遴选及优化和书稿创作及编审过程中难免存在疏漏和不足，诚恳希望各位读者提出宝贵意见，以利于丛书的不断精进。

机械工业出版社

网络空间安全技术丛书
专家委员会名单

前言

随着信息化进程的深入和互联网产业的迅速发展，人们的工作、学习和生活方式正在发生巨大变化，效率大为提高，信息资源得到共享，同时各类智能化系统的功能也随着科技的进步而不断丰富。但必须看到，紧随信息化发展而来的网络安全问题日渐突出，已成为信息时代人类共同面临的挑战，如果不能很好地解决这个问题，必将阻碍信息化发展的进程。

鉴于这种情况，各国围绕互联网关键资源和网络空间国际规则的角逐将更加激烈，工业控制系统、智能技术应用、云计算、移动支付领域面临的网络安全风险会进一步加大，黑客组织和网络恐怖组织等发起的网络安全攻击也将持续增加，影响力和破坏性显著增强，网络安全形势更加严峻。

个人、企业乃至国家的信息安全需要科学、系统地进行防护建设，信息安全风险评估基于 ISO27001 的国际标准，是信息系统安全的基础性工作。它是传统的风险理论和方法在信息系统中的运用，是科学地分析和理解信息与信息系统在保密性、完整性、可用性等方面所面临的风险，并在风险的减少、转移和规避等风险控制方法之间做出决策的过程。

攻防是网络安全永恒的两面，安全看重的是全局，而非单点。作为新时代信息安全书籍，本书加入了风险评估案例，理论与实践内容结合，参照国际相关标准，通过风险评估理论突出了网络安全整体把控，内容详尽且深入浅出，作为第 2 版，本书增加了摇光自动化渗透测试工具、APK 完整性校验、智慧城市安全防护等新内容。无论是对希望从事网络安全行业的人员，还是长期从事网络安全的专业人士，本书都大有裨益，相信可以让广大读者获取更多的实用知识点。同时，也期待读者通过阅读、学习，可以用所学知识为国家做出更大的贡献！

编者

目录

第 *1* 章

认识信息安全风险评估

1.1　信息安全风险评估的基本概念

1.1.1　风险评估介绍

风险评估（Risk Assessment）是指在风险事件发生之前或之后（但还没有结束），对该事件给人们的生活、生命和财产等各个方面造成的影响和损失的可能性进行量化评估的工作。即风险评估就是量化测评某一事件或事物带来的影响或损失的可能程度。

从信息安全的角度来讲，风险评估是对信息资产（即某事件或事物所具有的信息集）所面临的威胁、存在的弱点、造成的影响，以及三者综合作用所带来风险的可能性的评估。作为风险管理的基础，风险评估是组织确定信息安全需求的一个重要途径，属于组织信息安全管理体系策划的过程。

1.1.2　风险评估的基本注意事项

在风险评估过程中，有下列几个关键的问题需要考虑。

- 要确定保护的对象（或者资产）是什么？它的直接和间接价值如何？
- 资产面临哪些潜在威胁？导致威胁的问题是什么？威胁发生的可能性有多大？
- 资产中存在哪些弱点可能会被威胁或利用？利用的容易程度又如何？
- 一旦发生威胁事件，组织会遭受怎样的损失或者面临怎样的负面影响？
- 组织应该采取怎样的安全措施才能将风险带来的损失降低到最低程度？

解决以上问题的过程，就是风险评估的过程。

进行风险评估时，有下列几个对应关系必须考虑。

- 每项资产可能面临多种威胁。
- 威胁源（威胁代理）可能不止一个。
- 每种威胁可能利用一个或多个弱点。

1.2　信息安全风险评估相关标准

在信息安全产业界，风险评估早已不是陌生话题。近几年来，众多信息安全公司完成的风险评估项目已不在少数，甚至在大部分的信息安全服务厂商中，风险评估都是其核心业务。

风险评估的核心不仅仅是理论，更是实践。风险评估的实践工作非常困难，据国外的统计数字显示，只有60%的风险评估是成功的。国内的风险评估工作面临的挑战更多，需要一定时间的积累和沉淀，要有一个学和练的过程。需要大家先掌握理论基础，了解风险评估的相关标准。下面就来认识这些国际标准。

1. ISO 27001 起源

随着信息化水平的不断发展，信息安全逐渐成为人们关注的焦点，世界范围内的各个机构、组织和个人都在探寻如何保障信息安全的问题。英国、美国、挪威、瑞典、芬兰和澳大利亚等国均制定了有关信息安全的本国标准，国际标准化组织（ISO）也发布了 ISO/IEC17799、ISO 13335 和 ISO 15408 等与信息安全相关的国际标准及技术报告。目前，在信息安全管理方面，ISO 27001:2005 已经成为世界上应用最广泛与典型的信息安全管理标准之一，它是在 BSI/DISC 的 BDD/2 信息安全管理委员会指导下制定完成的。

ISO 27001 标准于 1993 年由英国贸易工业部立项，于 1995 年在英国首次出版 BS 7799-1:1995《信息安全管理实施细则》，它提供了一套综合的、由信息安全最佳惯例组成的实施规则，其目的是作为确定工商业信息系统在大多数情况下所需控制范围的唯一参考基准，并且适用于大、中、小组织。

1998 年，英国公布了标准的第二部分《信息安全管理体系规范》，它规定了信息安全管理体系要求与信息安全控制要求，是一个组织全面或部分信息安全管理体系评估的基础，可以作为一个正式认证方案的根据。BS 7799-1 与 BS 7799-2 经过修订于 1999 年重新予以发布，1999 年版考虑了信息处理技术，尤其是在网络和通信领域应用的近期发展，同时还特别强调了商务涉及的信息安全及信息安全的责任。

2000 年 12 月，BS 7799-1:1999《信息安全管理实施细则》通过了国际标准化组织（ISO）的认可，正式成为国际标准——ISO/IEC 17799:2000《信息技术——信息安全管理实施细则》。2002 年 9 月 5 日，BS 7799-2:2002 草案经过广泛的讨论之后，终于发布成为正式标准，同时 BS 7799-2:1999 被废止。2004 年 9 月 5 日，BS 7799-2:2002 正式发布。

2005 年，BS 7799-2:2002 终于被 ISO 组织所采纳，于同年 10 月推出 ISO/IEC 27001:2005。

2005 年 6 月，ISO/IEC 17799:2000 经过改版，形成了新的 ISO/IEC 17799:2005，新版本较老版本，无论是组织编排还是内容完整性上都有了很大的增强和提升。ISO/IEC 17799:2005 已更新，并在 2007 年 7 月 1 日正式发布为 ISO/IEC 27002:2005，这次更新的只是在标准上的号码，内容并没有改变。

2. ISO 27001 发展

2000 年，国际标准化组织（ISO）在 BS 7799-1 的基础上制定并通过了 ISO 17799 标准。BS 7799-2 在 2002 年也由 BSI 进行了重新修订。ISO 组织在 2005 年对 ISO 17799 再次进行修订，BS 7799-2 也于 2005 年被采用为 ISO27001:2005。

信息安全管理体系标准（ISO 27001）可有效保护信息资源，保护信息化进程健康、有序、可持续发展。ISO 27001 是信息安全领域的管理体系标准，类似于质量管理体系认证的 ISO 9000 标准。一旦某组织通过了 ISO 27001 的认证，就相当于通过了 ISO 9000 的质量认证，表示该组织信息安全管理已建立了一套科学有效的管理体系作为保障。根据 ISO 27001 对信息安全管理体系进行认证，可以带来以下几点好处。

1）引入信息安全管理体系，就可以协调各个方面的信息管理，从而使管理更为有效。保证信息安全不是仅有一个防火墙，或找一个 24 h 提供信息安全服务的公司就可以达到的。它需要全面的综合管理。

2）通过进行 ISO 27001 信息安全管理体系认证，可以增进组织间电子商务往来的信用度，能够使网站和贸易伙伴之间互相信任，随着组织间电子交流的增加，通过信息安全管理的记录可以明显看到信息安全管理的利益，并为广大用户和服务提供商提供一个基础的设备管理。同时，把组织的干扰因素降到最小，创造出更大的收益。

3）通过认证能保证和证明组织所有的部门对信息安全的承诺。

4）通过认证可改善全体的业绩，消除不信任感。

5）获得国际认可的机构的认证证书，可得到国际上的承认，从而拓展业务。

6）建立信息安全管理体系能降低这种风险，通过第三方的认证能增强投资者及其他利益相关方的投资信心。

7）组织按照 ISO 27001 标准建立信息安全管理体系，会有一定的投入，但是若能通过认证机关的审核，获得认证，将会获得有价值的回报。企业通过认证将可以向客户、竞争对手、供应商、员工和投资方展示其在同行内的领导地位；定期的监督审核将确保组织的信息系统不断地被监督和改善，并以此作为增强信息安全性的依据，增强信任、信用及信心，使客户及利益相关方感受组织对信息安全的承诺。

8）通过认证能够向政府及行业主管部门证明组织对相关法律法规的符合性。

3. ISO 27001 标准修订

自 2005 年国际标准化组织（简称 ISO）将 BS7799 转化为 ISO 27001:2005 发布以来，此标准在国际上获得了空前的认可，相当数量的组织采纳并进行了信息安全管理体系的认证。

ISO 对标准的更新一般是以 3 年为一个周期，但因为 ISO 27001:2005 标准发布后取得的巨大成功，以及 ICT 行业的飞速发展，使得这个标准的更新变得非常谨慎。从 ISO 发布的最新信息可以看到，ISO 27001 标准的更新筹备实际上已经在 2008 年就开始了，任命了工作组（JTC 1/SC 27 WG 1）；2009 年正式启动更新。

从 ISO 27001 标准新版更新的一些说明材料中，可以看出这次 ISO 27001 标准改版将会具有以下几个特征：采用 ISO 导则 83，规范了今后 ISO 管理体系认证标准的基本框架；采用导则 83 颁布的第一个标准是 2012 年 5 月发布的业务连续管理体系标准——ISO 22301:2012。

在新版标准中明确了以下要求：①信息安全风险评估。组织应确定如何确定其信息安全风险评估和处置过程的可靠性。②信息安全风险处理。适用时，组织应调整信息安全风险评估和处置过程，以及采用的方法，以改善过程的可靠性。保留附录 A 控制措施与控制目标。新版 ISO 27001 依然会保留 SOA 和附录 A 控制目标、控制措施的架构，因此，毫无疑问，ISO 27001 的新版修订一定会与 ISO 27002 的修订同步进行。

事实上，关于控制措施和控制目标的修订，也是应对新的变化的信息安全威胁和风险的必要选择。这部分的更新，在修订项目中接受了大量的修改建议，争论也相当大，目前还没有最终结论。

古希腊哲学家赫拉克利特因其作为辩证法的奠基人之一而闻名于世，他曾经写道“一切皆流，无物常驻”。过去几年中，国际上几乎所有行业和组织面临的信息安全风险的局势无不体现了赫氏的这一学说。变化和发展是永恒的，信息安全风险总是处在持续演进中，攻击者的手段依然会层出不穷。因此，信息安全管理的实践和标准都在不断发展，唯一要做的就是保持警惕，随时准备抵御风险。

4. ISO 27001 认证机构

在国内颁发 ISO 27001 信息安全管理体系证书的认证机构必须是经过 CNCA（中国国家认证认可监督管理委员会，简称国家认监委）授权的，所有通过认证且合法的证书均可在 CNCA 的网站上进行查询。国外的认证机构如果没有在国内 CNCA 备案，即使认证机构得到了 UKAS 或者 ANAB 等的认可，也不符合中国的法律法规，将被视为违规操作，一旦被发现将会被 CNCA 处罚并公示证书在国内无效。经 CNCA 授权的认证机构可以在 CNCA 网站上查询。

认证是指由认证机构证明产品、服务和管理体系符合相关技术规范、相关技术规范的强制性要求或者标准的合格评定活动。所谓认证机构，是指经中国国家认证认可监督管理委员会（CNCA）批准，可以在中国合法开展管理体系认证和产品认证的专业机构。也就是说，取得此项认证资质的企业或单位才可以进行审核活动。比如 BSI、DNV、北京新世纪认证有限公司和华夏认证中心有限公司等，它们都属于认证机构。认证机构是经 CNCA 授权，由认可机构进行管理的。

认可是正式表明合格评定机构，具备实施特定合格评定工作能力的第三方证明。通俗地讲，认可是指认可机构按照相关国际标准或国家标准，对从事认证、检测和检查等活动的合格评定机构实施评审，证实其满足相关标准要求，进一步证明其具有从事认证、检测和检查等活动的技术能力和管理能力，并颁发认可证书。中国的认可机构是 CNAS（中国合格评定国家认可委员会），英国的认可机构是 UKAS，美国的认可机构是 ANAB。

一般来说，证书是由认证机构颁发的，认证机构要得到认可机构的授权，认可机构要得到国家认监委（CNCA）的授权，因此在中国，认证的最高管理单位是 CNCA。但是有些认证机构经 CNCA 备案授权，并没有获得 CNAS 的认可，这样在国内开展被授权的审核业务也是可以的。

1.3 信息安全标准化组织

1.3.1 国际标准化组织介绍

1.3.1.1 国际标准化组织简介

国际标准化组织（International Organization for Standardization，ISO）简称 ISO，是一个全球性的非政府组织，是国际标准化领域中一个十分重要的组织。ISO 一词来源于希腊语“ISOS”，即“EQUAL”——平等之意。ISO（国际标准化组织）成立于 1946 年，中国是 ISO 的正式成员，代表中国参加 ISO 的国家机构是中国国家技术监督局（CSBTS）。

ISO 负责目前绝大部分领域（包括军工、石油和船舶等垄断行业）的标准化活动。ISO 现有 121 个正式成员，包括 121 个国家和地区。ISO 的最高权力机构是每年一次的“全体大会”，其日常办事机构是中央秘书处，设在瑞士日内瓦。中央秘书处现有 170 名职员，由秘书长领导。ISO 的宗旨是“在世界上促进标准化及其相关活动的发展，以便于商品和服务的国际交换，在智力、科学、技术和经济领域开展合作。”ISO 通过它的 2856 个技术结构开展技术活动，其中技术委员会（简称 SC）共 611 个，工作组（WG）共 2022 个，特别工作组共 38 个。我国于 1978 年加入 ISO，在 2008 年 10 月的第 31 届国际标准化组织大会上，正式成为 ISO 的常任理事国。

国际标准化组织总部设于瑞士日内瓦，成员包括 164 个会员国。该组织自我定义为非政府组织，官方语言是英语、法语和俄语。参加者包括各会员国的国家标准机构和主要公司。ISO 是世界上最大的非政府性标准化专门机构，是国际标准化领域中一个十分重要的组织。

1.3.1.2 国际标准化组织内容

ISO 的内容涉及广泛，从基础的紧固件、轴承等各种原材料到半成品和成品，其技术领域涉及信息技术、交通运输、农业、保健和环境等。每个工作机构都有自己的工作计划，该计划列出了需要制定的标准项目（试验方法、术语、规格和性能要求等）。

ISO 的主要功能是为人们制定国际标准达成一致意见提供一种机制。其主要机构及运作规则都在一个名为 ISO/IEC 技术工作导则的文件中予以规定，其技术结构在 ISO 中是有 800 个技术委员会和分委员会，它们各有一个主席和一个秘书处，秘书处由各成员国分别担任，承担秘书国工作的成员团体有 30 个，各秘书处与位于日内瓦的 ISO 中央秘书处保持直接联系。

通过这些工作机构，ISO 已经发布了 17000 多个国际标准，如 ISO 公制螺纹、ISO 的 A4 纸张尺寸、ISO 的集装箱系列（世界上 95%的海运集装箱都符合 ISO 标准）、ISO 的胶片速度代码、ISO 的开放系统互联（OSI）系列（广泛用于信息技术领域）和有名的 ISO 9000 质量管理系列标准。

此外，ISO 还与 450 个国际和区域的组织在标准方面有联络关系，特别与国际电信联盟（ITU）有密切联系。在 ISO/IEC 系统之外的国际标准机构共有 28 个。每个机构都在某一领域制定一些国际标准，通常它们处于联合国控制之下。一个典型的例子就是世界卫生组织（WHO）。ISO/IEC 制定了 85%的国际标准，剩下的 15%由这 28 个其他国际标准机构制定。

1.3.1.3 国际标准化组织标准分类

ISO 质量体系标准包括 ISO 9000、ISO 9001 和 ISO 9004。ISO 9000 标准明确了质量管理和质量保证体系，适用于生产型及服务型企业。ISO 9001 标准为从事和审核质量管理和质量保证体系提供了指导方针。

ISO 9000 质量体系标准包括了 3 个体系标准和 8 条指导方针。3 个体系标准分别是 ISO 9001、ISO 9002 和 ISO 9003；8 个指导方针是 ISO 9000-1 ～ ISO 9000-4 和 ISO 9004-1 ～ ISO 9004-4。其中首要标准是 ISO 9001，它为设计、制造产品及提供服务的组织明确指出了一套完整质量体系中的 20 条要素。ISO 9002 为只制造产品但不设计产品及提供服务的组织明确指出了 19 条要素。ISO 9003 为只进行检验的组织明确指出了 16 条要素。ISO 9000 标准每 5 ～ 7 年修订一次。第一批标准已于 1987 年公布，第一次修订则于 1994 年公布，第二次修订于 2000 年公布，现已有 2015 版。

ISO 9001 的新修订本包括一个单一质量体系标准。其指明了 ISO 9001 将适用于一切组织。它将涉及以下几个部分：管理职责、资源管理、工序管理、测量、分析及改进。资源管理这部分是全新的，其他部分包含了新项目。新修订本将包含所有旧的要求，并增加了附加管理要求、工序管理要求、工序测量及改进要求。

ISO/IEC 对于标准检验实验室的承认及其被规定的权限标准包括 ISO 指导 25、58、61、

62 及 65。ISO/IEC 指导 58 明确了对认可标准和检验实验室的要求。ISO/IEC 指导 61 明确了对认可产品认证及质量体系注册团体的要求。ISO/IEC 指导 62 明确了对质量体系的要求。ISO/IEC 指导 65 明确了对产品认证的要求。ISO/IEC 指导用于对产品及服务的一致性进行评估。存在于国家认可要求中的分歧由国际及区域性认可合作组织进行调节。为了缩短电信设施及其他被校对产品的一致性评估过程，制定了相互承认协定（mras），该协定将缩短和减少获得产品和质量体系认证的时间和成本。

ISO 9000 认证需要一个同 ISO 9001 相一致的正在运行的质量体系，由注册团体所做的成功且独立的评估。为了维持认证，注册团体需要每 6 或 12 个月进行一次监督评估，每 3 年还要进行一次全面再评估。

ISO 9000 系列 2000 版以后的版本，将 ISO 9002 和 ISO 9003 融合到 ISO 9001:2000 标准中。所以用于认证的只有 ISO 9001，ISO 9002 和 ISO 9003 已经退出历史舞台。ISO 9004 是业绩改进指南，不用于认证，只用于组织内部综合绩效改进指南。

1.3.2 国外标准化组织介绍

随着世界区域经济体的形成，区域标准化日趋发展。区域标准化是指世界某一地理区域内有关国家或团体共同参与开展的标准化活动。目前，有些区域已成立标准化组织，如欧洲标准化委员会（CEN）、欧洲电工标准化委员会（CENELEC）、欧洲电信标准化协会（ETSI）、太平洋地区标准大会（PASC）、泛美技术标准委员会（COPANT）和非洲地区标准化组织（ARSO）等。

1.3.2.1 欧洲标准化委员会（CEN）

欧洲标准化委员会（ComitéEuropéen de Normalisation，法文缩写为 CEN）成立于 1961 年，总部设在比利时布鲁塞尔。以西欧国家为主体、由国家标准化机构组成的非营利性国际标准化科学技术机构，是欧洲三大标准化机构之一。

CEN 的宗旨在于促进成员国之间的标准化协作，制定本地区需要的欧洲标准（EN，除电工行业以外）和协调文件（HD），CEN 与 CENELEC 和 ETSI 一起组成信息技术指导委员会（ITSTC）。

1.3.2.2 欧洲电工标准化委员会（CENELEC）

CENELEC 于 1976 年成立，其宗旨是协调各国的电工标准，以消除贸易中的技术壁垒。制定统一的 IEC 范围外的欧洲电工标准，实行电工产品的合格认证制度。欧洲电子元器件委员会（CECC）和电子元器件质量评定委员会（ECQAC）是电子产品的合格认证机构。

1.3.2.3 欧洲电信标准化协会（ETST）

ETSI 于 1988 年成立，是为开发欧洲的通信市场而建立的通信技术标准。ETSI 制定的标准为 ETS，即欧洲电信标准，包括推荐标准和暂行标准。

ETSI 由制造商、贸易商和欧洲邮政管理局的成员组成。

1.3.2.4 太平洋地区标准大会（PASC）

为了加强和促进太平洋沿岸国家积极有效地参与国际标准化活动，1972 年，在国际标准化组织活动中，一些国家提出在自愿参加的基础上举办太平洋地区标准大会。

太平洋沿岸国家和地区的 ISO、IEC 成员都可成为 PASC 成员。

1.3.2.5　泛美技术标准委员会（COPANT）

COPANT是中美洲和拉丁美洲区域性标准化机构，成立于1947年，旨在制定美洲统一使用的标准，以促进中、南美洲国家经济和贸易的发展，协调拉丁美洲国家标准化机构的活动。受拉丁美洲自由贸易协会委托制定各项产品标准、标准试验方法和术语等，以促进拉丁美洲国家之间的贸易，巩固拉丁美洲共同市场。

1.3.2.6　非洲地区标准化组织（ARSO）

1977年1月，非洲17个国家在加纳首都阿克拉召开会议，决定成立非洲地区标准化组织，这是一个政府间组织。

其主要目的是促进非洲的标准化、质量管理和产品合格认证工作的发展；制定非洲地区标准ARS；协调成员国参加国际标准化活动，在本地区建立标准及与标准有关活动的文献和情报系统。ARS标准包括：通用标准、农产品和食品标准、建筑工程标准、机械工程和冶金、化学和化学工程、电子标准、通信、环保及人口控制标准。对于已有ARS标准的产品，拟订和协调非洲地区的认证标准，进行相互承认或多边承认的认证工作。

1.3.3　国内标准化组织介绍

1.3.3.1　中国标准化协会

中国标准化协会（简称中国标协）的英文译名为China Association for Standardization（英文缩写为CAS），是由全国从事标准化工作的单位和个人自愿参与组成，经国家民政主管部门批准成立的全国性法人社会团体。中国标协是中国科学技术协会的重要成员单位，接受国家质量监督检验检疫总局的领导和业务指导。

中国标准化协会是我国唯一的标准化专业协会，是中国科学技术协会重要成员。

1.3.3.2　国家标准化管理委员会

中国国家标准化管理委员会（中华人民共和国国家标准化管理局）为国家质量监督检验检疫总局管理的事业单位。国家标准化管理委员会是国务院授权的履行行政管理职能、统一管理全国标准化工作的主管机构。

1.4　信息安全风险评估的发展与现状

1.4.1　信息安全风险评估的发展

风险评估技术目前在社会公共安全风险评估应用中还存在很多争论及有待改善的问题，其中最重要的是风险评估技术的科学性有待提高。基于存在的问题，应在基础研究、方法和模型的建立、可信度等方面加强风险评估技术的研究，这些技术包括技术规范、评价体系和管理标准。我国在相关法律法规的建设等方面也还有待加快进程，使用和研究风险评估技术的人员应该了解、追踪乃至推动这个领域的技术进步。

目前，国内针对社会公共安全的专业服务公司尚未形成，现有的政府和社会需求还主要靠大专院校及研究院所，以及保险经纪公司的业务外延，然而这种服务机构更多的重点是基于理论应用研究为基础，缺少社会实践经验。

随着我国社会公共安全风险评估应用技术研究的深入，以及风险评估对社会安全管理和建设支撑决策认识的提高，社会公共安全风险评估必将成为安全防范工程建设决策、规划、设计和管理的必要前置需求。由此，也将产生相应的专业化服务机构，以满足社会的需求。

1.4.2 信息安全风险评估的现状

风险评价技术起源于20世纪30年代，当时美国的保险公司为客户承担各种风险，必须收取一定的保险费用，而收取费用的多少是由所承担的风险大小决定的。因此，就产生了一个衡量风险程度的问题。美国保险协会在衡量风险程度的过程中便产生了风险评价，并推广到企业界。

20世纪50年代末发展起来的系统安全工程推动了风险评价技术的发展。日本引进风险管理及系统安全工程的方法虽然较晚，但发展很快，已经在电子、航空、铁路、公路、原子能、汽车、化工和冶金等领域大力开展了研究与应用。

风险评估这个术语正式面世及这个方法正式形成一个系统是在1976年美国国家环保局首次颁布了“致癌物风险评估准则”。1983年，美国国家科学院发布了题为《联邦政府的风险评估管理》的报告，确认了这一方法。20世纪80年代，美国国家环保局颁布了多个与风险评估有关的规范和准则。20世纪80年代以来，美国食品及药品监督管理局（FDA）、世界卫生组织（WHO）及联合国环境规划署（UNEP）等一系列机构与国际组织颁布了与风险评价有关的规范和准则，使风险评估技术迅速发展并在世界范围内得到广泛应用。

虽然美国引领了网络和信息技术的发展，但是目前影响最广泛的网络和信息安全方面的标准ISO/IEC 17799:2005（其前身是BS 7799第一部分，全称是Code of Practice for Information Security，也即为信息安全管理实施细则）却来自英国，并被大多数国家认可和使用。目前通常所说的ISO 27001和ISO 27002，其前身分别是BS 7799第二部分和BS 7799第一部分。

信息安全评估涉及方方面面，安全标准也十分庞杂，各种评估标准的侧重点也不一样，比如《信息技术安全性评估准则（CC）》和《美国国防部可信计算机评估准则（TCSEC）》等更侧重于对系统和产品的技术指标的评估；《系统安全工程能力成熟模型（SSE-CMM）》更侧重于对安全产品开发、安全系统集成等安全工程过程的管理。ISO/IEC 17799（也就是ISO 27001和ISO 27002）在对信息系统日常安全管理方面具有无法取代的地位，因此，目前国外很多企业接受ISO 27001:2005（BS 7799-2）的认证，即信息安全管理体系认证证书。

国内的情况比较简单，由于关于安全风险评估研究的起步较晚，目前国内整体处于起步和借鉴阶段，在安全风险评估的标准研究上还处于跟踪国际标准的初级探索阶段。国家质量技术监督局于2001年依据国际标准CC颁布了GB/T 18336《信息技术 安全技术 信息技术安全性评估准则》，相关的标准还有依据美国的TCSEC及红皮书于1999年发布的GB17859《计算机信息系统 安全保护等级划分准则》，以及我国专门针对信息系统安全风险评估制定的标准《信息安全技术 信息安全风险评估规范》(GB/T20984—2007）和《信息安全风险管理指南》。

思考题

- 风险评估都有哪些主要国际、国内标准？
- 为什么要有国际标准化组织？

第2章

信息安全风险评估的主要内容

2.1 信息安全风险评估工作概述

2.1.1 风险评估的依据

“没有规矩，不成方圆”，这句话在信息系统风险评估领域也是适用的。没有标准指导下的风险评估是没有任何意义的。通过依据某个标准的风险评估或者得到该标准的评估认证，不但可以为信息系统提供可靠的安全服务，而且可以树立单位的信息安全形象，提高单位的综合竞争力。从美国国防部 1985 年发布的著名的可信计算机系统评估准则（TCSEC）起，世界各国根据自己的研究进展和实际情况，相继发布了一系列有关安全评估的准则和标准，如美国的 TCSEC；英国、法国、德国和荷兰等国于 20 世纪 90 年代初发布的信息技术安全评估准则（ITSEC）；加拿大于 1993 年发布的可信计算机产品评价准则（CTCPEC）；美国于 1993 年制定的信息技术安全联邦标准（FC）；由 6 国（加拿大、法国、德国、荷兰、英国、美国）于 20 世纪 90 年代中期提出的信息技术安全性评估通用准则（CC）；由英国标准协会（BSI）制定的信息安全管理标准 BS 7799（ISO 17799），以及最近得到 ISO 认可的 SSE-CMM（ISO/IEC21827:2002）等。我国根据具体情况，也加快了对信息安全标准化的步伐和力度，相继颁布了如《计算机信息系统　安全保护等级划分准则》（GB 17859）、《信息技术　安全技术　信息技术安全性评估准则》（GB/T18336），以及针对不同技术领域的其他一些安全标准。下面简单介绍其中比较典型的几个标准。

2.1.1.1 CC 标准

信息技术安全评估公共标准 CCITSE（common criteria of information technical security evaluation），简称 CC（ISO/IEC 15408-1），是美国、加拿大及欧洲 4 国（共 6 国 7 个组织）经协商同意，于 1993 年 6 月起草的，是国际标准化组织统一现有多种准则的结果，是目前最全面的评估准则。

CC 源于 TCSEC，但已经完全改进了 TCSEC。CC 的主要思想和框架都取自 ITSEC（欧）和 FC（美），它由 3 部分内容组成。

1）介绍及一般模型。

2）安全功能需求（技术上的要求）。

3）安全认证需求（非技术要求和对开发过程、工程过程的要求）。

与早期的评估准则相比，CC 主要具有四大特征。

1）CC 符合 PDR 模型。

2）CC 评估准则是面向整个信息产品生存期的。

3）CC 评估准则不仅考虑了保密性，而且还考虑了完整性和可用性多方面的安全特性。

4）CC 评估准则有与之配套的安全评估方法 CEM（Common Evaluation Methodology）。

2.1.1.2 BS 7799（ISO/IEC 17799）

BS 7799 标准是由英国标准协会（BSI）制定的信息安全管理标准，是国际上具有代表性的信息安全管理体系标准，包括两部分：①BS 7799-1:1999《信息安全管理实施细则》；

②BS 7799-2:2002《信息安全管理体系规范》，其中 BS 7799-1:1999 于 2000 年 12 月通过国际标准化组织（ISO）认可，正式成为国际标准，即 ISO/IEC 17799:2000。

BS 7799-1:1999《信息安全管理实施细则》是组织建立并实施信息安全管理体系的一个指导性的准则，BS 7799-2:2002 以 BS 7799-1:1999 为指南，详细说明按照 PDCA 模型建立、实施及文件化信息安全管理体系（ISMS）的要求。

2.1.1.3 ISO/IEC 21827 2002（SSE-CMM）

信息安全工程能力成熟度模型（System Security Engineering Capability Maturity Model）是关于信息安全建设工程实施方面的标准。

SSE-CMM 的目的是建立和完善一套成熟的、可度量的安全工程过程。该模型定义了一个安全工程过程应有的特征，这些特征是完善的安全工程的根本保证。SSE-CMM 模型通常以下述 3 种方式来应用：①“过程改善”——可以使一个安全工程组织对其安全工程能力的级别有一个认识，于是可设计出改善的安全工程过程，这样就可以提高他们的安全工程能力；②“能力评估”——使一个客户组织可以了解其提供商的安全工程过程能力；③“保证”——通过声明提供一个成熟过程所应具有的各种依据，使得产品、系统和服务更具可信性。

2.1.2 风险评估的原则

最小影响原则：风险评估过程中应尽可能小地影响系统和网络的正常运行，不能对现网的运行和业务的正常提供产生显著影响。

可控性原则：风险评估的方法和过程要在双方认可的范围之内，风险评估的进度要按照进度表进度的安排，保证被评估方对于风险评估工作的可控性。

整体性原则：风险评估内容应当整体全面，包括安全涉及的各个层面，避免由于遗漏造成未来的安全隐患。

标准性原则：风险评估实施方案的设计与实施应依据国内或国际的相关标准进行。

规范性原则：风险评估工作中的过程和文档要具有很好的规范性，以便于项目的跟踪和控制。

保密原则：应对风险评估的过程数据和结果数据严格保密，未经授权不得泄露给任何单位和个人，不得利用此数据进行任何侵害被评估方的行为。

2.1.3 风险评估的相关术语

在进行风险评估之前，需要对风险评估过程中产生的相关术语进行了解，分别如下。

(1) 资产

任何对组织有价值的事件。

(2) 可用性

需要时，授权实体可以访问和使用的特性。

(3) 保密性

信息不可用或不被泄漏给未授权的个人、实体和过程的特性。

(4) 信息安全

保护信息的保密性、完整性、可用性及其他属性，如真实性、可核查性、可靠性和防抵赖性。

(5) 信息安全事件（Event）

信息安全事件是指识别出的发生的系统、服务或网络事件表明可能违反信息安全策略或防护措施失效；或以前未知的与安全相关的情况。

(6) 信息安全事故（Incident）

信息安全事故是指一个或系列非期望的或非预期的信息安全事件，这些信息安全事件可能对业务运营造成严重影响或威胁信息安全。

(7) 信息安全管理体系（ISMS）

信息安全管理体系是整体管理体系的一部分，基于业务风险方法以建立、实施、运行、监视、评审、保持和改进信息安全。

注意：

管理体系包括组织机构、策略、活动、职责、惯例、程序、过程和资源。

(8) 完整性

保护资产的正确和完整的特性。

(9) 残余风险

实施风险处置后仍旧残留的风险。

(10) 风险接受

接受风险的决策。

(11) 风险分析

系统地使用信息以识别来源和估计风险。

(12) 风险评估

风险分析和风险评价的全过程。

(13) 风险评价

将估计的风险与既定的风险准则进行比较，以确定重要风险的过程。

(14) 风险管理

指导和控制一个组织的风险协调的活动。

(15) 风险处置

选择和实施措施以改变风险的过程。

(16) 适用性声明

与组织 ISMS 相关并适用于组织 ISMS 的控制目标和控制措施的文件化的陈述。

注意：

控制目标和控制措施是基于风险评估和风险处置过程的结果和结论、法律法规要求、合同业务，以及组织对信息安全的业务要求。

2.2 风险评估基础模型

模型是客观系统某一方面本质属性的描述，它以某种确定的形式提供关于该系统的知识，是人们用来认识客观世界的工具。系统的研究目的决定了本质属性的选取，创建模型的目标指导着客观对象的概念化过程，它决定了模型中必须体现客观对象的哪些属性，以及如何描述它们。

2.2.1 风险要素关系模型

风险评估要素是指在风险评估过程中必须考虑的风险的组成部分、影响因素和相关因素。而风险评估要素关系是指各个要素在风险评估过程中相互之间的因果关系。

在 ISO 13335 中，阐述的风险（评估要素）关系模型是以风险为“中心”，分析资产(价值)、安全措施、威胁和脆弱性等影响风险的变化，得到残余风险。

其内容是威胁利用脆弱性导致风险。威胁越多，风险也越大；脆弱性暴露资产，脆弱性越多，风险也越大；资产拥有资产价值，资产价值越大，风险也越大；风险导出安全需求，安全需求被安全措施满足，安全措施通过对抗威胁降低风险。

风险评估中各要素的关系如图 2-1 所示。

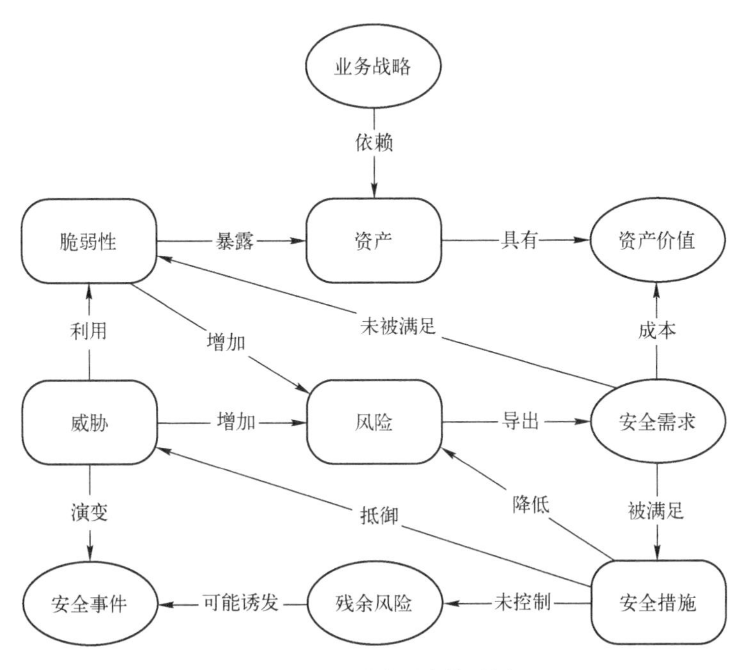

●图 2-1 风险要素关系图

图 2-1 中方框部分的内容为风险评估的基本要素，椭圆部分的内容是与这些要素相关的属性。风险评估围绕着这些基本要素展开，在对这些要素的评估过程中，需要充分

考虑业务战略、资产价值、安全需求、安全事件和残余风险等与这些基本要素相关的各类属性。

图 2-1 中的风险要素及属性之间存在着以下关系。

1）业务战略的实现对资产具有依赖性，依赖程度越高，要求其风险越小。

2）资产是有价值的，组织的业务战略对资产的依赖程度越高，资产价值就越大。

3）资产价值越大，原则上其面临的风险越大。

4）风险是由威胁引发的，资产面临的威胁越多则风险越大，并可能导致安全事件。

5）弱点越多，威胁利用脆弱性导致安全事件的可能性越大。

6）脆弱性是未被满足的安全需求，威胁利用脆弱性危害资产，从而形成风险。

7）风险的存在及对风险的认识导出安全需求。

8）安全需求可通过安全措施得以满足，需要结合资产价值考虑实施成本。

9）安全措施可抵御威胁，降低安全事件发生的可能性，并减少影响。

10）风险不可能也没有必要降为零，在实施了安全措施后，还可能有残余风险。有些残余风险的原因可能是安全措施不当或无效，需要继续控制；而有些残余风险则是在综合考虑了安全成本与效益后而未进行控制的风险，是可以接受的。

11）残余风险应受到密切监视，它可能会在将来诱发新的安全事件。

该模型是从资产所有者和威胁主体的角度，分析资产（价值）、安全措施、威胁和脆弱性等风险影响因素，得到残余风险。其内容是威胁主体希望滥用或者破坏资产，因此引发威胁利用脆弱点导致风险产生；资产所有者意识到脆弱点的存在及脆弱点被利用而导致的风险，因此希望通过利用对策来降低风险，使得风险最小化。

2.2.2 风险分析原理

风险分析原理如图 2-2 所示。

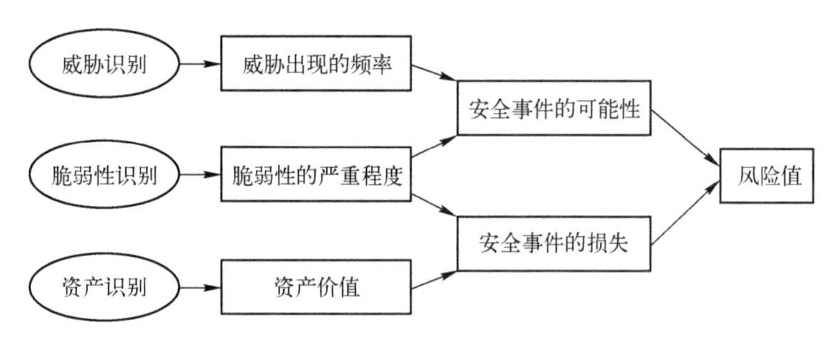

●图 2-2 风险分析原理图

风险分析中要涉及资产、威胁和脆弱性等基本要素。每个要素都有各自的属性，资产的属性是资产价值；威胁的属性可以是威胁主体、影响对象、出现频率和动机等；脆弱性的属性是资产弱点的严重程度。风险分析的主要内容如下。

1）对资产进行识别，并对资产的价值进行赋值。

2）对威胁进行识别，描述威胁的属性，并对威胁出现的频率赋值。

3）对资产的脆弱性进行识别，并对具体资产的脆弱性的严重程度赋值。

4）根据威胁及威胁利用弱点的难易程度判断安全事件发生的可能性。

5）根据脆弱性的严重程度及安全事件所作用于资产的价值计算安全事件的损失。

6）根据安全事件发生的可能性及安全事件的损失，计算安全事件一旦发生后对组织的影响，即风险值。

2.2.3 风险评估方法

信息系统安全风险评估经历了从手动评估到工具辅助评估的阶段，目前正在由技术评估到整体评估发展，由定性评估向定性和定量相结合的方向发展，由基于知识（经验）的评估向基于模型的评估方向发展。在信息系统安全应用领域，经常要求对一个组织进行信息安全风险评估。要使评估结果完整准确，必须考虑到组织的安全风险不仅仅是由计算机网络攻击所引起的，还由技术基础结构、组织结构及人员等综合因素所决定。也正是由于这个原因，要求信息安全风险评估必须考虑组织的方方面面的因素，同时也决定了整个评估过程非常复杂和耗时。下面来共同了解一下不同阶段使用的风险评估方法。

2.2.3.1 技术评估和整体评估

1. 技术评估

技术评估是指对组织的技术基础结构和程序进行系统、及时检查，包括对组织内部计算环境的安全性及其对内外攻击脆弱性的完整性攻击。

这些技术驱动的评估通常包括以下几点。

1）评估整个计算基础结构。

2）使用拥有的软件工具分析基础结构及其全部组件。

3）提供详细的分析报告，说明检测到的技术弱点，并且可能为解决这些弱点给出具体的措施。

技术评估是通常意义上所讲的技术脆弱性评估，强调组织的技术脆弱性。但是组织的安全性遵循“木桶原则”，仅仅与组织内最薄弱的环节相当，而且这一环节多半是组织中的某个人。

2. 整体评估

整体风险评估扩展了技术评估的范围，着眼于分析组织内部与安全相关的风险，包括内部和外部的风险源、技术基础和组织结构，以及基于电子的和基于人的风险。这些多角度的评估试图按照业务驱动程序或者目标对安全风险进行排列，关注的焦点主要集中在安全的以下 4 个方面。

1）检查与安全相关的组织实践，标识当前安全实践的优点和弱点。这一程序可能包括对信息进行比较分析，根据工业标准和最佳实践对信息进行等级评定。

2）对系统进行技术分析、对政策进行评审，以及对物理安全进行审查。

3）检查 IT 的基础结构，以确定技术上的弱点。包括恶意代码的入侵、数据的破坏或者毁灭、信息丢失、拒绝服务、访问权限和特权的未授权变更等。

4）帮助决策制定者综合平衡风险，以选择成本效益对策。

1999 年，卡内基・梅隆大学的 SEI 发布了 OCTAVE 框架，这是一种自主型信息安全风险评估方法。OCTAVE 方法是 Alberts 和 Dorofee 共同研究的成果，这是一种从系统的、组织的角度开发的新型信息安全保护方法，主要针对大型组织，中、小型组织也可以对其适当裁剪，以满足自身需要。它的实施分为 3 个阶段。

1）建立基于资产的威胁配置文件（Threat Profile）。这是从组织的角度进行的评估。组织的全体员工阐述他们的看法，如什么对组织重要（与信息相关的资产），应当采取什么样的措施保护这些资产等。分析团队整理这些信息，确定对组织最重要的资产（关键资产）并标识对这些资产的威胁。

2）标识基础结构的弱点。对计算基础结构进行的评估。分析团队标识出与每种关键资产相关的关键信息技术系统和组件，然后对这些关键组件进行分析，找出导致对关键资产产生未授权行为的弱点（技术弱点）。

3）开发安全策略和计划。分析团队标识出组织关键资产的风险，并确定要采取的措施。根据对收集到的信息所做的分析，为组织开发保护策略和缓和计划，以解决关键资产的风险。

2.2.3.2　定性评估与定量评估

1. 定性评估

定性分析方法是使用最广泛的风险分析方法。该方法通常只关注威胁事件所带来的损失（Loss），而忽略事件发生的概率（Probability）。多数定性风险分析方法依据组织面临的威胁、脆弱点及控制措施等元素来决定安全风险等级。

在定性评估时，并不使用具体的数据，而是指定期望值，如设定每种风险的影响值和概率值为“高”“中”和“低”。有时单纯使用期望值并不能明显区别风险值之间的差别，此时，可以考虑为定性数据指定数值。例如设“高”的值为 3，“中”的值为 2，“低”的值为 1。但是需要注意的是，这里考虑的只是风险的相对等级，并不能说明该风险到底有多大。所以不要赋予相对等级太多的意义，否则将会导致错误的决策。

2. 定量评估

定量分析方法利用两个基本的元素：威胁事件发生的概率和可能造成的损失。把这两个元素简单相乘的结果称为 ALE（Annual Loss Expectancy）或 EAC（Estimated Annual Cost）。

理论上可以依据 ALE 计算威胁事件的风险等级，并且做出相应的决策。该方法首先评估特定资产的价值 V，把信息系统分解成各个组件可能更加有利于整个系统的定价，一般按功能单元进行分解；然后根据客观数据计算威胁的频率 P；最后计算威胁影响系数 μ，因为对于每一个风险，并不是所有的资产所遭受的危害程度都是一样的，程度的范围可能从无危害到彻底危害（即完全破坏）。根据上述 3 个参数，计算 ALE，得

$$ALE = V \times P \times \mu$$

定量风险分析方法要求特别关注资产的价值和威胁的量化数据，但是这种方法存在一个问题，就是数据的不可靠和不精确。对于某些类型的安全威胁，存在可用的信息。例如可以根据频率数据估计人们所处区域的自然灾害发生的可能性（如洪水和地震）。也可以用事件发生的频率估计一些系统问题的概率，如系统崩溃和感染病毒。但是对于一些其他类型的威胁而言，不存在频率数据，影响和概率很难是精确的。此外，控制和对策措施可以减小威胁事件发生的可能性，而这些威胁事件之间又是相互关联的。这将使定量评估过程非常耗时和困难。

鉴于以上难点，可以转用客观概率和主观概率相结合的方法。应用于没有直接根据的情形，可能只能考虑一些间接信息、有根据的猜测、直觉或者其他主观因素，称为主观概率。应用主观概率估计由人为攻击产生的威胁，需要考虑一些附加的威胁属性，如动机、手段和机会等。

2.2.3.3 基于知识的评估和基于模型的评估

1. 基于知识的评估

基于知识的风险评估方法主要是依靠经验进行的，经验从安全专家处获取并凭此来解决相似场景的风险评估问题。这种方法的优越性在于能够直接提供推荐的保护措施、结构框架和实施计划。

该方法提出重用具有相似性组织（主要从组织的大小、范围及市场来判断组织是否相似）的“良好实践”。为了能够较好地处理威胁和脆弱性分析，该方法开发了一个滥用和误用报告数据库，存储了30年来的上千个事例。同时也开发了一个扩展的信息安全框架，以辅助用户制定全面、正确的组织安全策略。基于知识的风险评估方法充分利用多年来开发的保护措施和安全实践，依照组织的相似性程度进行快速的安全实施和包装，以减少组织的安全风险。然而组织相似性的判定、被评估组织的安全需求分析及关键资产的确定都是该方法的制约点。安全风险评估是一个非常复杂的任务，这要求存在一个方法既能描述系统的细节，又能描述系统的整体。

2. 基于模型的评估

基于模型的评估可以分析出系统自身内部机制中存在的危险性因素，同时又可以发现系统与外界环境交互中的不正常且有害的行为，从而完成系统脆弱点和安全威胁的定性分析。如UML建模语言可以用来详细说明信息系统的各个方面：不同组件之间关系的静态图用Class Diagrams来表示；用来详细说明系统的行动和功能的动态图用Use Case Diagrams和Sequence Diagrams来表示；完整的系统使用UML Diagrams来说明，它是系统体系结构的描述。

2001年，BITD开始了CORAS工程——安全危急系统的风险分析平台。该工程旨在开发一个基于面向对象建模技术的风险评估框架，特别指出使用UML建模技术。利用建模技术在此主要有3个目的。

1）在合适的抽象层次描述评估目标。

2）在风险评估的不同群组中作为通信和交互的媒介。

3）记录风险评估结果和这些结果依赖的假设。

CC准则和CORAS方法都使用了半形式化和形式化规范。CC准则是通用的，并不为风险评估提供方法学。相对于CC准则而言，CORAS为风险评估提供方法学，开发了具体的技术规范来进行安全风险评估。

2.3 信息系统生命周期各阶段的风险评估

风险评估应贯穿于信息系统生命周期的各阶段中。信息系统生命周期各阶段中涉及的风险评估的原则和方法是一致的，但由于各阶段实施的内容、对象和安全需求不同，使得风险评估的对象、目的和要求等各方面也有所不同。具体而言，在规划设计阶段，通过风险评估以确定系统的安全目标；在建设验收阶段，通过风险评估以确定系统的安全目标达成与否；在运行维护阶段，要不断地实施风险评估，以识别系统面临的不断变化的风险和脆弱性，从而确定安全措施的有效性，确保安全目标得以实现。因此，每个阶段风险评估的具体实施应根据该阶段的特点来有所侧重地进行。

信息系统生命周期包含规划、设计、实施、运行维护和废弃 5 个阶段。图 2-3 列出了生命周期各阶段中的安全活动。

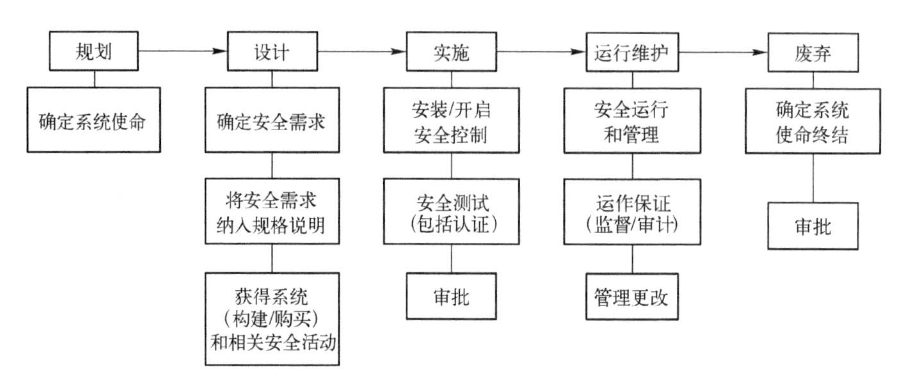

●图 2-3 信息系统生命周期各阶段的安全活动

2.3.1 规划阶段的信息安全风险评估

规划阶段风险评估的目的是识别系统的使命，以支撑系统安全需求及安全战略等。规划阶段的评估应能够描述信息系统建成后对现有业务模式的作用，包括技术、管理等方面，并根据其作用确定系统建设应达到的安全目标。

本阶段评估中，资产和脆弱性不需要识别；威胁应根据未来系统的应用对象、应用环境、业务状况和操作要求等方面进行分析。评估着重在以下几个方面。

1）是否依据相关规则建立了与业务战略相一致的信息系统安全规划，并得到最高管理者的认可。

2）系统规划中是否明确信息系统开发的组织、业务变更的管理及开发优先级。

3）系统规划中是否考虑信息系统的威胁和环境，并制定总体的安全方针；

4）系统规划中是否描述信息系统预期使用的信息，包括预期的应用、信息资产的重要性、潜在的价值、可能的使用限制以及对业务的支持程度等。

5）系统规划中是否描述所有与信息系统安全相关的运行环境，包括物理和人员的安全配置，以及明确相关的法规、组织安全策略、习惯、专门技术和知识等。

规划阶段的评估结果应体现在信息系统整体规划或项目建议书中。

2.3.1.1 信息系统规划阶段的安全风险

1. 信息系统规划的一般过程

（1）信息系统规划阶段的主要工作及意义

一般来说，信息化建设项目的主要阶段依次如下。

1）项目策划，即项目可行性研究和拟订总体开发计划阶段。

2）企业管理竞争力现状调查阶段。

3）企业管理问题诊断阶段。

4）需求定位阶段，在此阶段完成对企业业务流程的调整。

5）总体设计阶段。

6）详细设计阶段。

7）系统编码阶段。

8）系统测试（包括系统测试、集成测试和模块测试）阶段。

9）试运行、正式运行和系统维护阶段。

信息系统规划（Information System Planning，简称 ISP）一般包括两个内容。

- IT 技术在企业的应用战略。
- IT 技术在企业的应用战术。

从企业信息化建设阶段划分的角度出发，信息系统规划包括对企业信息化项目策划、企业现状调研、管理问题诊断、业务流程调查、需求定义和部分的总体设计内容，不涉及软件开发过程的详细设计以后的诸多环节，这是与偏重程序设计、代码编写的信息系统分析与设计理论相区别的；而传统的软件工程理论提升了软件开发的技术手段（包括分析方法、设计方法、编程方法和测试方法）和管理手段（包括项目式管理、专业式管理和矩阵式管理），其研究范围则更加宽泛。

信息系统规划是关于信息系统建设的长期规划，是企业战略规划的重要组成部分，是企业信息化建设的必由阶段。由于建设的 MIS 是一项耗资大、历时长、技术复杂且涉及面广的系统工程，在着手开发之前，必须认真地制定有充分根据的 MIS 规划，这项工作的好坏往往是 MIS 成败的关键。MIS 战略规划的作用如下。

1）合理分析和利用信息资源（信息、信息技术和信息生产者），以节省信息系统的投资。

2）通过制定规划、找出存在的问题 、更正确地识别出为实现企业目标 MIS 系统必须完成的任务，促进信息系统的应用，带来更多的经济效益。

3）指导 MIS 系统开发，用规划作为将来考核系统开发工作的标准。

（2）信息系统规划的一般过程

随着信息系统理论不断发展，信息系统规划的方法论体系也有了一定的发展，产生了众多信息系统规划的方法，其中比较有影响的几个方法如下。

1）企业系统规划法（Business System Planning，BSP）。

2）战略集合转移法（Strategy Set Transformation，SST）。

3）关键成功因素法（Critical Success Factors，CSF）。

4）企业信息特征法（Business Information Characterization Study，BICS）。

5）信息分析与集成技术（Business Information Analysis and Integration Technique，BI-AIT）。

尽管规划方法多种多样，但信息系统战略规划过程都是由一系列从企业计划、外部资源和信息系统用户那里获取的信息输入转化成信息系统建设计划的活动集合，其主要内容包括企业的内部环境分析、外部环境分析及信息技术分析。从宏观上而言，各种规划方法都遵循一定的步骤，包括上述规划活动，即所谓的“一般过程”。经过对规划、过程及规划活动的分析，建立了信息系统战略规划的过程框架模型，该框架模型分为3个层次：企业战略规划层、信息系统战略规划层和规划实施层，其中企业战略规划层和规划实施层是信息系统战略规划的相关环境。

企业战略规划层一般包括企业的使命及目标、企业的内外部环境分析、企业的战略制定、战略的实施与评估等几个方面。在某种意义上，信息系统战略规划是企业战略集合的一个组成部分，它们之间有着密切联系。

信息系统战略规划层一般包括信息系统战略规划使命、目标与战略的分析、环境及风险分析、规划策略、规划内容关系分析及优化，以及撰写信息系统战略规划报告等活动，尽管战略规划方法千差万别，但大部分都能用这几个活动来归纳。

规划实施层就是按照信息系统规划的结果进行信息系统的建设，具体内容包括信息系统基础设施的建设、信息系统开发或外购等。

2. 信息系统规划阶段的风险特点

信息系统规划阶段的风险评估与通常系统运行维护阶段的评估有着很大的差异，评估对象主要针对系统规划方案，不涉及系统运行阶段信息资产的明确管理操作、事件数据收集和系统的维护经验等，系统的运行环境也不确定，因此本阶段评估工作具有以下几个特点。

1）评估目的着重于从架构的层面发现系统的深层隐患，而不是系统运维阶段的查漏补缺。

2）评估输入主要来源于系统规划中的信息和历史的统计数据，以及现有法律法规、行业规定、建模理论和相关系统的经验借鉴等。

3）评估人员需要与系统规划编制人员和系统建设人员进行广泛的交流，要对目标系统有深入广泛的认识，包括系统的业务承载、系统的技术构成、系统的管理制度、现行技术的优劣势，以及安全保障体系完备性等。

4）风险要素（资产、威胁、脆弱性和已有安全措施）的识别与分析阶段有自身的特点。因为信息系统规划阶段的风险主要是针对今后系统实施和运行时产生的隐患和影响，所以规划阶段本身的资产并不是分析的重点，它一般并不会受到这个阶段风险的威胁。而脆弱性和威胁也并非像系统运行阶段那样，以具体的漏洞和攻击为主，而是以不同的方式存在于规划过程之中。

5）风险因素的识别和分析重点将放在规划过程、步骤、系统架构和子系统层面，而不局限于具体的设备资产，数据收集方法不会采用类似扫描器、安全审计等测评工具，方法上主要依据系统规划的信息收集、历史统计数据的收集和评估人员的专业知识，而缺乏系统运维的历史数据和经验积累，因此风险要素的识别和分析可能存在偏差。

6）由于已有控制是否能够完全将风险降低到可以接受的程度缺乏实践的检验，因此对于风险等级的认知可能存在偏差。

2.3.1.2 信息系统规划阶段风险评估实施要点

规划阶段风险评估的目的是识别系统的使命，以支撑系统安全需求及安全战略等。规划阶段的评估应能够描述信息系统建成后对现有业务模式的作用，包括技术、管理等方面，并根据其作用确定系统建设应达到的安全目标。

本阶段评估中，脆弱性及威胁并非存在于信息系统本身，而是针对整个信息系统规划过程而言，有可能影响今后系统正常运行及完成企业信息化目标的各种因素，既包括规划方法、设计等技术应用的合理性，又包括管理、体制和文化等相关因素。应根据未来系统的应用对象、应用环境、业务状况和操作要求等方面进行分析。评估着重在以下几个方面。

1）是否依据相关规则建立了与业务战略相一致的信息系统安全规划，并得到最高管理者的认可。

2）系统规划中是否明确信息系统开发的组织、业务变更的管理和开发优先级。

3）系统规划中是否考虑信息系统的威胁和环境，并制定总体的安全方针。

4）系统规划中是否描述信息系统预期使用的信息，包括预期的应用、信息资产的重要性、潜在的价值、可能的使用限制和对业务的支持程度等。

5）系统规划中是否描述所有与信息系统安全相关的运行环境，包括物理和人员的安全配置，以及明确相关的法规、组织安全策略、习惯、专门技术和知识等。

2.3.1.3 信息系统规划阶段风险识别

1. 风险识别的概念和过程

风险识别是试图用系统化的方法来确定威胁信息系统开发计划但还没有成为现实问题的因素。通过识别已知的和可预测的风险，可使项目管理者意识到风险的存在，并且推测风险产生的原因。以便在可能时尽量避免这些风险，且在必要时控制这些风险。对于信息系统的安全风险识别是风险分析过程的首要步骤，要找到和信息系统安全有关的所有风险因素，按其发生规律和特点进行分类，并根据其对系统实施的影响大小进行适当取舍。

根据 SEI 风险管理学中的定义，一个标准的风险识别过程应包括以下几个必要的任务。

（1）系统地识别风险

识别风险有很多方法，由一些方法将输入信息结构化，因此易于理解。其中制定风险核对清单就是一个行之有效的方法。风险清单上逐一列出项目组所面临的各项安全相关风险，并将这些风险与各项开发活动联系起来进行考察。

（2）定义风险属性

一个风险问题识别出来后，可通过定义可能性和结果这两个主要的风险属性来断定它是风险。描述风险发生可能性的简单方法之一是用一个主观的词组，将感觉到的可能性与量化的可能性一一对应。例如可以定义几个等级，用风险成为现实后引发的不良后果来定义结果。

（3）将已知风险写为文档

说明风险时，最简单的方法是使用主观的措辞写一个风险陈述，包括风险问题的简单描述、可能性和结果。标准形式可增强风险的可读性，能使风险更容易理解，也会使人们在处理风险所不知道的其他因素时更加自信。

2. 信息系统规划阶段风险的考虑因素

信息系统规划是企业整体战略的重要组成部分，这项工作既包括企业信息系统应用的技术性分析，更包括企业的管理、业务流程和人员等相关因素的调整和创新，而且其影响面之广，使得任何失误或意外导致的风险损失都将是巨大的和全局性的。所以针对这个阶段的风险分析工作应站在企业整体战略的角度加以考虑，而非只针对信息系统本身的风险损失进行评估。结合规划阶段风险要素的特点，本节将对各风险因素进行整体考虑，并于后文中建立此阶段风险指标体系。下面列出信息系统规划阶段风险因素的几个主要方面。

1）需求与规划的不确定性。企业必须根据总体的发展规划和内外部环境制定出有效的信息化战略，明确企业信息化的实施范围和实施内容。在项目立项分析时，要考虑企业是不是到了实施某种信息化手段的阶段、企业当前最需要解决的问题是什么、信息化系统是否能解决、在财力上企业能不能支持信息化的实施、企业内部管理组织的适应性、行业应用状况、相应的财务分析，以及对管理咨询公司的选择等。如果缺乏总体性的规划与客观的分析评估，将在企业信息化实施过程中面临大量的不确定性，最终可能导致项目失败。

2）设计与造型的不确定性。成功实施企业信息化，必须根据企业信息化的总体规划，设计和重组业务流程，设计企业信息化的实施方案，确定硬件和网络方案，选择信息化系统软件、系统集成商和咨询商。业务流程的设计和重组必须保证信息化系统在正常运行后，各项业务都能处于有效的控制之中，否则控制环节不足会有业务失控的风险。企业信息化实施方案关系到信息化进程的效率和效果。硬件和网络方案直接影响系统的性能、运行的可靠性和稳定性。而信息化系统软件提供商和系统集成商的行业应用经验、研发能力、信誉和服务品质在不同程度上影响着项目的实施及后期应用，而且设计与选型的不合理还可能使企业在信息化过程中被系统软件提供商和集成商锁定，面临着巨大的转移成本和风险。

3）规划控制的不确定性。在信息系统规划的实施过程中，通常采用项目管理技术对实施过程进行控制和管理。项目实施计划的科学与否、财务预算与资金来源能否保证、阶段成果明确与否、协调和沟通的好坏，决定着企业信息化实施过程的工作质量和工作效率。而实施过程中安全管理制度的设计是企业信息化安全管理的关键。另外，安全风险评估本身的风险也应该在规划阶段得到充分考虑。

4）管理与文化的不确定性。企业信息化的实施是一个管理项目，而非仅仅是一个 IT 项目。不少企业高层管理人员尚未认识到这一点：在选择系统时仅由技术主管负责，缺少业务部门和用户的参与；在实施系统时，仅由技术部门负责，缺少管理人员和业务人员的积极参与；项目经理由技术部门的领导担任，高级管理人员，尤其是企业的一把手未能亲自关心负责系统实施。这些问题的出现，使企业在信息化过程中难以适应企业信息化带来的改变，将会给企业信息化带来不稳定因素，使信息化实施面临巨大的风险。

2.3.2　设计阶段的信息安全风险评估

设计阶段的风险评估需要根据规划阶段所明确的系统运行环境和资产重要性，提出安全功能需求。设计阶段的风险评估结果应对设计方案中所提供的安全功能符合性进行判断，作为采购过程风险控制的依据。

本阶段评估中，应详细评估设计方案中对系统面临威胁的描述，如将使用的具体设备、软件等资产列表，以及这些资产的安全功能需求。对设计方案的评估着重在以下几方面。

1）设计方案是否符合系统建设规划，并得到最高管理者的认可。

2）设计方案是否对系统建设后面临的威胁进行了分析，重点分析来自物理环境和自然的威胁，以及由于内、外部入侵等造成的威胁。

3）设计方案中的安全需求是否符合规划阶段的安全目标，并基于威胁的分析制定信息系统的总体安全策略。

4）设计方案是否采取了一定的手段来应对系统可能出现的故障。

5）设计方案是否对设计原型中的技术实现及人员、组织管理等方面的脆弱性进行了评估，包括设计过程中的管理脆弱性和技术平台固有的脆弱性。

6）设计方案是否考虑可能随着其他系统接入而产生的风险。

7）系统性能是否满足用户需求，并考虑到峰值的影响，是否在技术上考虑了满足系统性能要求的方法。

8）应用系统（含数据库）是否根据业务需要进行了安全设计。

9）设计方案是否根据开发的规模、时间及系统的特点选择开发方法，并根据设计开发计划及用户需求，对系统涉及的软件、硬件与网络进行分析和选型。

10）设计活动中所采用的安全控制措施和安全技术保障手段对风险的影响。在安全需求变更和设计变更后，也需要重复这项评估。

设计阶段的评估可以以安全建设方案评审的方式进行，判定方案所提供的安全功能与信息技术安全技术标准的符合性。评估结果应体现在信息系统需求分析报告或建设实施方案中。

2.3.3　实施阶段的信息安全风险评估

实施阶段风险评估的目的是根据系统安全需求和运行环境对系统的开发和实施过程进行风险识别，并对系统建成后的安全功能进行验证。根据设计阶段分析的威胁和制定的安全措施，在实施及验收时进行质量控制。

基于设计阶段的资产列表及安全措施，实施阶段应对规划阶段的安全威胁进行进一步细分，同时评估安全措施的实现程度，从而确定安全措施能否抵御现有威胁和脆弱性的影响。实施阶段风险评估主要对系统的开发与技术/产品获取、系统交付实施两个过程进行评估。

开发与技术/产品获取过程的评估要点包括以下几个。

1）法律、政策、适用标准和指导方针：直接或间接影响信息系统安全需求的特定法律；影响信息系统安全需求、产品选择的政府政策、国际或国家标准。

2）信息系统的功能需要：安全需求是否有效地支持系统的功能。

3）成本效益风险：是否根据信息系统的资产、威胁和脆弱性的分析结果，确定在符合相关法律、政策、标准和功能需要的前提下选择最合适的安全措施。

4）评估保证级别：是否明确系统建设后应进行怎样的测试和检查，从而确定是否满足项目建设和实施规范的要求。

系统交付实施过程的评估要点包括以下几个。

1）根据实际建设的系统，详细分析资产、面临的威胁和脆弱性。

2）根据系统建设目标和安全需求，对系统的安全功能进行验收测试；评价安全措施能否抵御安全威胁。

3）评估是否建立了与整体安全策略一致的组织管理制度。

4）对系统实现的风险控制效果与预期设计的符合性进行判断，若存在较大的不符合性问题，应重新进行信息系统安全策略的设计与调整。

本阶段风险评估可以采取对照实施方案和标准要求的方式，对实际建设结果进行测试和分析。

2.3.4 运维阶段的信息安全风险评估

运行维护阶段风险评估的目的是了解和控制运行过程中的安全风险，是一种较为全面的风险评估。评估内容包括真实运行的信息系统、资产、威胁和脆弱性等各方面。

1）资产评估：在真实环境下较为细致的评估，包括实施阶段采购的软硬件资产、系统运行过程中生成的信息资产、相关的人员与服务等，本阶段资产识别是前期资产识别的补充与增加。

2）威胁评估：应全面地分析威胁的可能性和影响程度。对非故意威胁导致安全事件的评估可以参照安全事件的发生频率；对故意威胁导致安全事件的评估主要是对威胁的各个影响因素做出专业判断。

3）脆弱性评估：是全面的脆弱性评估。包括运行环境中物理、网络、系统、应用、安全保障设备和管理等各方面的脆弱性。技术脆弱性评估可以采取核查、扫描、案例验证和渗透性测试的方式实施；安全保障设备的脆弱性评估应考虑安全功能的实现情况和安全保障设备本身的脆弱性；管理脆弱性评估可以采取文档、记录核查等方式进行验证。

4）风险计算：对重要资产的风险进行定性或定量的风险分析，描述不同资产的风险高低状况。

运行维护阶段的风险评估应定期执行；当组织的业务流程和系统状况发生重大变更时，也应进行风险评估。重大变更包括以下几种情况。

1）增加新的应用或应用发生较大变更。

2）网络结构和连接状况发生较大变更。

3）技术平台大规模更新。

4）系统扩容或改造。

5）发生重大安全事件后，或基于某些运行记录，怀疑将发生重大安全事件。

6）组织结构发生重大变动对系统产生了影响。

2.3.4.1 信息系统运行维护阶段的风险

对信息系统运行维护阶段进行风险评估，必须明确该阶段安全风险的潜在内容和特点，采用适当的方法进行分析，才能在整个系统生命周期的最后阶段对系统风险进行有效控制，达到完美实现信息系统的目的。

在国内，管理信息系统维护的理论体系一直没有比较完整地建立起来，成为管理信息系统理论的一大空白。由于没有很好地把握系统维护的规律，在管理信息系统开发的实践中，维护工作很不系统，系统维护的内容、周期、原则和方法等无章可循；维护缺乏针对性，显得盲目而琐碎；系统维护的人员分工不清，没有维护层次，系统维护的工作效率极低。系统维护工作的盲目性和低效率进一步造成了人们对系统维护的反感和抵触。

从国外的统计数据来看，系统维护在管理信息系统的生命周期中，无论是费用还是时间所占的比例都在70%～80%。系统维护的重要性已是不争的事实。另一方面，我国的管理信息系统建设屡屡由于系统维护的问题而吃苦头，失败的惨痛教训不在少数。因此，研究管理信息系统维护的基本规律，总结系统维护的基本理论框架，为管理信息系统维护的实践提供切实可行的指导势在必行。

管理信息系统是一个利用计算机软、硬件技术，以及网络通信技术和数据库技术，对组织机构的数据进行分析、加工处理并产生有效的管理信息或决策信息的人机系统。作为一个复杂的大系统，系统内外环境的变化，以及各种人为的、机器的因素的影响，要求系统能够适应这种变化不断完善，这就要进行系统的维护。从工作内容上看，管理信息系统的维护应从两方面去综合考虑，一是管理信息系统硬件的维护；二是管理信息系统软件的维护。

系统软件还应包括各种原始单据、台账和报表以及系统开发人员在系统交付使用时编写的系统文档和用户使用手册等。管理信息系统软件的维护就是在管理信息系统已经交付使用之后，改正缺陷、克服故障、增强功能、改善性能或其他属性，以及为使其适应新环境而对其进行修改或扩充的过程，是管理信息系统软件生命周期的最后一个阶段，这项工作基本上处于管理信息系统投入实际运行以后的时期中。管理信息系统软件的维护内容分为系统信息维护、系统功能维护和系统更新维护3类。

（1）系统信息维护

管理信息系统硬件涵盖了管理信息系统开发和实施过程中所涉及的所有物理设备，如计算机的主机、显示器、键盘、鼠标和网络集线器等。管理信息系统硬件的维护实际上包含设备修理和设备更新两个层面。

（2）系统功能维护

管理信息系统的实用性体现在它实现的系统功能上。用户执行管理信息系统的功能来完成原来需要手工进行的管理职能。系统安全功能的完善与否直接影响到管理信息系统的实际风险价值。管理信息系统的功能维护包括以下3项活动。

- 改正性维护。
- 完整性维护。
- 预防性维护。

（3）系统更新维护

系统更新维护是指系统经过一段时间的运行，发现系统某些地方运行效率太低且需要提高，或者某些功能界面的可操作性有待提高，或者需要增加一些新的安全措施等。

2.3.5　废弃阶段的信息安全风险评估

当信息系统不能满足现有要求时，信息系统进入废弃阶段。根据废弃的程度，又分为部分废弃和全部废弃两种。

废弃阶段风险评估着重在以下几个方面。

1）确保硬件和软件等资产及残留信息得到了适当的处置，并确保系统组件被合理地丢弃或更换。

2）如果被废弃的系统是某个系统的一部分，或与其他系统存在物理或逻辑上的连接，还应考虑系统废弃后与其他系统的连接是否被关闭。

3）如果在系统变更中废弃，除对废弃部分外，还应对变更的部分进行评估，以确定是否会增加风险或引入新的风险。

4）是否建立了流程，确保更新过程在一个安全、系统化的状态下完成。

本阶段应重点针对废弃资产对组织的影响进行分析，并根据不同的影响制定不同的处理方式。对由于系统废弃可能带来的新的威胁进行分析，并改进新系统或管理模式。对废弃资产的处理过程应在有效的监督之下实施，同时对废弃的执行人员进行安全教育。

信息系统的维护技术人员和管理人员均应该参与此阶段的评估。

思考题

- 风险评估基础模型有哪几种？
- 信息系统生命周期有几个阶段？分别是什么？

第 3 章

信息安全风险评估实施流程

3.1　风险评估准备工作

风险评估的准备是整个风险评估过程有效性的保证。组织实施风险评估是一种战略性的考虑，其结果将受到组织业务战略、业务流程、安全需求、系统规模和结构等方面的影响。因此，在风险评估实施前，应考虑以下几点。

1）确定风险评估的目标。

2）确定风险评估的范围。

3）组建适当的评估管理与实施团队。

4）进行系统调研。

5）确定评估依据和方法。

6）获得最高管理者对风险评估工作的支持。

3.2　资产识别

3.2.1　资产分类

资产是具有价值的信息或资源，它能够以多种形式存在，有无形的、有形的，有硬件、软件，有文档、代码，也有服务、形象等。机密性、完整性和可用性是评价资产的 3 个安全属性。在风险评估中，资产的价值不仅仅以资产的经济价值来衡量，而是由资产在这 3 个安全属性上的达成程度或者其安全属性未达成时所造成的影响程度来决定的。安全属性达成程度的不同将使资产具有不同的价值，而资产面临的威胁、存在的脆弱性及已采用的安全措施都将对资产安全属性的达成程度产生影响。为此，有必要对组织中的资产进行识别。

在一个组织中，资产有多种表现形式；同样的两个资产也因属于不同的信息系统而有不同的重要性，而且对于提供多种业务的组织，其支持业务持续运行的系统数量可能更多。这时，首先需要将信息系统及相关的资产进行恰当分类，以此为基础进行下一步的风险评估。在实际工作中，具体的资产分类方法可以根据具体的评估对象和要求，由评估者灵活把握。根据资产的表现形式，可将资产分为数据、软件、硬件、文档、服务和人员等类型。表 3-1 列出了一种资产分类方法。

表 3-1　一种基于表现形式的资产分类方法

分　类	示　例
数据	保存在信息媒介上的各种数据资料，包括源代码、数据库数据、系统文档、运行管理规程、计划、报告和用户手册等
软件	系统软件：操作系统、语言包、工具软件和各种库等 应用软件：外部购买的应用软件、外包开发的应用软件等 源程序：各种共享源代码、自行或合作开发的各种代码等

（续）

分类	示例
硬件	网络设备：路由器、网关和交换机等 计算机设备：大型机、小型机、服务器、工作站、台式计算机和移动计算机等 存储设备：磁带机、磁盘阵列、磁带、光盘和移动硬盘等 传输线路：光纤、双绞线等 保障设备：动力保障设备（UPS、变电设备等）、空调、保险柜、文件柜、门禁和消防设施等 安全保障设备：防火墙、入侵检测系统和身份验证等 其他：打印机、复印机、扫描仪和传真机等
服务	办公服务：为提高效率而开发的管理信息系统（MIS），包括各种内部配置管理、文件流转管理等服务 网络服务：各种网络设备及设施提供的网络连接服务 信息服务：对外依赖该系统开展的各类服务
文档	纸质的各种文件，如传真、电报、财务报告和发展计划等
人员	掌握重要信息和核心业务的人员，如主机维护主管、网络维护主管及应用项目经理等
其他	企业形象、客户关系等

3.2.2 资产赋值

对资产的赋值不仅要考虑资产的经济价值，更重要的是要考虑资产的安全状况对于系统或组织的重要性，由资产在其3个安全属性上的达成程度决定。为确保资产赋值时的一致性和准确性，组织应建立资产价值的评价尺度，以指导资产赋值。

资产赋值的过程也就是对资产在机密性、完整性和可用性上的达成程度进行分析，并在此基础上得出综合结果的过程。达成程度可由安全属性缺失时造成的影响来表示，这种影响可能造成某些资产的损害，从而危及信息系统，还可能导致经济效益、市场份额和组织形象的损失。

3.2.2.1 机密性赋值

根据资产在机密性上的不同要求，将其分为5个不同的等级，分别对应资产在机密性上应达成的不同程度或者机密性缺失时对整个组织的影响。表3-2提供了一种机密性赋值的参考。

表3-2 资产机密性赋值表

赋值	标识	定义
5	很高	包含组织最重要的秘密，关系未来发展的前途和命运，对组织根本利益有着决定性的影响，如果泄露会造成灾难性的损害
4	高	包含组织的重要秘密，如果泄露会使组织的安全和利益遭受严重损害
3	中等	组织的一般性秘密，如果泄露会使组织的安全和利益受到损害
2	低	仅能在组织内部或在组织某一部门内部公开的信息，向外扩散有可能对组织的利益造成轻微损害
1	很低	可对社会公开的信息、公用的信息处理设备和系统资源等

3.2.2.2 完整性赋值

根据资产在完整性上的不同要求，将其分为5个不同的等级，分别对应资产在完整性上缺失时对整个组织的影响。表3-3提供了一种完整性赋值的参考。

表3-3 资产完整性赋值表

赋值	标识	定义
5	很高	完整性价值非常关键，未经授权的修改或破坏会对组织造成重大的或无法接受的影响，对业务冲击重大，并可能造成严重的业务中断，难以弥补
4	高	完整性价值较高，未经授权的修改或破坏会对组织造成重大影响，对业务冲击严重，较难弥补
3	中等	完整性价值中等，未经授权的修改或破坏会对组织造成影响，对业务冲击明显，但可以弥补
2	低	完整性价值较低，未经授权的修改或破坏会对组织造成轻微影响，对业务冲击轻微，容易弥补
1	很低	完整性价值非常低，未经授权的修改或破坏对组织造成的影响可以忽略，对业务冲击可以忽略

3.2.2.3 可用性赋值

根据资产在可用性上的不同要求，将其分为5个不同的等级，分别对应资产在可用性上达成的不同程度。表3-4提供了一种可用性赋值的参考。

表3-4 资产可用性赋值表

赋值	标识	定义
5	很高	可用性价值非常高，合法使用者对信息及信息系统的可用度达到年度99.9%以上，或系统不允许中断
4	高	可用性价值较高，合法使用者对信息及信息系统的可用度达到每天90%以上，或系统允许中断时间小于10 min
3	中等	可用性价值中等，合法使用者对信息及信息系统的可用度在正常工作时间达到70%以上，或系统允许中断时间小于30 min
2	低	可用性价值较低，合法使用者对信息及信息系统的可用度在正常工作时间达到25%以上，或系统允许中断时间小于60 min
1	很低	可用性价值可以忽略，合法使用者对信息及信息系统的可用度在正常工作时间低于25%

3.2.2.4 资产重要性等级

资产价值应依据资产在机密性、完整性和可用性上的赋值等级，经过综合评定得出。综合评定方法可以根据自身的特点，选择对资产机密性、完整性和可用性最为重要的一个属性的赋值等级作为资产的最终赋值结果；也可以根据资产机密性、完整性和可用性的不同等级对其赋值进行加权计算，从而得到资产的最终赋值结果。加权方法可根据组织的业务特点确定。

本书中，为与上述安全属性的赋值相对应，根据最终赋值将资产划分为5级，级别越高表示资产越重要，也可以根据组织的实际情况确定资产识别中的赋值依据和等级。表3-5中的资产等级划分表明了不同等级的重要性的综合描述。评估者可根据资产赋值结果，确定重要资产的范围，并围绕重要资产进行下一步的风险评估。

表3-5 资产等级及含义描述

等级	标识	描述
5	很高	非常重要，其安全属性破坏后可能对组织造成非常严重的损失
4	高	重要，其安全属性破坏后可能对组织造成比较严重的损失

（续）

等级	标识	描　述
3	中	比较重要，其安全属性破坏后可能对组织造成中等程度的损失
2	低	不太重要，其安全属性破坏后可能对组织造成较低的损失
1	很低	不重要，其安全属性破坏后对组织造成很小的损失，甚至可以忽略不计

3.3　威胁识别

3.3.1　威胁分类

威胁是一种对组织及其资产构成潜在破坏的可能性因素，是客观存在的。威胁可以通过威胁主体、资源、动机和途径等多种属性来描述。造成威胁的因素可分为人为因素和环境因素。根据威胁的动机，人为因素又可分为恶意和非恶意两种。环境因素包括自然界不可抗的因素和其他物理因素。威胁作用形式可以是对信息系统直接或间接的攻击，在机密性、完整性或可用性等方面造成损害；也可能是偶发的或蓄意的事件。

在对威胁进行分类前，应考虑威胁的来源。表3-6提供了一种威胁来源的分类方法。

表3-6　威胁来源列表

来　源		描　述
环境因素		由于断电、静电、灰尘、潮湿、温度、鼠蚁虫害、电磁干扰、洪灾、火灾和地震等环境条件或自然灾害，意外事故或软件、硬件、数据、通信线路方面的故障
人为因素	恶意人员	不满的或有预谋的内部人员对信息系统进行恶意破坏；采用自主或内外勾结的方式盗窃机密信息或进行篡改，获取利益 外部人员利用信息系统的脆弱性，对网络或系统的机密性、完整性和可用性进行破坏，以获取利益或炫耀能力
	非恶意人员	内部人员由于缺乏责任心，或者由于不关心和不专注，或者没有遵循规章制度和操作流程而导致故障或信息损坏；内部人员由于缺乏培训、专业技能不足、不具备岗位技能要求而导致信息系统故障或被攻击

对威胁进行分类的方式有多种，针对表3-6中的威胁来源，可以根据其表现形式将威胁分为以下几类。

表3-7提供了一种基于表现形式的威胁分类方法。

表3-7　一种基于表现形式的威胁分类表

种　类	描　述	威胁子类
软硬件故障	由于设备硬件故障、通信链路中断、系统本身或软件缺陷造成对业务实施、系统稳定运行的影响	设备硬件故障、传输设备故障、存储媒体故障、系统软件故障、应用软件故障、数据库软件故障和开发环境故障
物理环境影响	断电、静电、灰尘、潮湿、温度、鼠蚁虫害、电磁干扰、洪灾、火灾和地震等环境问题或自然灾害	

（续）

种　类	描　述	威胁子类
无作为或操作失误	由于应该执行而没有执行相应的操作，或无意地执行了错误的操作，对系统造成的影响	维护错误、操作失误
管理不到位	安全管理无法落实，不到位，造成安全管理不规范，或者管理混乱，从而破坏信息系统正常有序运行	
恶意代码和病毒	具有自我复制和自我传播能力，对信息系统构成破坏的程序代码	恶意代码、木马后门、网络病毒、间谍软件、窃听软件
越权或滥用	通过采用一些措施，超越自己的权限访问了本来无权访问的资源，或者滥用自己的职权，做出破坏信息系统的行为	未授权访问网络资源、未授权访问系统资源、滥用权限非正常修改系统配置或数据、滥用权限泄露秘密信息
网络攻击	利用工具和技术，如侦察、密码破译、安装后门、嗅探、伪造和欺骗和拒绝服务等手段，对信息系统进行攻击和入侵	网络探测和信息采集、漏洞探测、嗅探（账户、口令和权限等）、用户身份伪造和欺骗、用户或业务数据的窃取和破坏、系统运行的控制和破坏
物理攻击	通过物理的接触造成对软件、硬件和数据的破坏	物理接触、物理破坏、盗窃
泄密	将信息泄露给不应了解的他人	内部信息泄露、外部信息泄露
篡改	非法修改信息，破坏信息的完整性，使系统的安全性降低或信息不可用	篡改网络配置信息、篡改系统配置信息、篡改安全配置信息、篡改用户身份信息或业务数据信息
抵赖	不承认收到的信息及所做的操作和交易	原发抵赖、接收抵赖、第三方抵赖

3.3.2　威胁赋值

判断威胁出现的频率是威胁识别的重要内容，评估者应根据经验和（或）有关的统计数据来进行判断。在评估中，需要综合考虑以下 3 个方面，以形成在某种评估环境中各种威胁出现的频率。

1）以往安全事件报告中出现过的威胁及其频率的统计。

2）实际环境中通过检测工具及各种日志发现的威胁及其频率的统计。

3）近一两年来国际组织发布的对于整个社会或特定行业的威胁及其频率统计，以及发布的威胁预警。

可以对威胁出现的频率进行等级化处理，不同等级分别代表威胁出现的频率的高低。等级数值越大，威胁出现的频率越高。

表 3-8 提供了威胁出现频率的一种赋值方法。在实际的评估中，威胁频率的判断依据应在评估准备阶段根据历史统计或行业判断予以确定，并得到被评估方的认可。

表 3-8　威胁的赋值方法

等级	标识	定　义
5	很高	出现的频率很高（或≥1 次/周）；或在大多数情况下几乎不可避免；或可以证实经常发生过
4	高	出现的频率较高（或≥1 次/月）；或在大多数情况下很有可能会发生；或可以证实多次发生过
3	中	出现的频率中等（或>1 次/半年）；或在某种情况下可能会发生；或被证实曾经发生过

（续）

等级	标识	定　　义
2	低	出现的频率较小；或一般不太可能发生；或没有被证实发生过
1	很低	威胁几乎不可能发生，仅可能在非常罕见和例外的情况下发生

3.4 脆弱性识别

3.4.1 脆弱性识别内容

脆弱性是对一个或多个资产弱点的总称。脆弱性识别也称为弱点识别，弱点是资产本身存在的，如果没有被相应的威胁利用，单纯的弱点本身不会对资产造成损害。而且如果系统足够强健，严重的威胁也不会导致安全事件发生，并造成损失。即，威胁总是要利用资产的弱点才可能造成危害。

资产的脆弱性具有隐蔽性，有些弱点只有在一定条件和环境下才能显现，这是脆弱性识别中最为困难的部分。不正确的、起不到应有作用的或没有正确实施的安全措施本身就可能是一个弱点。

脆弱性识别是风险评估中最重要的一个环节。脆弱性识别可以以资产为核心，针对每一项需要保护的资产，识别可能被威胁利用的弱点，并对脆弱性的严重程度进行评估；也可以从物理、网络、系统和应用等层次进行识别，然后与资产、威胁对应起来。脆弱性识别的依据可以是国际或国家安全标准，也可以是行业规范或应用流程的安全要求。对应用在不同环境中的相同的弱点，其脆弱性严重程度是不同的，评估者应从组织安全策略的角度考虑并判断资产的脆弱性及其严重程度。信息系统所采用的协议、应用流程的完备与否、与其他网络的互联等也应考虑在内。

脆弱性识别时的数据应来自于资产的所有者、使用者，以及相关业务领域和软硬件方面的专业人员等。脆弱性识别所采用的方法主要有问卷调查、工具检测、人工核查、文档查阅和渗透性测试等。

脆弱性识别主要从技术和管理两个方面进行，技术脆弱性涉及物理层、网络层、系统层和应用层等各个层面的安全问题。管理脆弱性又可分为技术管理脆弱性和组织管理脆弱性两方面，前者与具体技术活动相关，后者与管理环境相关。

对不同的识别对象，其脆弱性识别的具体要求应参照相应的技术或管理标准实施。例如对物理环境的脆弱性识别可以参照《GB/T 9361—2000 计算机场地安全要求》中的技术指标实施；对操作系统和数据库可以参照《GB 17859—1999 计算机信息系统安全保护等级划分准则》中的技术指标实施。管理脆弱性识别方面可以参照《GB/T 19716—2005 信息技术信息安全管理实用规则》的要求对安全管理制度及其执行情况进行检查，发现管理漏洞和不足。表 3-9 提供了一种脆弱性识别内容的参考。

表 3-9 脆弱性识别内容表

类型	识别对象	识别内容
技术脆弱性	物理环境	从机房场地、机房防火、机房供配电、机房防静电、机房接地与防雷、电磁防护、通信线路的保护、机房区域防护和机房设备管理等方面进行识别
	网络结构	从网络结构设计、边界保护、外部访问控制策略、内部访问控制策略和网络设备安全配置等方面进行识别
	系统软件（含操作系统及系统服务）	从补丁安装、物理保护、用户账号、口令策略、资源共享、事件审计、访问控制、新系统配置（初始化）、注册表加固、网络安全和系统管理等方面进行识别
	数据库软件	从补丁安装、鉴别机制、口令机制、访问控制、网络和服务设置、备份恢复机制和审计机制等方面进行识别
	应用中间件	从协议安全、交易完整性和数据完整性等方面进行识别
	应用系统	从审计机制、审计存储、访问控制策略、数据完整性、通信、鉴别机制和密码保护等方面进行识别
管理脆弱性	技术管理	从物理和环境安全、通信与操作管理、访问控制、系统开发与维护和业务连续性等方面进行识别
	组织管理	从安全策略、组织安全、资产分类与控制、人员安全和符合性等方面进行识别

3.4.2 脆弱性赋值

可以根据对资产的损害程度、技术实现的难易程度，以及弱点的流行程度，采用等级方式对已识别的脆弱性的严重程度进行赋值。由于很多弱点反映的是同一方面的问题，或可能造成相似的后果，赋值时应综合考虑这些弱点，以确定这一方面脆弱性的严重程度。

对某个资产，其技术脆弱性的严重程度还受到组织管理脆弱性的影响。因此，资产的脆弱性赋值还应参考技术管理和组织管理脆弱性的严重程度。

脆弱性严重程度可以进行等级化处理，不同的等级分别代表资产脆弱性严重程度的高低。等级数值越大，脆弱性严重程度越高。表 3-10 提供了脆弱性严重程度的一种赋值方法。此外，CVE 提供的漏洞分级也可以作为脆弱性严重程度赋值的参考。

表 3-10 脆弱性严重程度赋值表

等级	标识	定义
5	很高	如果被威胁利用，将对资产造成完全损害
4	高	如果被威胁利用，将对资产造成重大损害
3	中	如果被威胁利用，将对资产造成一般损害
2	低	如果被威胁利用，将对资产造成较小损害
1	很低	如果被威胁利用，将对资产造成的损害可以忽略

3.5 确认已有安全措施

在识别脆弱性的同时，评估人员应对已采取的安全措施的有效性进行确认。安全措施的确认应评估其有效性，即是否真正降低了系统的脆弱性，抵御了威胁。对有效的安全措施继续保持，以避免不必要的工作和费用，防止安全措施的重复实施。对确认为不适当的安全措施应核实是否应被取消或对其进行修正，或用更合适的安全措施替代。

安全措施可以分为预防性安全措施和保护性安全措施两种。预防性安全措施可以降低威胁利用脆弱性导致安全事件发生的可能性，如入侵检测系统；保护性安全措施可以减少因安全事件发生后对组织或系统造成的影响，如业务持续性计划。

已有安全措施确认与脆弱性识别存在一定的联系。一般来说，安全措施的使用将减少系统技术或管理上的弱点，但安全措施确认并不需要像脆弱性识别过程那样具体到每个资产及组件的弱点，而是一类具体措施的集合，为风险处理计划的制定提供依据和参考。

3.6 风险分析

3.6.1 风险计算原理

在完成了资产识别、威胁识别、脆弱性识别，以及对已有安全措施确认后，将采用适当的方法与工具确定威胁利用脆弱性导致安全事件发生的可能性。综合安全事件所作用的资产价值及脆弱性的严重程度，判断安全事件造成的损失对组织的影响，即安全风险。本节给出了风险计算原理，以下面的范式形式化加以说明。

$$风险值=R(A,T,V)=R(L(T,V),F(Ia,Va))$$

其中，R 表示安全风险计算函数；A 表示资产；T 表示威胁；V 表示脆弱性；Ia 表示安全事件所作用的资产价值；Va 表示脆弱性的严重程度；L 表示威胁利用资产的脆弱性导致安全事件发生的可能性；F 表示安全事件发生后产生的损失。有以下 3 个关键计算环节。

（1）计算安全事件发生的可能性

根据威胁出现频率及弱点的状况，计算威胁利用脆弱性导致安全事件发生的可能性。

$$安全事件发生的可能性=L(威胁出现频率,脆弱性)=L(T,V)$$

在具体评估中，应综合攻击者技术能力（专业技术程度、攻击设备等）、脆弱性被利用的难易程度（可访问时间、设计和操作知识公开程度等）和资产吸引力等因素来判断安全事件发生的可能性。

（2）计算安全事件发生后的损失

根据资产价值及脆弱性严重程度，计算安全事件一旦发生后的损失。

$$安全事件的损失=F(资产价值,脆弱性严重程度)=F(Ia,Va)$$

部分安全事件的发生造成的损失不仅仅是针对该资产本身，还可能影响业务的连续性；不同安全事件的发生对组织造成的影响也是不一样的。在计算某个安全事件的损失时，应将对组织的影响也考虑在内。

部分安全事件损失的判断还应参照安全事件发生可能性的结果，对发生可能性极小的安全事件，如处于非地震带的地震威胁、在采取完备供电措施状况下的电力故障威胁等，可以不计算其损失。

（3）计算风险值

根据计算出的安全事件发生的可能性及安全事件的损失，计算风险值。

风险值=R(安全事件发生的可能性,安全事件的损失)=R(L(T,V),F(Ia,Va))

评估者可根据自身情况选择相应的风险计算方法计算风险值，如矩阵法或相乘法。矩阵法通过构造一个二维矩阵，形成安全事件发生的可能性与安全事件的损失之间的二维关系；相乘法通过构造经验函数，将安全事件发生的可能性与安全事件的损失进行运算，从而得到风险值。

3.6.2　风险结果判定

为实现对风险的控制与管理，可以对风险评估的结果进行等级化处理。可以将风险划分为一定的级别，如划分为5级或3级，等级越高，风险越高。

评估者应根据所采用的风险计算方法，计算每种资产面临的风险值，根据风险值的分布状况，为每个等级设定风险值范围，并对所有风险计算结果进行等级处理。每个等级代表了相应风险的严重程度。

表3-11提供了一种风险等级划分方法。

表3-11　风险等级划分表

等　级	标　识	描　述
5	很高	一旦发生将产生非常严重的经济或社会影响，如组织信誉被严重破坏、严重影响组织的正常经营，经济损失重大，社会影响恶劣
4	高	一旦发生将产生较大的经济或社会影响，在一定范围内给组织的经营和组织信誉造成损害
3	中	一旦发生会造成一定的经济、社会或生产经营影响，但影响面和影响程度不大
2	低	一旦发生所造成的影响程度较低，一般仅限于组织内部，通过一定的手段能很快解决
1	很低	一旦发生所造成的影响几乎不存在，通过简单的措施就能弥补

风险等级处理的目的是为风险管理过程中对不同风险的直观比较，以确定组织安全策略。组织应当综合考虑风险控制成本与风险造成的影响，提出一个可接受的风险范围。对某些资产的风险，如果风险计算值在可接受的范围内，则该风险是可接受的风险，应保持已有的安全措施；如果风险评估值在可接受的范围外，即风险计算值高于可接受范围的上限值，是不可接受的风险，需要采取安全措施以降低和控制风险。另一种确定不可接受的风险的办法是根据等级化处理的结果，不设定可接受风险值的基准，对达到相应等级的风险都进行处理。

3.6.3　风险处置计划

对不可接受的风险应根据导致该风险的脆弱性制订风险处理计划。风险处理计划中要明确应采取的弥补弱点的安全措施、预期效果、实施条件、进度安排和责任部门等。安全措施的选择应从管理与技术两个方面考虑，管理措施可以作为技术措施的补充。安全措施的选择与实施应参照信息安全的相关标准进行。

在对不可接受的风险选择适当安全措施后，为确保安全措施的有效性，可进行再评估，以判断实施安全措施后的残余风险是否已经降低到可接受的水平。残余风险的评估可以依据本书提出的风险评估流程实施，也可做适当裁减。一般来说，安全措施的实施是以减少脆弱性或降低安全事件发生的可能性为目标的，因此，残余风险的评估可以从脆弱性评估开始，在对照安全措施实施前后的脆弱性状况后，再次计算风险值的大小。

某些风险可能在选择了适当的安全措施后，残余风险的结果仍处于不可接受的风险范围内，应考虑是否接受此风险或进一步增加相应的安全措施。

3.7 风险评估记录

3.7.1 风险评估文件记录的要求

记录风险评估过程的相关文件应符合以下几点要求（但不仅限于此）。

1）确保文件发布前是得到批准的。

2）确保文件的更改和现行修订状态是可识别的。

3）确保文件的分发得到适当的控制，并确保在使用时可获得有关版本的适用文件。

4）防止作废文件的非预期使用，若因任何目的需保留作废文件时，应对这些文件进行适当的标识。

对于风险评估过程中形成的相关文件，还应规定其标识、存储、保护、检索、保存期限，以及处置所需的控制。

相关文件是否需要及详略程度由组织的管理者来决定。

3.7.2 风险评估文件

风险评估文件是指在整个风险评估过程中产生的评估过程文档和评估结果文档，包括（但不仅限于此）以下几个。

1）风险评估方案：阐述风险评估的目标、范围、人员、评估方法、评估结果的形式和实施进度等。

2）风险评估程序：明确评估的目的、职责、过程、相关的文件要求，以及实施本次评估所需要的各种资产、威胁、脆弱性识别和判断依据。

3）资产识别清单：根据组织在风险评估程序文件中所确定的资产分类方法进行资产识别，形成资产识别清单，明确资产的责任人/部门。

4）重要资产清单：根据资产识别和赋值的结果，形成重要资产列表，包括重要资产名称、描述、类型、重要程度和责任人/部门等。

5）威胁列表：根据威胁识别和赋值的结果，形成威胁列表，包括威胁名称、种类、来源、动机及出现的频率等。

6）脆弱性列表：根据脆弱性识别和赋值的结果，形成脆弱性列表，包括具体弱点的名称、描述、类型及严重程度等。

7）已有安全措施确认表：根据对已采取的安全措施确认的结果，形成已有安全措施确认表，包括已有安全措施名称、类型、功能描述及实施效果等。

8）风险评估报告：对整个风险评估过程和结果进行总结，详细说明被评估对象、风险评估方法、资产、威胁、脆弱性的识别结果、风险分析、风险统计和结论等内容。

9）风险处理计划：对评估结果中不可接受的风险制订风险处理计划，选择适当的控制目标及安全措施，明确责任、进度和资源，并通过对残余风险的评价，以确定所选择安全措施的有效性。

10）风险评估记录：根据风险评估程序，要求风险评估过程中的各种现场记录可带有评估过程，并作为产生歧义后解决问题的依据。

3.8 风险评估工作形式

根据评估发起者的不同，可以将风险评估的工作形式分为自评估和检查评估两类。

自评估是由组织自身发起的，以发现系统现有弱点，实施安全管理为目的；检查评估是由被评估组织的上级主管机关或业务主管机关发起的，通过行政手段加强信息安全的重要措施。

风险评估应以自评估为主，检查评估在对自评估过程记录与评估结果的基础上，验证和确认系统存在的技术、管理和运行风险，以及用户实施自评估后采取风险控制措施取得的效果。自评估和检查评估相互结合、互为补充。

自评估和检查评估可依托自身技术力量进行，也可委托具有相应资质的风险评估服务技术支持方实施。风险评估服务技术支持方是指具有风险评估的专业人才，对外提供风险评估服务的机构、组织或团体。

3.8.1 自评估

自评估适用于对自身的信息系统进行安全风险的识别和评价，从而进一步选择合适的控制措施，降低被评估信息系统的安全风险。定期的风险自评估要求可以纳入整个组织安全管理体系中。

自评估可由发起方实施或委托风险评估服务技术支持方实施。由发起方实施的评估可以降低实施的费用，提高信息的保密性，加强信息系统相关人员的安全意识，但可能由于缺乏风险评估的专业技能，其结果不够深入准确；同时，受到组织内部各种因素的影响，结果缺乏一定的客观性，从而降低评估结果的可信程度。委托风险评估服务技术支持方实施的评估，过程比较规范，评估结果的客观性比较好，可信程度较高；但由于受到行业知识技能及业务了解的限制，对被评估系统的了解，尤其是在业务方面的特殊要求存在一定的局限。但由于引入第三方本身就是一个风险因素，因此，对其背景与资质、评估过程与结果的保密要求协商等方面应进行控制。

此外，为保证风险评估的实施，与系统相连的相关方也应配合，以防止给其他方的使用带来困难或引入新的风险。

3.8.2　检查评估

检查评估的实施可以多样化，既可以依据风险评估的相关标准，实施完整的风险评估过程，也可以在对自评估的实施过程、风险计算方法和评估结果等重要环节进行科学合理性分析的基础上，对关键环节或重点内容实施抽样评估。

检查评估应覆盖以下几点内容（但不限于此）。

1）自评估方法的检查。

2）自评估过程记录检查。

3）自评估结果跟踪检查。

4）现有安全措施的检查。

5）系统输入/输出控制的检查。

6）软硬件维护制度及实施状况的检查。

7）突发事件应对措施的检查。

8）数据完整性保护措施的检查。

9）审计追踪的检查。

检查评估一般由主管机关发起，通常都是定期、抽样进行的评估模式，旨在检查关键领域或关键点的信息安全风险是否在可接受的范围内。鉴于检查评估的性质，在检查评估实施之前，一般应确定适用于整个评估工作的评估要求或规范，以适用于所有被评估单位。

由于检查评估是由被评估方的主管机关实施的，因此，其评估结果具有一定的权威性；但单次评估的检查时间比较短，两次评估的间隔时间比较长，很难对信息系统的整体风险状况做出完整的评价，只能就特定的关键点检查被评估系统是否达到要求。此外，检查评估符合要求并不表明系统的整体安全状况已经完全达到要求。

检查评估也可以委托风险评估服务技术支持方实施，但评估结果仅对检查评估的发起单位负责。由于检查评估代表了主管机关，所涉及的评估对象也往往较多，因此，要对实施检查评估机构的资质进行严格管理。

3.9　风险计算方法

对风险进行计算，需要确定影响风险要素、要素之间的组合方式，以及具体的计算方法，将风险要素按照组合方式使用具体的计算方法进行计算，得到风险值。

目前，通用的风险评估中风险值计算涉及的风险要素一般为资产、威胁和脆弱性；这些要素的组合方式如本书中的风险计算原理中所指出的，由威胁和脆弱性确定安全事件发生的可能性，由资产和脆弱性确定安全事件的损失，以及由安全事件发生的可能性和安全事件的损失确定风险值。目前，常用的计算方法是矩阵法和相乘法。

接下来首先说明矩阵法和相乘法的原理，然后基于风险计算原理中指出的风险要素和要素组合方式，以示例的形式说明采用矩阵法和相乘法计算风险值的过程。

在实际应用中，可以结合使用矩阵法和相乘法。

3.9.1　矩阵法计算风险

3.9.1.1　矩阵法的原理

矩阵法主要适用于由两个要素值确定一个要素值的情形。首先需要确定二维计算矩阵，矩阵内各个要素的值根据具体情况和函数递增情况采用数学方法确定，然后将两个元素的值在矩阵中进行比对，行列交叉处即为所确定的计算结果。

即 $z=f(x,y)$，函数 f 可以采用矩阵法。

矩阵法的原理如下。

$x=\{x_1,x_2,\cdots,x_i,\cdots,x_m\},1\leqslant i\leqslant m$，$x_i$ 为正整数。

$y=\{y_1,y_2,\cdots,y_j,\cdots,y_n\},1\leqslant j\leqslant n$，$y_j$ 为正整数。

以要素 x 和要素 y 的取值构建一个二维矩阵，如表 3-12 所示。矩阵行值为要素 y 的所有取值，矩阵列值为要素 x 的所有取值。矩阵内 $m\times n$ 个值即为要素 z 的取值，$z=\{z_{11},z_{12},\cdots,z_{ij},z_{mn}\},1\leqslant i\leqslant m,1\leqslant j\leqslant n$，$z_{ij}$为正整数。

表 3-12　二维矩阵

	y	y_1	y_2	…	y_j	…	y_n
x	x_1	z_{11}	z_{12}	…	z_{1j}	…	z_{1n}
	x_2	z_{21}	z_{22}	…	z_{2j}	…	z_{2n}
	…	…	…	…	…	…	…
	x_i	z_{i1}	z_{i2}	…	z_{ij}	…	z_{in}
	…	…	…	…	…	…	…
	x_m	z_{m1}	z_{m1}	…	z_{mj}	…	z_{mn}

对于 z_{ij}的计算，可以采取以下计算公式。

$$z_{ij}=x_i+y_j,$$

或

$$z_{ij}=x_i\times y_j,$$

或 $z_{ij}=\alpha\times x_i+\beta\times y_j$，其中 α 和 β 为正常数。

z_{ij}的计算需要根据实际情况确定，矩阵内 z_{ij}值的计算不一定遵循统一的计算公式，但必须具有统一的增减趋势，即如果 f 是递增函数，z_{ij}值应随着 x_i 与 y_j 的值递增，反之亦然。

矩阵法的特点在于通过构造两两要素计算矩阵，可以清晰罗列要素的变化趋势，具备良好的灵活性。

在风险值计算中，通常需要对由两个要素所确定的另一个要素值进行计算，例如由威胁和脆弱性确定安全事件发生可能性值、由资产和脆弱性确定安全事件的损失值等，同时需要整体掌握风险值的确定，因此矩阵法在风险分析中得到了广泛采用。

3.9.1.2　计算示例

在本节中，基于本书中的风险计算原理，将具体说明使用矩阵法计算风险的过程。

（1）条件

共有3个重要资产：资产A1、资产A2和资产A3。

资产A1面临2个主要威胁，威胁T1和威胁T2。

资产A2面临1个主要威胁，威胁T3。

资产A3面临2个主要威胁，威胁T4和T5。

威胁T1可以利用的资产A1存在的2个脆弱性：脆弱性V1和脆弱性V2。

威胁T2可以利用的资产A1存在的3个脆弱性：脆弱性V3、脆弱性V4和脆弱性V5。

威胁T3可以利用的资产A2存在的2个脆弱性：脆弱性V6和脆弱性V7。

威胁T4可以利用的资产A3存在的1个脆弱性：脆弱性V8。

威胁T5可以利用的资产A3存在的1个脆弱性：脆弱性V9。

资产价值分别是：资产A1=2，资产A2=3，资产A3=4。

威胁发生频率分别是：威胁T1=2，威胁T2=1，威胁T3=2，威胁T4=3，威胁T5=3。

脆弱性严重程度分别是：脆弱性V1=2，脆弱性V2=3，脆弱性V3=1，脆弱性V4=4，脆弱性V5=2，脆弱性V6=1，脆弱性V7=1，脆弱性V8=2，脆弱性V9=3。

（2）计算重要资产的风险值

3个资产的风险值计算过程类似，下面以资产A为例使用矩阵法计算风险值。

资产A1面临的主要威胁包括威胁T1和威胁T2，威胁T1可以利用的资产A1存在的脆弱性包括2个，威胁T2可以利用的资产A1存在的脆弱性包括3个，则资产A1存在的风险值包括5个。5个风险值的计算过程类似，下面以资产A1面临的威胁T1可以利用的脆弱性V1为例，计算安全风险值。

1）计算安全事件发生的可能性。

威胁发生频率：威胁T1=2。

脆弱性严重程度：脆弱性V1=2。

首先构建安全事件发生的可能性矩阵，如表3-13所示。

表3-13　安全事件发生的可能性矩阵

	脆弱性严重程度	1	2	3	4	5
威胁发生频率	1	1	2	4	6	7
	2	3	4	6	8	9
	3	4	5	7	9	10
	4	5	7	8	10	11
	5	6	8	9	12	13

然后根据威胁发生频率值和脆弱性严重程度值在矩阵中进行对照，确定安全事件发生的可能性=4。

2）计算安全事件的损失。

资产价值：资产 A1=2。

脆弱性严重程度：脆弱性 V1=2。

首先构建安全事件损失矩阵，如表 3-14 所示。

表 3-14 安全事件损失矩阵

	脆弱性严重程度	1	2	3	4	5
资产价值	1	1	2	3	4	5
	2	2	3	4	5	6
	3	3	4	5	6	7
	4	4	5	6	7	8
	5	5	6	7	8	9

然后根据资产价值和脆弱性严重程度值在矩阵中进行对照，确定安全事件损失=3。

3）计算风险值。

安全事件发生的可能性=4；安全事件损失=3。

首先构建风险矩阵，如表 3-15 所示。

表 3-15 风险矩阵

	可能性	1	2	3	4	5
损失	1	1	2	3	5	7
	2	3	4	6	7	9
	3	4	5	7	8	10
	4	5	6	8	10	11
	5	7	8	10	11	13

然后根据安全事件发生的可能性和安全事件损失在矩阵中进行对照，确定安全事件风险值=8。

按照上述方法进行计算，得到资产 A 的其他风险值，以及资产 A2 和资产 A3 的风险值，然后进行风险结果等级判定。

（3）结果判定

确定风险等级划分如表 3-16 所示。

表 3-16 确定风险等级划分

风险值	1-6	7-12	13-18	19-23	24-25
风险等级	1	2	3	4	5

根据上述计算方法，以此类推，得到 3 个重要资产的风险值，并根据风险等级划分表，确定风险等级，结果如表 3-17 所示。

表3-17 确定风险等级

资　产	威　胁	脆弱性	风险值	风险等级
资产 A1	威胁 T1	脆弱性 V1	8	2
	威胁 T1	脆弱性 V2	10	2
	威胁 T2	脆弱性 V3	6	1
	威胁 T2	脆弱性 V4	19	4
	威胁 T2	脆弱性 V5	9	2
资产 A2	威胁 T3	脆弱性 V6	13	3
	威胁 T3	脆弱性 V7	15	3
资产 A3	威胁 T4	脆弱性 V8	19	4
	威胁 T5	脆弱性 V9	22	4

重要资产的风险值等级柱状图如图3-1所示。

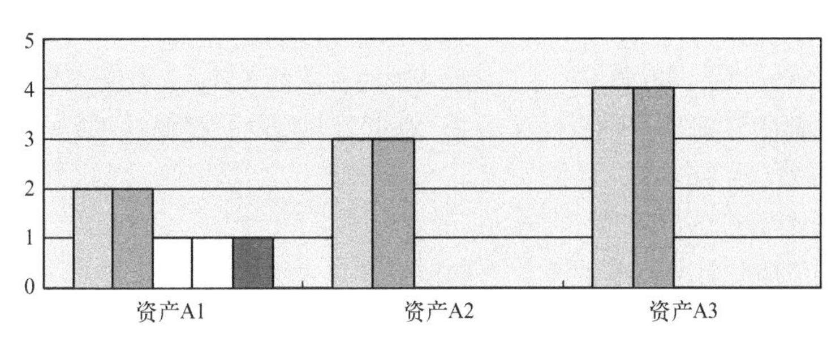

●图3-1 风险值等级柱状图

3.9.2 相乘法计算风险

3.9.2.1 相乘法的计算原理

相乘法主要用于由两个或多个要素值确定一个要素值的情形。即 $z=f(x,y)$，函数 f 可以采用相乘法。

相乘法的原理如下。

$$z=f(x,y)=x\otimes y。$$

当 f 为增量函数时，$\otimes$可以为直接相乘，也可以为相乘后取模等，举例如下。

$$z=f(x,y)=x\times y,$$

或 $$z=f(x,y)=\sqrt{x\times y},$$

或 $$z=f(x,y)=\left[\sqrt{x\times y}\right],$$

或 $z=f(x,y)=\left[\dfrac{\sqrt{x\times y}}{x+y}\right]$ 等。

相乘法提供了一种定量的计算方法，直接使用两个要素值进行相乘得到另一个要素的值。相乘法的特点是简单明确，直接按照统一公式计算，即可得到所需结果。

在风险值计算中，通常需要对由两个要素所确定的另一个要素值进行计算，例如由威胁和脆弱性确定安全事件发生的可能性值、由资产和脆弱性确定安全事件的损失值等，因此相乘法在风险分析中得到了广泛采用。

3.9.2.2 计算示例

在本节中，基于本书中的风险计算原理，将具体说明使用相乘法计算风险的过程。

（1）条件

共有两个重要资产：资产 A1 和资产 A2。

资产 A1 面临 3 个主要威胁：威胁 T1、威胁 T2 和威胁 T3。

资产 A2 面临 2 个主要威胁：威胁 T4 和威胁 T5。

威胁 T1 可以利用的资产 A1 存在的 1 个脆弱性：脆弱性 V1。

威胁 T2 可以利用的资产 A1 存在的 2 个脆弱性：脆弱性 V2 和脆弱性 V3。

威胁 T3 可以利用的资产 A1 存在的 1 个脆弱性：脆弱性 V4。

威胁 T4 可以利用的资产 A2 存在的 1 个脆弱性：脆弱性 V5。

威胁 T5 可以利用的资产 A2 存在的 1 个脆弱性：脆弱性 V6。

资产价值分别是：资产 A1=4，资产 A2=5。

威胁发生频率分别是：威胁 V1=1，威胁 V2=5，威胁 V3=4，威胁 V4=3，威胁 V5=4。

脆弱性严重程度分别是：脆弱性 V1=3，脆弱性 V2=1，脆弱性 V3=5，脆弱性 V4=4，脆弱性 V5=4，脆弱性 V6=3。

（2）计算重要资产的风险值

两个资产的风险值计算过程类似，下面以资产 A 为例使用矩阵法计算风险值。

资产 A1 面临的主要威胁包括威胁 T1、威胁 T2 和威胁 T3，威胁 T1 可以利用的资产 A1 存在的脆弱性有一个，威胁 T2 可以利用的资产 A1 存在的脆弱性有两个，威胁 T3 可以利用的资产 A1 存在的脆弱性有一个，则资产 A1 存在的风险值包括 4 个。4 个风险值的计算过程类似。下面以资产 A1 面临的威胁 T1 可以利用的脆弱性 V1 为例，计算安全风险值。其中计算公式如下。

$z=f(x,y)=\sqrt{x\times y}$，并对 z 的计算值四舍五入取整得到最终结果。

1）计算安全事件发生的可能性。

威胁发生频率：威胁 A1=1。

脆弱性严重程度：脆弱性 T1=3。

计算安全事件发生的可能性，安全事件发生的可能性$=\sqrt{1\times 3}=\sqrt{3}$。

2）计算安全事件的损失。

资产价值：资产 A1=4。

脆弱性严重程度：脆弱性 V1=3。

计算安全事件的损失，安全事件损失$=\sqrt{4\times 3}=\sqrt{12}$。

3）计算风险值。

安全事件发生的可能性=2。

安全事件损失=3。

安全事件风险值$=\sqrt{3}\times\sqrt{12}=6$。

按照上述方法进行计算，得到资产 A1 的其他风险值，以及资产 A2 和资产 A3 风险值，然后进行风险结果等级判定。

(3) 结果判定

确定风险等级划分如表 3-18 所示。

表 3-18 确定风险等级划分

风险值	1-5	6-10	11-15	16-20	21-25
风险等级	1	2	3	4	5

根据上述计算方法，以此类推，得到两个重要资产的风险值，并根据风险等级划分表，确定风险等级，结果如表 3-19 所示。

表 3-19 确定风险等级

资　　产	威　　胁	脆 弱 性	风　险　值	风 险 等 级
资产 A1	威胁 T1	脆弱性 V1	6	2
	威胁 T2	脆弱性 V2	4	1
	威胁 T2	脆弱性 V3	22	5
	威胁 T3	脆弱性 V4	16	4
资产 A2	威胁 T4	脆弱性 V5	15	3
	威胁 T5	脆弱性 V6	13	3

重要资产的风险值等级柱状图如图 3-2 所示。

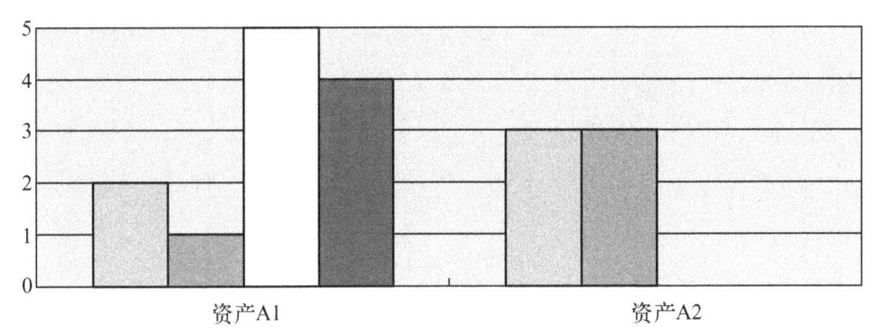

●图 3-2 重要资产的风险值等级柱状图

思考题

- 风险分析的计算公式是什么？
- 如何进行企业自评估？

第4章

信息安全风险评估工具

4.1 风险评估工具

4.1.1 ASSET

ASSET（Automated Security Self-Evaluation Tool）是美国国家标准技术协会（National Institute of Standard and Technology，NIST）发布的一个可用来进行安全风险自我评估的自动化工具，它采用典型的基于知识的分析方法，利用问卷方式来评估系统安全现状与 NIST Special Publication 800-26 指南之间的差距。这里所说的 NIST Special Publication 800-26，即为信息技术系统安全自我评估指南（Security Self-Assessment Guide for Information Technology Systems)，为组织进行 IT 系统风险评估提供了众多控制目标和建议技术。

4.1.2 RiskWatch

美国 RiskWatch 公司综合各类相关标准，开发了风险分析自动化软件系统，进行风险评估和风险管理，共包括 5 类产品，分别针对信息系统安全、物理安全、HIPAA 标准、RW17799 标准、港口和海运安全，分析信息系统安全风险、物理安全风险、以 HIPAA 为标准存在的安全风险、以 RW17799 为标准存在的安全风险，以及港口和海运存在的安全风险。

RiskWatch 工具具有以下几个特点。

- 友好的用户界面。
- 预先定义的风险分析模板。
- 给用户提供高效、省时的风险分析和脆弱性评估。
- 数据关联功能。
- 经过证明的风险分析模型。

1）RiskWatch 关于风险的定义。

风险=资产○损失○威胁○脆弱性○防护措施

即当组织有价值的资产受到某种形式的威胁，形成系统脆弱性并造成一定损失时，称系统出现风险。

2）风险分析应达到两个目标。

- 确定目标系统及设备当前状态下所面临的风险。
- 确定并推荐减少风险的防护控制措施，并证明这些措施是有效的。

3）RiskWatch 通过使用因素关联功能和计算风险来达到上述风险分析目标。

4.1.3 COBRA

COBRA（Consultative，Objective and Bi-functional Risk Analysis）是英国的 C&A 系统安

全公司推出的一套风险分析工具，它通过问卷的方式来采集和分析数据，并对组织的风险进行定性分析，最终的评估报告中包含已识别风险的水平和推荐措施。此外，COBRA 还支持基于知识的评估方法，可以将组织的安全现状与 ISO 17799 标准相比较，从中找出差距，提出弥补措施。

4.1.4　CRAMM

CRAMM（CCTA Risk Analysis and Management Method）是由英国政府的中央计算机与电信局（Central Computer and Telecommunications Agency，CCTA）于 1985 年开发的一套定量风险分析工具，同时支持定性分析。经过多次版本更新（现在是第 4 版），目前由 Insight 咨询公司负责管理和授权。

CRAMM 是一种可以评估信息系统风险并确定恰当对策的结构化方法，适用于各种类型的信息系统和网络，也可以在信息系统生命周期的各个阶段使用。CRAMM 的安全模型数据库基于著名的“资产/威胁/弱点”模型，评估过程经过资产识别与评价、威胁和弱点评估，以及选择合适的推荐对策共 3 个阶段。CRAMM 与 BS 7799 标准保持一致，它提供的可供选择的安全控制多达 3000 个。除了风险评估，CRAMM 还可以对符合 ITIL（IT Infrastructure Library）指南的业务连续性管理提供支持。

4.1.5　CORA

CORA（Cost - of - Risk Analysis）是由国际安全技术公司（International Security Technology，Inc.）开发的一种风险管理决策支持系统，它采用典型的定量分析方法，可以方便地采集、组织、分析并存储风险数据，为组织的风险管理决策支持提供准确依据。

4.2　主机系统风险评估工具

4.2.1　MBSA

4.2.1.1　MBSA 介绍

Microsoft 基准安全分析器（MBSA）可以检查操作系统和 SQL Server 更新。MBSA 还可以扫描计算机上的不安全配置。

1）对于一个运行安全的系统来说，一个特别重要的要素是保持使用最新的安全修补程序。

微软公司会经常发布一些安全修补程序，那么如何才能知道哪些修补程序已经应用到用户的系统中了呢？基准安全分析器就可以做到这点，更为重要的是，它还能帮助用户分析出哪些还没有应用。MBS 将扫描 Windows 操作系统中的安全问题，如来宾账户状态、文件系统类型、可用的文件共享和 Administrators 组的成员等。检查的结果以安全报告的形式提供给用户，在报告中还带有关于修复所发现的任何问题的操作说明。MBSA 检查 Windows 操作系统安全的内容如下。

- 检查将确定并列出属于 Local Administrators 组的用户账户。
- 检查将确定在被扫描的计算机上是否启用了审核。
- 检查将确定在被扫描的计算机上是否启用了“自动登录”功能。
- 检查是否有不必要的服务。
- 检查将确定正在接受扫描的计算机是否为一个域控制器。
- 检查将确定在每一个硬盘上使用的是哪一种文件系统，以确保它是 NTFS 文件系统。
- 检查将确定在被扫描的计算机上是否启用了内置的来宾账户。
- 检查将找出使用了空白密码或简单密码的所有本地用户账户。
- 检查将列出被扫描计算机上的每一个本地用户当前采用的和建议的 IE 区域安全设置。检查将确定在被扫描的计算机上运行的是哪一个操作系统。
- 检查将确定是否有本地用户账户设置了永不过期的密码。
- 检查将确定被扫描的计算机上是否使用了 Restrict Anonymous 注册表项来限制匿名连接 Service Pack 和即时修复程序。

2）MBSA 将扫描 SQL Server 7.0 和 SQL Server 2000 中的安全问题，如身份验证模式的类型、sa 账户密码状态，以及 SQL 服务账户成员身份。关于每一个 SQL Server 扫描结果的说明都显示在安全报告中，并带有关于修复发现的任何问题的操作说明。MBSA 的 SQL Server 安全分析功能如下。

- 检查将确定 Sysadmin 角色的成员的数量，并将结果显示在安全报告中。
- 检查将确定是否有本地 SQL Server 账户采用了简单密码（如空白密码）。检查将确定被扫描的 SQL Server 上使用的身份验证模式。
- 检查将验证 SQL Server 目录是否都将访问权只限制到 SQL 服务账户和本地 Administrators。
- 检查将确定 SQL Server 7.0 和 SQL Server 2000 sa 账户密码是否以明文形式写到%temp%\sqlstp.log 和%temp%\setup.iss 文件中。
- 检查将确定 SQL Server Guest 账户是否具有访问数据库（MASTER、TEMPDB 和 MSDB 除外）的权限。
- 检查将确定 SQL Server 是否在一个担任域控制器的系统上运行。
- 检查将确保 Everyone 组对 HKLM\Software\Microsoft\Microsoft SQL Server 和 HKLM\Software\Microsoft\MSSQLServer 两个注册表项的访问权被限制为读取权限。
- 检查将确定 SQL Server 服务账户在被扫描的计算机上是否为本地或 Domain Administrators 组的成员，或者是否有 SQL Server 服务账户在 LocalSystem 上下文中运行。

3）MBSA 将扫描 IIS 4.0、IIS 5.0 和 IIS 6.0 中的安全问题，如机器上出现的示例应用程序和某些虚拟目录。该工具还将检查在机器上是否运行了 IIS 锁定工具，该工具可以帮助管理员配置和保护他们的 IIS 服务器的安全。关于每一个 IIS 扫描结果的说明都会显示在安全报告中，并且带有关于修复发现的任何问题的操作说明。MBSA 的 IIS 安全分析功能如下。

- 检查将确定 MSADC（样本数据访问脚本）和脚本虚拟目录是否已安装在被扫描的 IIS 计算机上。

- 检查将确定 IISADMPWD 目录是否已安装在被扫描的计算机上。
- 检查将确定 IIS 是否在一个作为域控制器的系统上运行。
- 检查将确定 IIS 锁定工具是否已经在被扫描的计算机上运行。
- 检查将确定 IIS 日志记录是否已启用，以及 W3C 扩展日志文件格式是否已使用。
- 检查将确定在被扫描的计算机上是否启用了 ASPEnableParentPaths 设置。

4.2.1.2 MBSA 使用方法

MBSA 在运行时需要有网络连接，运行后的界面如图 4-1 所示。选择 Scan a computer 选项，启动扫描设置。

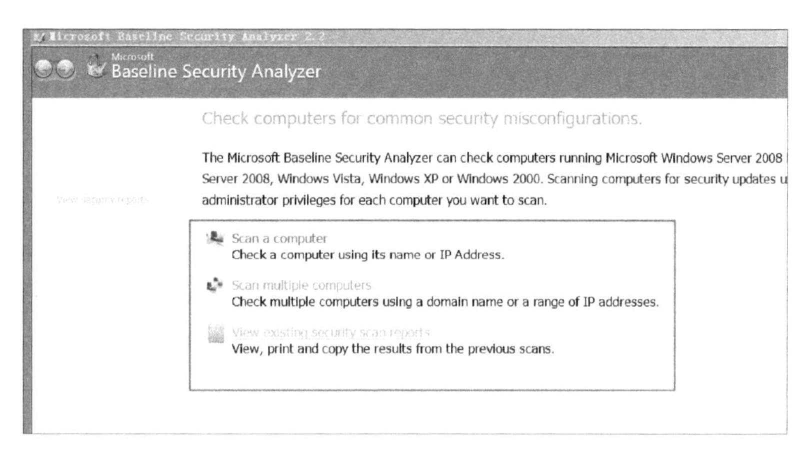

●图 4-1 MBSA 主界面

接下来需要填写相关的扫描信息，如图 4-2 所示，框 1 部分需要填写被扫描的机器 IP 地址，框 2 部分是选择需要扫描的选项。

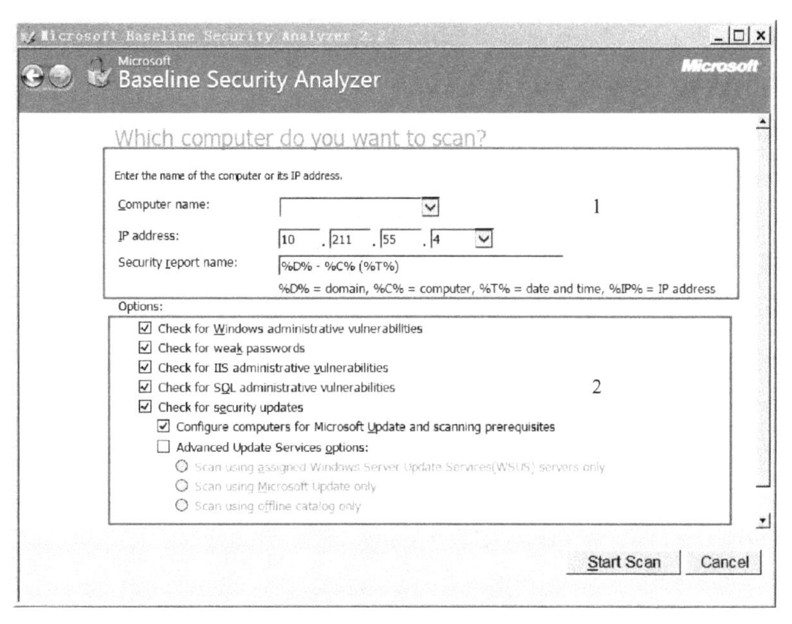

●图 4-2 待扫描信息填写界面

待扫描信息填写完成后，单击右下角的 Start Scan 按钮，启动安全扫描，如图 4-3 所示。

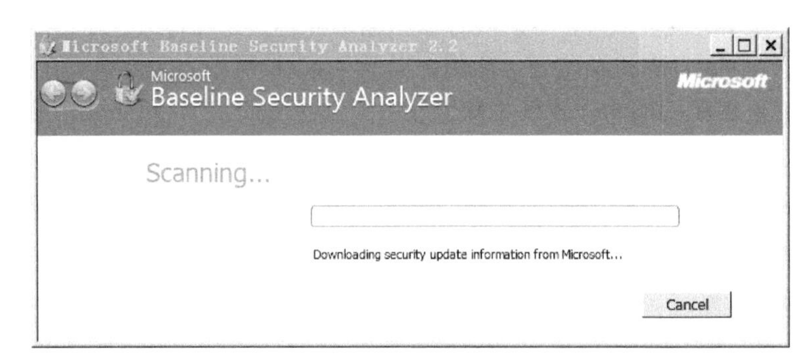

●图 4-3 安全扫描过程界面

安全扫描的时间取决于被扫描的服务器数量及扫描参数的数量，安全扫描结束后，会有英文提示，这时候可单击左下角的 Continue 按钮，完成此次扫描工作，如图 4-4 所示。

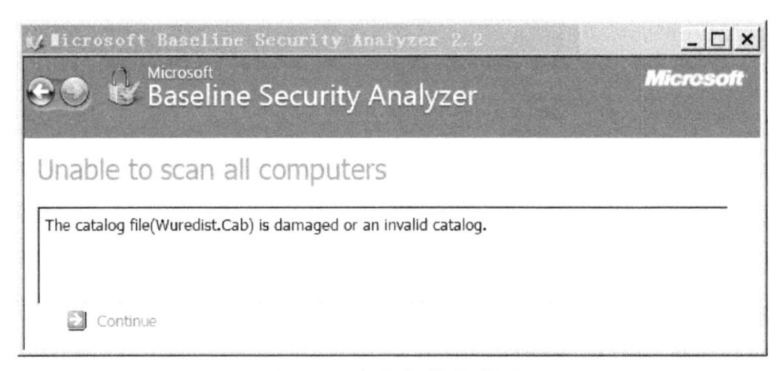

●图 4-4 安全扫描完成界面

需要查看扫描报告时，可选择主页面中的 View existing security scan reports 选项，进入查看扫描报告，如图 4-5 所示。

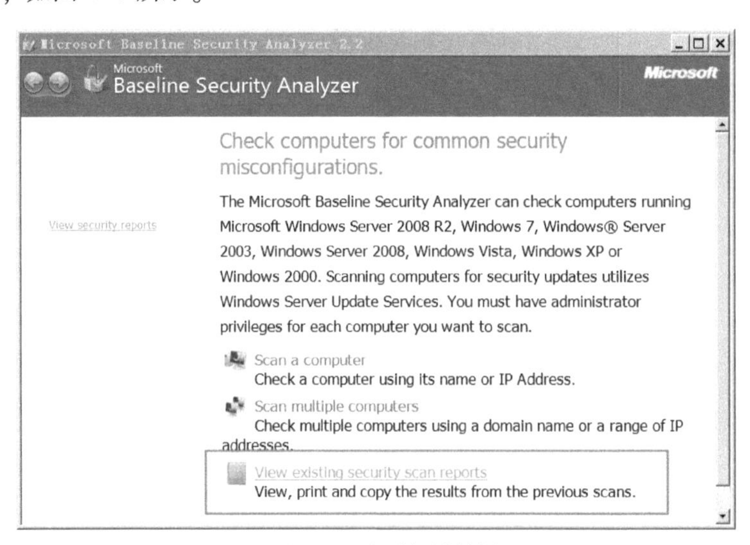

●图 4-5 查看扫描结果

扫描报告包含被检测服务器 IP、扫描时间、漏洞及漏洞说明等内容，如图 4-6 所示。

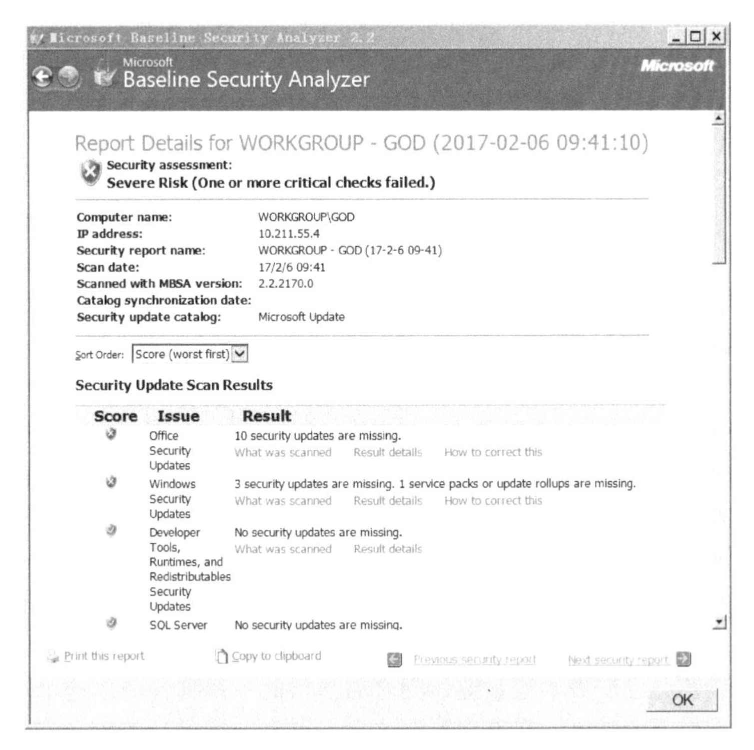

●图 4-6　扫描报告

4.2.2　Metasploit 渗透工具

4.2.2.1　Metasploit 介绍

Metasploit 是一款开源的安全漏洞检测工具，可以帮助安全和 IT 专业人士识别安全性问题，验证漏洞的缓解措施，并对管理专家驱动的安全性进行评估，提供真正的安全风险情报。

Metasploit 拥有一个免费的、可下载的框架，通过它可以很容易地获取、开发并对计算机软件漏洞实施攻击。它本身附带数百个已知软件漏洞的专业级漏洞攻击工具。当 H. D. Moore 在 2003 年发布 Metasploit 时，计算机安全状况也被永久性地改变了。仿佛一夜之间，任何人都可以成为黑客，每个人都可以使用攻击工具来攻击那些未打过补丁或者刚刚打过补丁的漏洞。软件厂商再也不能推迟发布针对已公布漏洞的补丁了，这是因为 Metasploit 团队一直都在努力开发各种攻击工具，并将它们贡献给所有 Metasploit 用户。

4.2.2.2　Metasploit 特点

这种可以扩展的模型将负载控制、编码器、无操作生成器和漏洞整合在一起，使 Metasploit Framework 成为一种研究高危漏洞的途径。它集成了各平台上常见的溢出漏洞和流行的 shellcode，并且不断更新。最新版本的 MSF 包含了 750 多种流行的操作系统及应用软件的漏洞，以及 224 个 shellcode。作为安全工具，它在安全检测中起着不容忽视的作用，并为漏洞自动化探测和及时检测系统漏洞提供了有力保障。

Metasploit 自带上百种漏洞，还可以在 online exploit building demo（在线漏洞生成演示）上看到如何生成漏洞。这使自己编写漏洞变得更简单，它势必将提升非法 shellcode 的水平，并且扩大网络阴暗面。与其相似的专业漏洞工具（如 Core Impact 和 Canvas）已经被许多专业领域用户使用。Metasploit 降低了使用的门槛，将其推广给大众。

4.2.2.3 Metasploit 工作方式

开源软件 Metasploit 是 H. D. Moore 在 2003 年开发的，它是少数几个可用于执行诸多渗透测试步骤的工具。在发现新漏洞时（这是很常见的），Metasploit 会监控 Rapid 7，然后 Metasploit 的 200000 多个用户会将漏洞添加到 Metasploit 的目录上。然后任何人只要使用 Metasploit，就可以用它来测试特定系统是否有这个漏洞。

Metasploit 框架使 Metasploit 具有良好的可扩展性，它的控制接口负责发现漏洞、攻击漏洞和提交漏洞，然后通过一些接口加入攻击后处理工具和报表工具。Metasploit 框架可以从一个漏洞扫描程序导入数据，使用关于有漏洞主机的详细信息来发现可攻击的漏洞，然后使用有效载荷对系统发起攻击。所有这些操作都可以通过 Metasploit 的 Web 界面进行管理，而它只是其中一种管理接口。另外还有命令行工具和一些商业工具等。

攻击者可以将漏洞扫描程序的结果导入到 Metasploit 框架的开源安全工具 Armitage 中，然后通过 Metasploit 的模块来确定漏洞。一旦发现了漏洞，攻击者就可以采取一种可行方法攻击系统，通过 Shell 或启动 Metasploit 的 meterpreter 来控制这个系统。

这些有效载荷就是在获得本地系统访问之后执行的一系列命令。这个过程需要参考一些文档并使用一些数据库技术，在发现漏洞之后，开发一种可行的攻击方法。其中有效载荷数据库包含用于提取本地系统密码、安装其他软件或控制硬件的模块，这些功能很像以前 BO2K 等工具所具备的功能。

4.2.2.4 Metasploit 功能介绍

启动命令行界面，输入“?”，可以查看所有的功能选项和介绍，如图 4-7 所示。

●图 4-7 Metasploit 命令行界面

在命令行下，通过输入 armitage 命令，启动 Metasploit 的图形化界面，如图 4-8 所示。图中色框 1 部分为显示预配置的模块。可以在模块列表下面的文本框中输入要查找的模块来进行查找。图中色框 2 部分是可以进行漏洞测试的活跃主机。图中色框 3 部分显示多个 Metasploit 标签，可以让运行的多个 Meterpreter 或控制台会话能够同时显示。

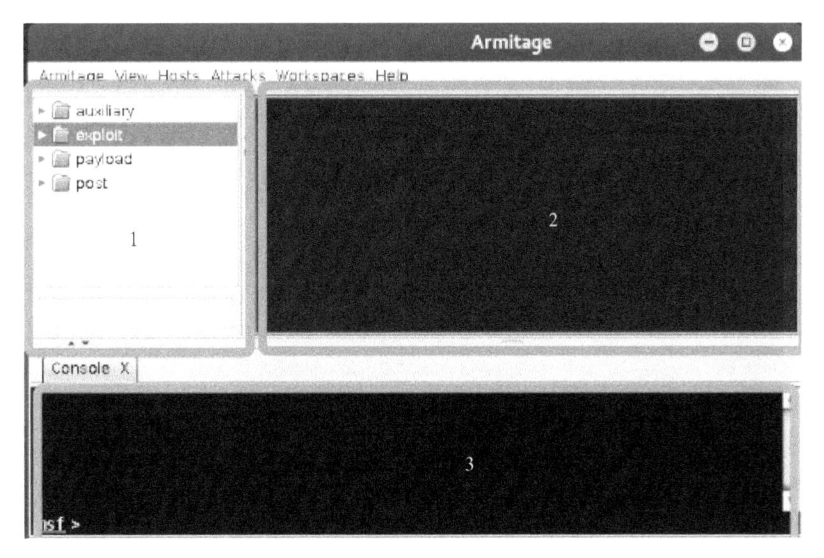

●图 4-8　Armitage 图形化界面

若要对一个目标主机进行安全扫描时，可以依次选择 Hosts→Nmap Scan→Quick Scan 命令，如图 4-9 所示。

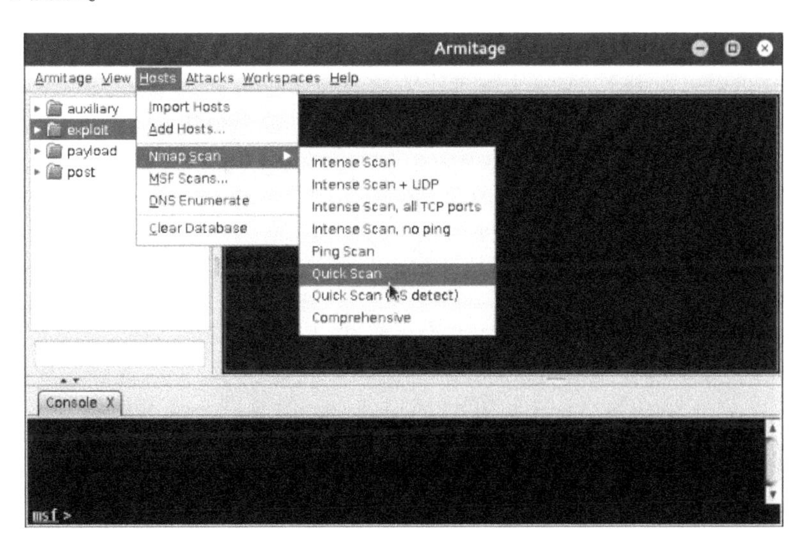

●图 4-9　启动安全扫描

在弹出的对话框中输入需要进行安全扫描的 IP 地址，如图 4-10 所示。

可以通过扫描结果选择相对应的漏洞，如图 4-11 所示。

譬如，依次选择 Linux→mysql→mysql_yassl_hello 漏洞，双击此漏洞，会弹出此漏洞的利用及设置方式，如图 4-12 所示。

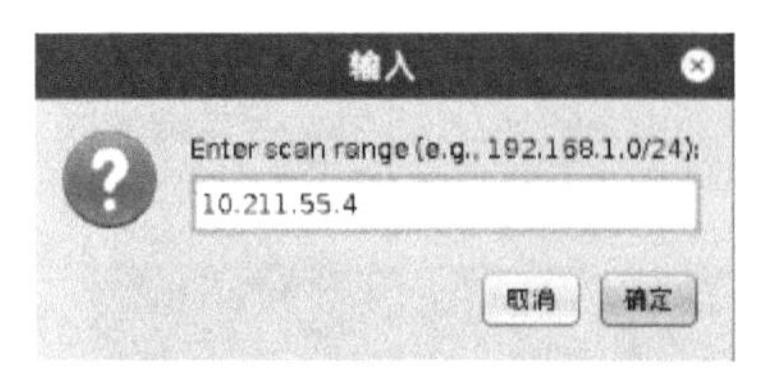

●图 4-10　待安全扫描目标

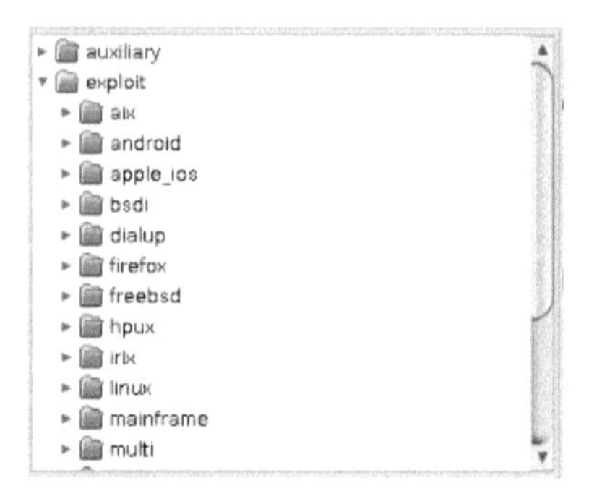

●图 4-11　漏洞利用 exploit 列表

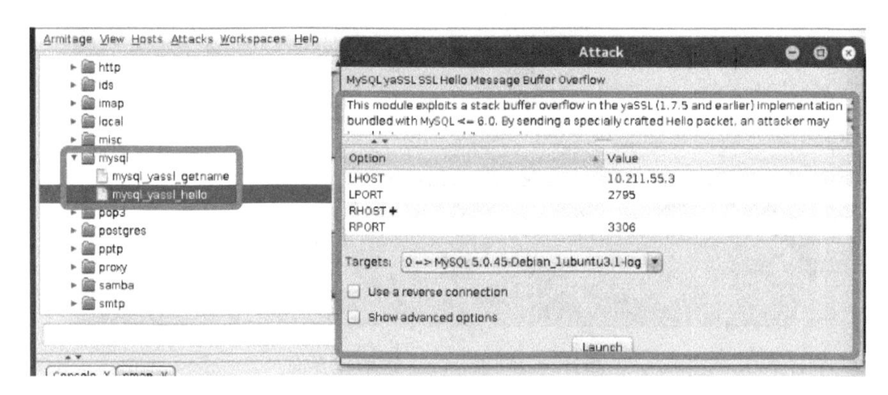

●图 4-12　漏洞利用介绍

4.2.2.5　Metasploit 命令参考列表

- Show exploits：列出 Metasploit 框架中的所有渗透攻击模块。
- Show payloads：列出 Metasploit 框架中的所有攻击载荷。
- Show auxiliary：列出 Metasploit 框架中的所有辅助攻击模块。
- Seareh name：查找 Metasploit 框架中的所有渗透攻击和其他模块。
- Info：展示出制定渗透攻击或模块的相关信息。
- use name：装载一个渗透攻击或者模块（例如使用 windows/smb. psexec）。
- LHOST：本地可以让目标主机连接的 IP 地址，通常当目标主机不在同一局域网内时，就需要是一个公共的 IP 地址，特别为反弹式 shell 使用。
- RHOST：远程主机或是目标主机。
- set function：设置特定的配置参数（例如设置本地或远程主机参数）。
- setg function：以全局方式设置特定的配置参数（例如设置本地或远程主机参数）。
- show options：列出某个渗透攻击或模块中所有的配置参数。
- show targets：列出渗透攻击所支持的目标平台。
- set target num：指定所知道的目标的操作系统及补丁版本类型。
- set payload payload：指定想要使用的攻击载荷。
- show advanced：列出所有高级配置选项。
- setautorunscript migrate-f：在渗透攻击完成后，将自动迁移到另一个进程。
- check：检测目标是否对选定渗透攻击存在相应的安全漏洞。

- exploit：执行渗透攻击或模块来攻击目标。
- exploit-j：在计划任务下进行渗透攻击（攻击将在后台进行）。
- exploit-z：渗透攻击成功后不与会话进行交互。
- exploit-e encoder：制定使用的攻击载荷编码方式（例如 exploit-e shikata_ga_nai）。
- exploit-h：列出 exploit 命令的帮助信息。
- sessions-l：列出可用的交互会话（在处理多个 shell 时使用）。
- sessions-l-v：列出所有可用的交互会话及会话详细信息，例如攻击系统时使用了哪个安全漏洞。
- sessions-s script：在所有活跃的 Meterpreter 会话中运行一个特定的 Meterpreter 脚本。
- sessions-K：“杀死”所有活跃的交互会话。
- sessions-c cmd：在所有活跃的 Meterpreter 会话上执行一个命令。
- sessions-u sessionID：升级一个普通的 Win32 shell 到 Meterpreter shell。
- db_create name：创建一个数据库驱动攻击所要使用的数据库（例如 db_creat autopwn）。
- db_connect name：创建并连接一个数据库驱动攻击所要使用的数据库（例如 db_connect autopwn）。
- db_namp：利用 nmap 并把扫描数据存储到数据库中（支持普通的 nmap 语法，如-sT-v-PO）。
- db_autopwn-h：展示出 db_autopwn 命令的帮助信息。
- db_autopwn-p-r-e：对所有发现的开放商品执行 db_autopwn，攻击所有系统，并使用一个反弹式 shell。
- db_destroy：删除当前数据库。
- db_destroy user:passsword@ host:port/database。使用高级选项来删除数据库。
- help：打开 Meterpreter 使用帮助。
- runscriptname：运行 Meterpreter 脚本，在 scripts/meterpreter 目录下可查看到所有脚本名。
- sysinfo：列出受控主机的系统信息。
- ls：列出目标主机的文件夹信息。
- usepriv：通过加载特权提升扩展模块，来扩展 Meterpreter 库。
- ps：显示所有运行进程及关联的用户账户。

4.2.3 雪豹自动化检测渗透工具

4.2.3.1 雪豹介绍

雪豹自动化渗透测试平台（简称雪豹平台）是基于主动检测思想构建的渗透测试平台，它是以“以攻代守”的解决思路，模拟 APT 攻击行为主动探测网络中的各种安全隐患，帮助用户尽快发现网络中的潜在威胁。

雪豹平台集成了一系列高效实用的渗透测试工具并根据渗透测试的流程，将平台中的相关工具串联起来，形成一条具有多分支结构的自动化渗透测试链条。同时，该平台提供了良好的用户图形界面，最大程度上简化了用户的配置操作。

4.2.3.2　雪豹的主要特点

（1）自动化渗透测试

雪豹自动化渗透测试平台集成了数百种渗透常用工具，系统依据渗透测试的流程，从外部信息收集一直到最后的内网主机信息收集，将所有工具进行分类，依次执行完成整个流程并通过自动化渗透测试链条，按信息收集、端口及漏洞扫描、获得权限及权限提升、日志清除到进一步内部信息收集的顺序依次执行，最终输出一份渗透测试报告。

（2）精简高效的工具集管理

根据拥有多年渗透测试经验的专家及安全人员的推荐，精选了功能强大且高效的数百款工具，雪豹自动化渗透测试平台对这些工具进行综合管理，包括工具浏览、修改、查找、添加、删除及工具执行。

（3）高可用性及安全性

平台还采用了一定的技术手段来保证整个平台的高可用性和安全性。

1）方便移动：工具平台集成在一个独立的 VMWare 虚拟机文件中。可以将该平台复制到 USB 可移动存储设备中或者复制到一台独立的高性能配置笔记本电脑中，实现随时随地移动使用，满足日常携带及临时性工作需求。

2）安全可靠：通过虚拟机镜像恢复，可迅速将工具平台恢复到最初的安全状态。同时本平台将会对整个虚拟机进行磁盘加密，需要使用者提供口令认证才能完成虚拟机磁盘的解密过程，启动虚拟机，从而避免重要资料的外泄。

3）可扩展性强：可以随时往工具集里添加工具，并且创建最新的镜像来扩展工具集。

4.2.3.3　雪豹演示

雪豹自动化渗透平台启动后的主界面如图 4-13 所示。

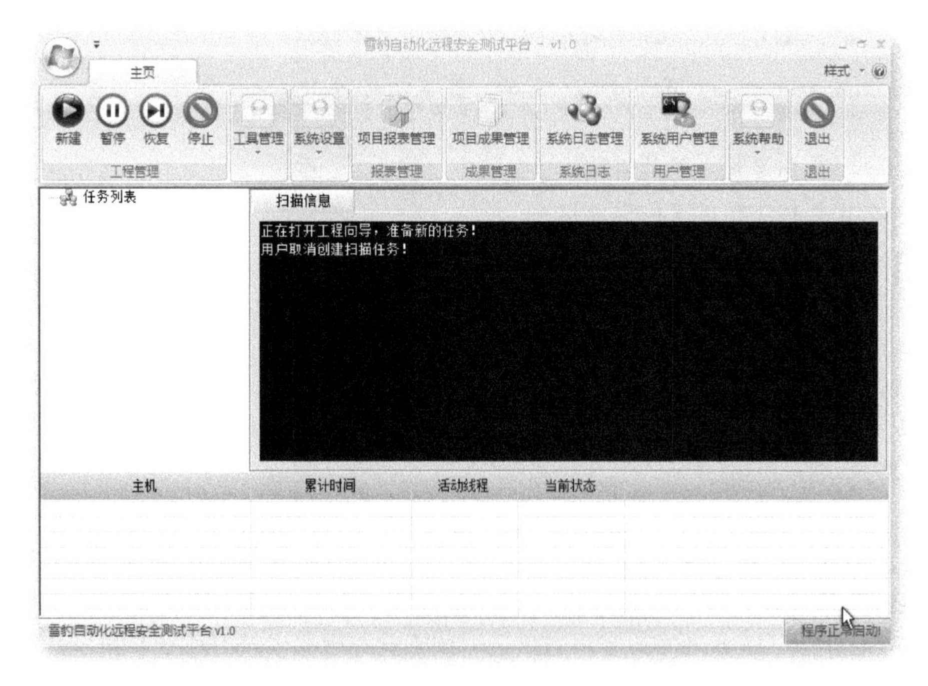

●图 4-13　雪豹自动化渗透平台主界面

单击“新建”按钮，新建一个检测任务。在弹出的对话框中设置需要检测的 IP 地址，然后单击“下一步”按钮，如图 4-14 所示。

●图 4-14　设置待检测 IP 地址

接下来设置待检测的端口扫描信息，然后单击“下一步”按钮，如图 4-15 所示。

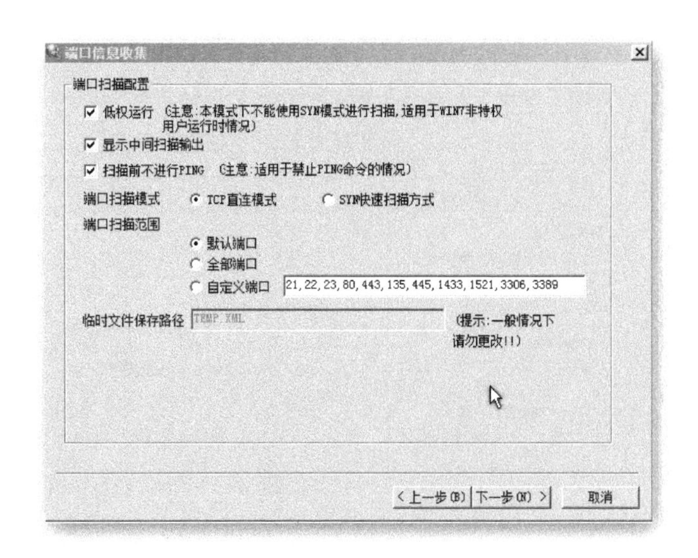

●图 4-15　设置端口扫描信息

设置需要收集的敏感信息，设置完成后单击“下一步”按钮，如图 4-16 所示。

选择暴力破解的用户名和密码字典，并设置需要暴力破解的协议，设置完成后单击“下一步”按钮，如图 4-17 所示。

设置漏洞扫描选项，设置完成后单击“下一步”按钮，如图 4-18 所示。

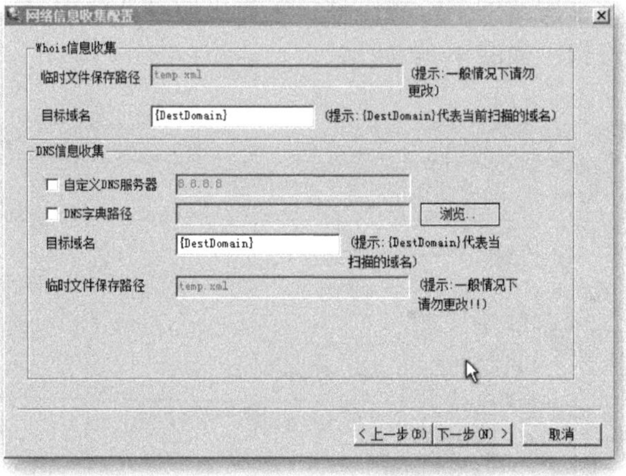

●图 4-16 设置收集的敏感信息

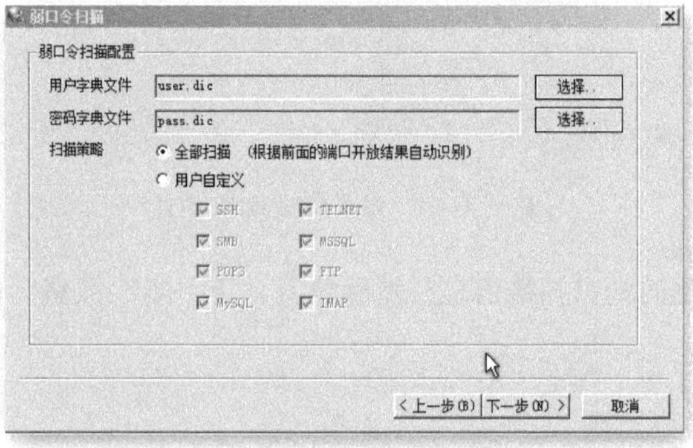

●图 4-17 设置暴力破解相关选项

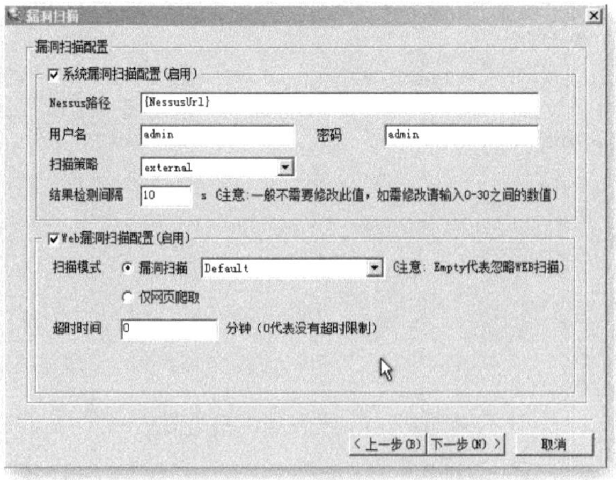

●图 4-18 设置漏洞扫描选项

设置漏洞利用程序，设置完成后单击“下一步”按钮，如图 4-19 所示。
确认所选参数，确认无误后单击“下一步”按钮，如图 4-20 所示。
确认所有检测选项无误后，单击“完成”按钮，启动检测任务，如图 4-21 所示。

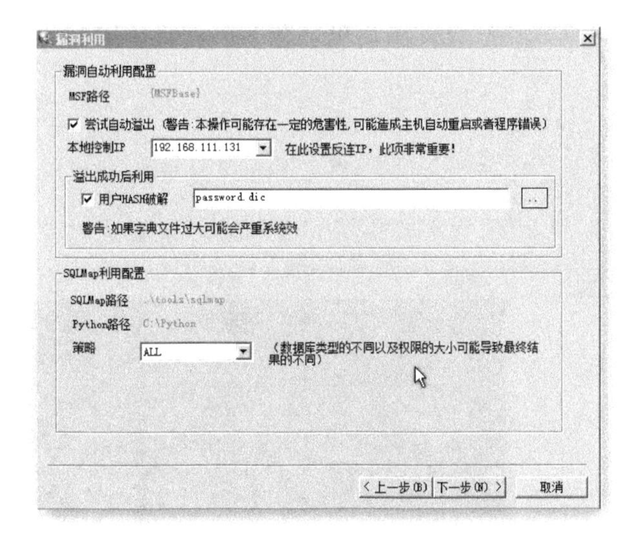

●图 4-19 设置漏洞利用程序

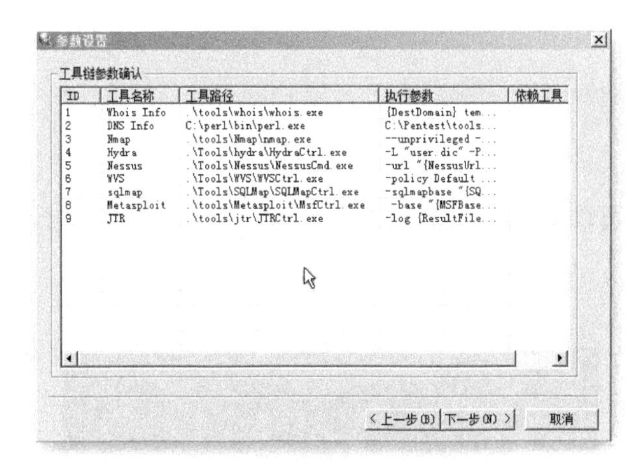

●图 4-20 确认检测参数

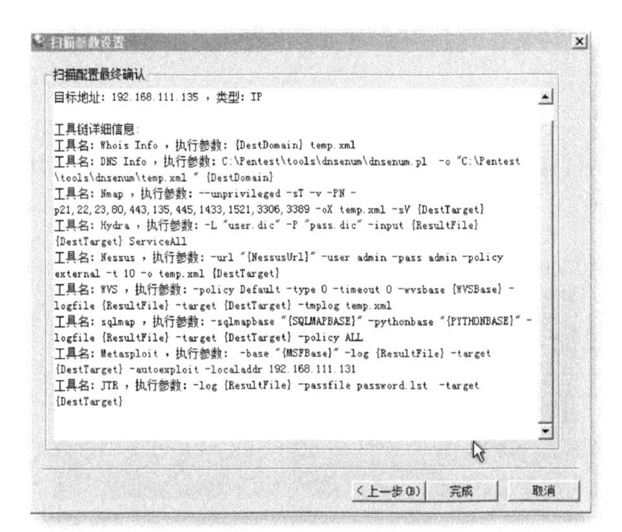

●图 4-21 确认所有检测选项

雪豹主界面启动此次检测任务，用户可以在右侧黑色区域看到当前的检测进度，如图 4-22 所示。

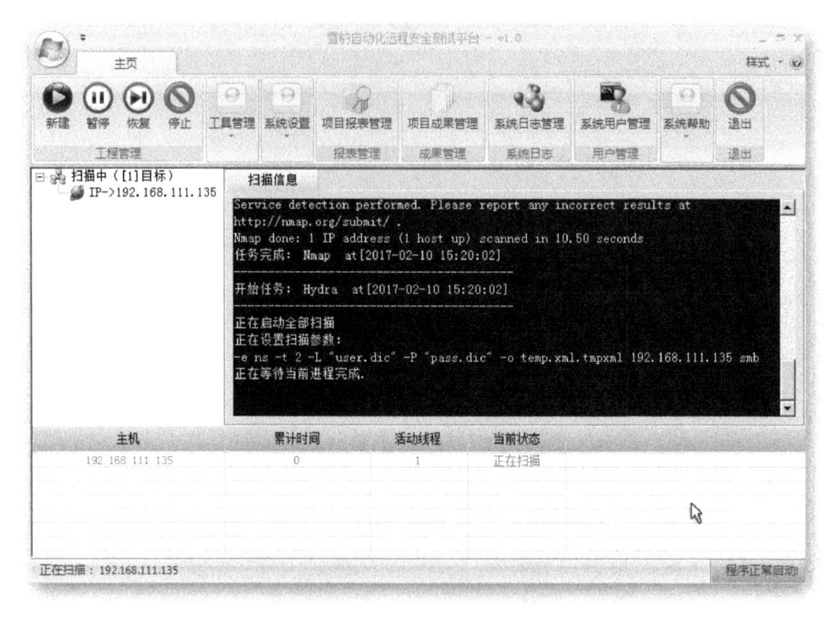

●图 4-22 雪豹检测进度

在黑色区域中，可以看到在扫描结束后，自动启动攻击程序进行自动化渗透测试，如图 4-23 所示。

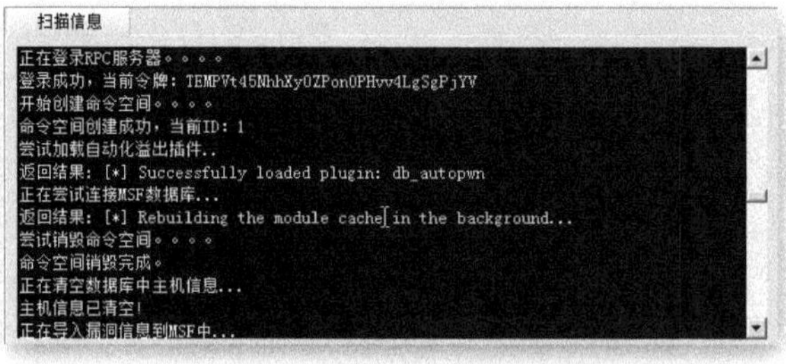

```
扫描信息
正在登录RPC服务器。。。。
登录成功，当前令牌：TEMPVt45NhhXyOZPonOPHvv4LgSgPjYV
开始创建命令空间。。。。
命令空间创建成功，当前ID：1
尝试加载自动化溢出插件..
返回结果：[*] Successfully loaded plugin: db_autopwn
正在尝试连接MSF数据库...
返回结果：[*] Rebuilding the module cache in the background...
尝试销毁命令空间。。。。
命令空间销毁完成。
正在清空数据库中主机信息...
主机信息已清空!
正在导入漏洞信息到MSF中...
```

●图 4-23 自动化渗透尝试

可以从黑色区域中看到进行的自动化远程溢出攻击，并攻击成功取得目标系统的控制权限，如图 4-24 所示。

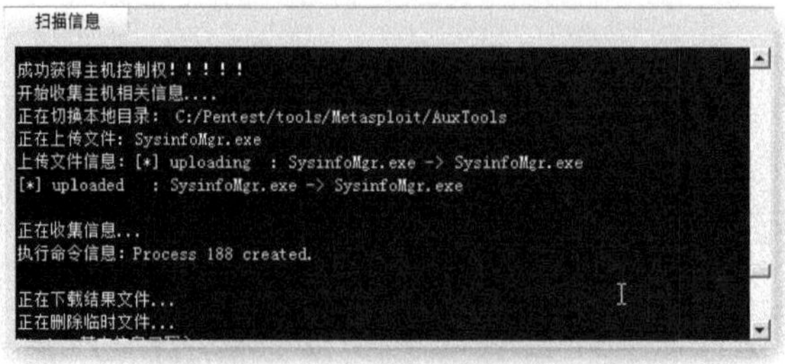

```
扫描信息
成功获得主机控制权！！！！！
开始收集主机相关信息....
正在切换本地目录： C:/Pentest/tools/Metasploit/AuxTools
正在上传文件：SysinfoMgr.exe
上传文件信息：[*] uploading  : SysinfoMgr.exe -> SysinfoMgr.exe
[*] uploaded   : SysinfoMgr.exe -> SysinfoMgr.exe

正在收集信息...
执行命令信息：Process 188 created.

正在下载结果文件...
正在删除临时文件...
```

●图 4-24 取得目标系统控制权限

自动化远程溢出结束后，取得目标系统主机用户的 HASH 值，为后续的暴力破解做好充足准备，如图 4-25 所示。

●图 4-25 取得目标系统用户 HASH 值

利用刚刚取得的目标系统用户的 HASH 值，结合检测之前设置的用户名和密码字典进行暴力破解，如图 4-26 所示。

●图 4-26 暴力破解目标系统用户和密码

检测任务结束后，会自动弹出检测报告，其中包括检测的所有选项，如图 4-27 所示。

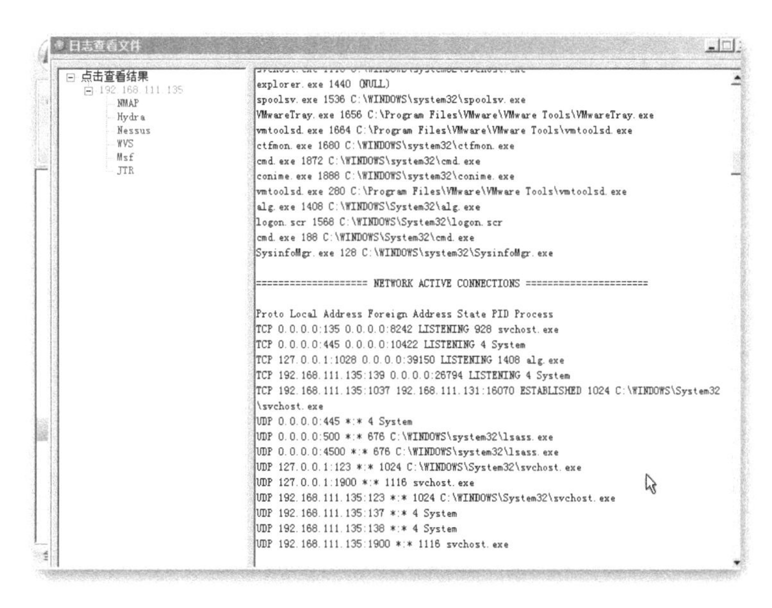

●图 4-27 检测结果报告

4.2.4 摇光自动化渗透测试工具

摇光自动化渗透测试工具具有丰富的攻击脚本和完整的攻击流程，特点是可以模拟黑客的真实攻击过程。黑客常见的攻击手段有利用漏洞或暴力破解密码信息等。

4.2.4.1 摇光介绍

可参考的应用场景如下：

- 漏洞验证：新装的 Window 7 或 Window 2008 操作系统没有打安全补丁，必然会存在 MS17-010 或者 MS08-067 等漏洞，都可以使用摇光深度安全检测系统进行自动化渗透测试，并控制目标主机。各种系统及服务会随着时间而暴露新的漏洞，这些漏洞都是不可控的风险，摇光自动化渗透测试工具可以帮助安全团队检查和漏洞验证。
- 弱口令检查：系统及服务都会具有账户和密钥信息，而密钥过于简单或是常见密码都有被攻击的风险。摇光自动化渗透测试工具的暴力破解功能可对主机的口令和服务进行弱口令检测，避免服务还在使用默认密码或简单密码。
- 检测人员安全意识：当系统服务无法使用网络攻击突破时，使用系统服务的操作人员就会成为黑客关注的突破方式。摇光自动化渗透测试工具可以模拟网站钓鱼或邮件钓鱼的方式，检测操作人员是否具有足够的安全意识，从而降低系统被攻克的风险。

4.2.4.2 摇光系统的组成

摇光自动化渗透测试工具的组成如图 4-28 所示：

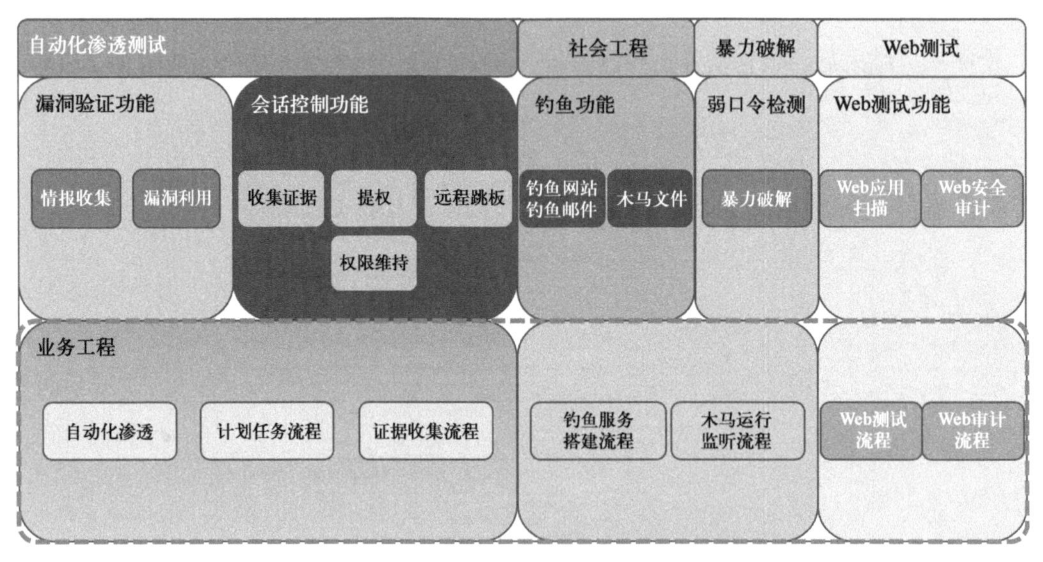

●图 4-28 摇光自动化渗透测试工具的组成

摇光自动化渗透测试工具主要由自动化渗透测试、Web 测试及社会工程几个部分组成。

自动化渗透将对目标进行渗透安全测试与评估。系统将渗透测试的过程整合到一个任务里，简化漏洞的渗透测试和证据收集等一系列复杂并耗时的过程，达到一键运行得到目标机器是否可被控制的结果。

社会工程可用于检测人员的网络安全意识。该模块可以快速搭建钓鱼网站、钓鱼邮件服务、木马文件服务等，通过模拟真实的钓鱼攻击检测人员的安全意识情况。

暴力破解主要用于弱口令快速测试，如果在字典库足够强大的情况下，可以破解复杂密码。

Web 测试用于快速对 Web 应用页面进行爬取、漏洞发现与验证测试。

4.2.4.3　摇光使用方法

单击系统首页项目列表下方的新项目，在打开的新项目创建页面填写必备的名称，并修改网络范围为拟进行测试的 IP 地址等。如图 4-29 所示。

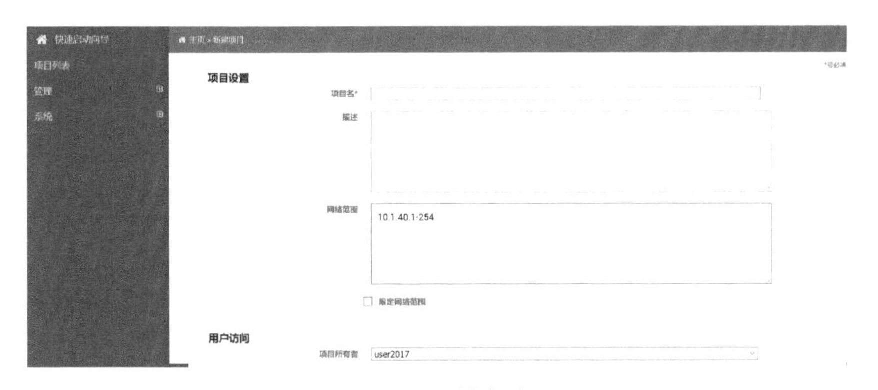

●图 4-29　创建项目

扫描是获取运行在网络上的主机的服务可用性的过程，主要通过指纹分析和枚举开放端口来实现。通过扫描，能识别出与之通信的操作系统上的服务。以便能构建有效的攻击计划。系统内建的发现扫描器使用 Nmap 进行基本 TCP 端口扫描并收集目标主机的附加信息。

默认情况下，发现扫描包含 UDP 扫描，将发送 UDP 探测数据包到最常用的已知 UDP 端口，例如 NETBIOS、DHCP、DNS 和 SNMP 等。扫描大约会测试 250 个最常用在渗透测试中的端口。

发现扫描过程中，系统会自动保存主机数据到项目中。稍后可以查看这些主机数据，更好地了解网络拓扑，确定渗透每个目标的最佳渗透方式。

在项目主页中单击概要→发现→扫描，如图 4-30 所示。

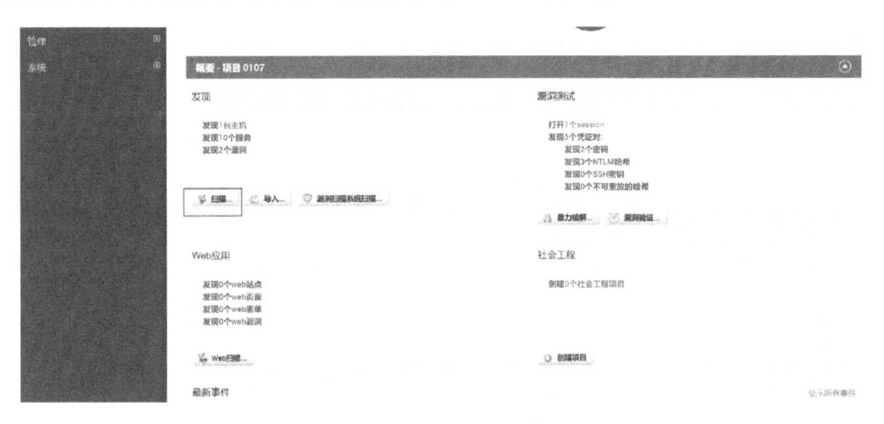

●图 4-30　创建扫描具体项目

收集了目标的信息并识别出潜在漏洞后，进入渗透阶段。渗透是简单地在已发现漏洞上运行渗透模块的过程。渗透成功后，会尝试通过会话连接提供目标系统的访问权限，通过会话可以做例如窃取密码哈希、下载配置文件等操作，直观了解漏洞面临的真正威胁。

系统自动交叉引用开放的服务、漏洞参考信息及指纹数据等来发现并匹配渗透模块。所有匹配的渗透模块会添加到攻击计划中。自动化渗透的目标是利用掌握的目标主机数据尽可能快地获取一个会话。

要运行自动化渗透，需单击快速工具条上的“漏洞验证”选项，如图 4-31 所示。

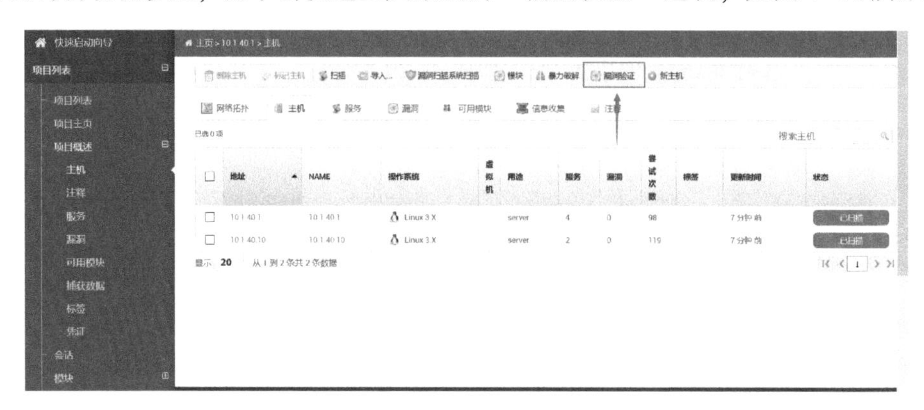

●图 4-31　漏洞验证

需要指定两个参数：一是目标主机，二是模块风险等级。测试模块分为 6 个风险等级，数字越小风险越高，并可能导致目标主机服务崩溃等负面效果。请根据具体情况选择，通常可以选择 3，如图 4-32 所示。

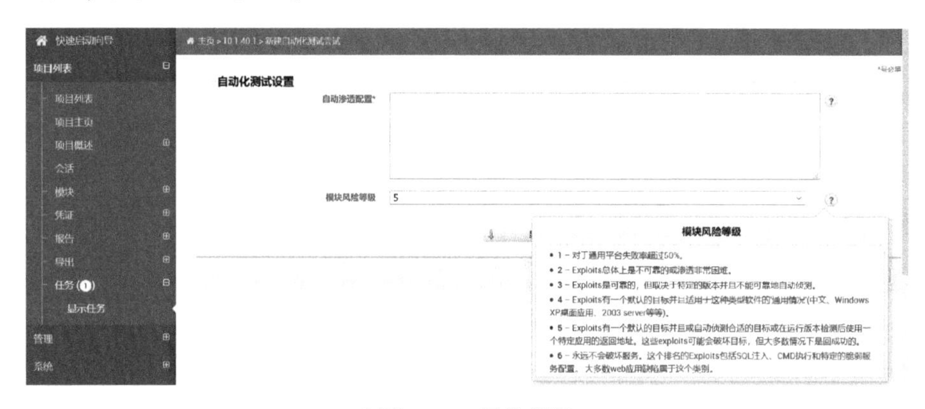

●图 4-32　风险等级

渗透成功与否与打开会话后能从目标获取到的信息价值是息息相关的。攻击的真正价值在于能从目标收集到的数据，例如密码哈希值、系统文件、屏幕截图以及可以用来取得其他系统访问权的数据等。

单击“会话”选项，可以查看已经渗透成功并建立的会话列表。单击会话 ID 可以查看能对目标进行的渗透任务，所示 4-33 所示。

渗透测试的最后一步，一般需要创建一个包含渗透验证结果的可交付报告。系统提供了多种报告类型，如图 4-34 所示。

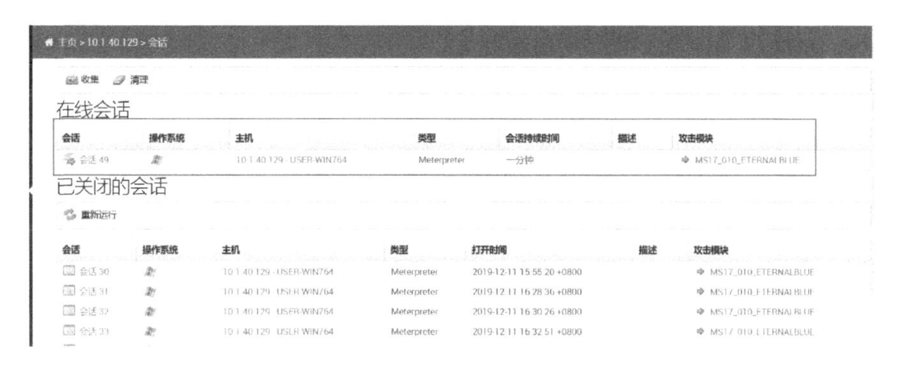

●图 4-33　查看渗透任务

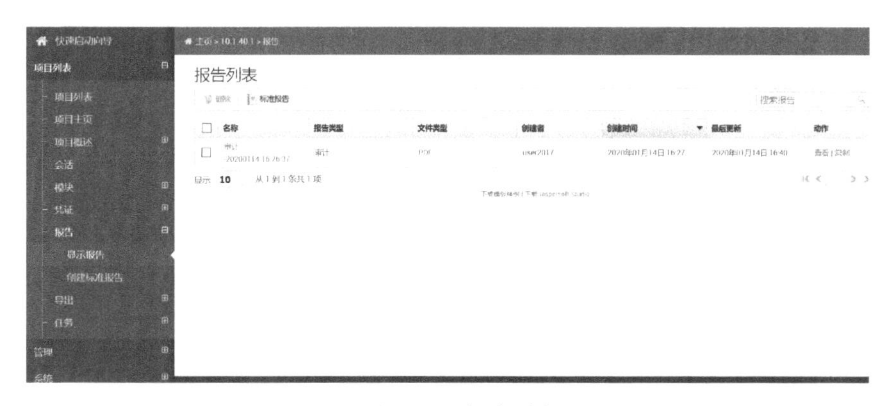

●图 4-34　报告列表

4.3　应用系统风险评估工具

4.3.1　AppScan

4.3.1.1　AppScan 介绍

IBM Security AppScan Standard（以下简称 AppScan Standard）是业界一款优秀的 Web 应用安全测试工具，是 Web 应用程序渗透测试舞台上使用最广泛的工具之一。它是一个桌面应用程序，有助于专业安全人员进行 Web 应用程序自动化脆弱性评估。

4.3.1.2　AppScan 的使用方法

首先新建一个安全扫描任务，如图 4-35 所示。

选择“常规扫描”选项后，进入扫描配置向导界面，输入待扫描的 URL 地址，单击“下一步”按钮，如图 4-36 所示。

设置待扫描网站的登录账户和密码，然后单击“下一步”按钮，如图 4-37 所示。

设置待扫描网站所需要的测试策略（默认是“缺省值”），然后单击“下一步”按钮，如图 4-38 所示。

设置待扫描启动规则，然后单击“完成”按钮，如图 4-39 所示。

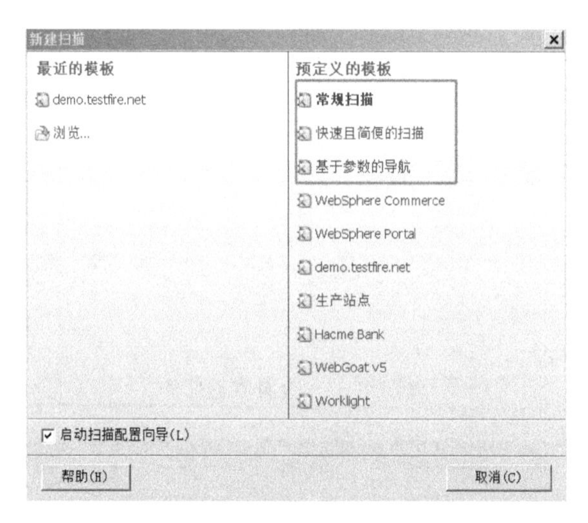

●图 4-35　新建一个安全扫描任务

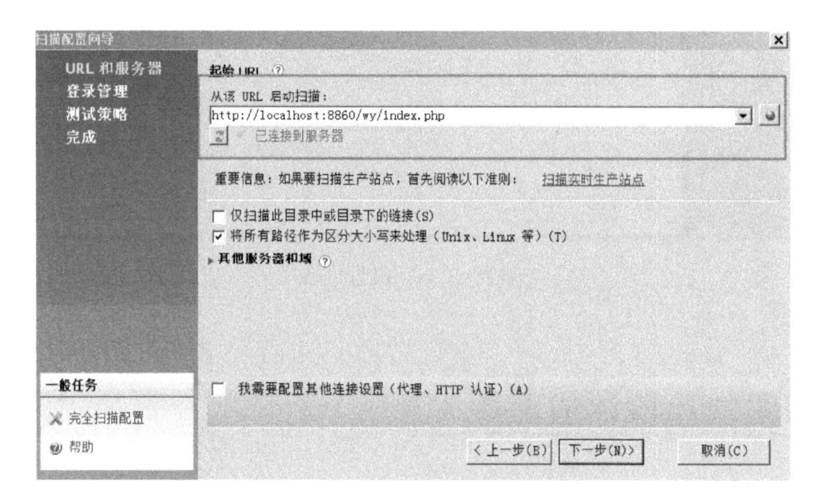

●图 4-36　设置待扫描的 URL 地址

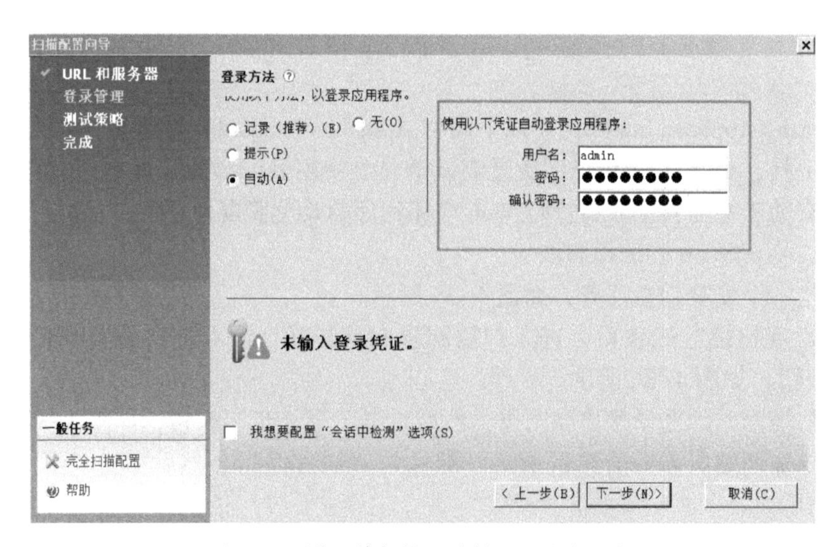

●图 4-37　设置待扫描网站的登录账户和密码

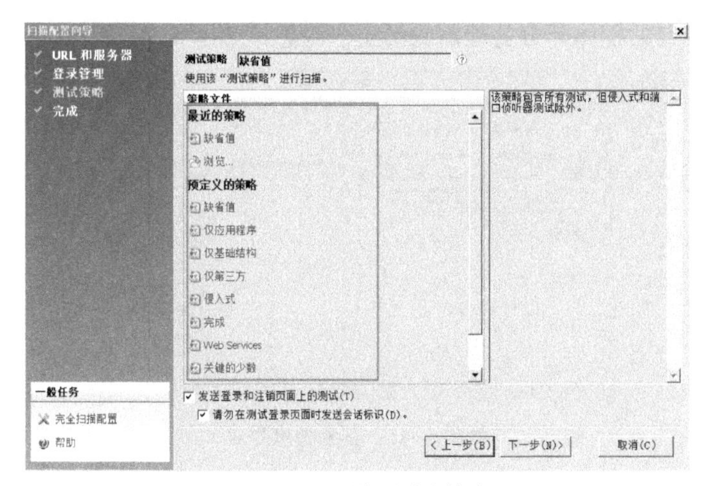

●图 4-38　设置测试策略

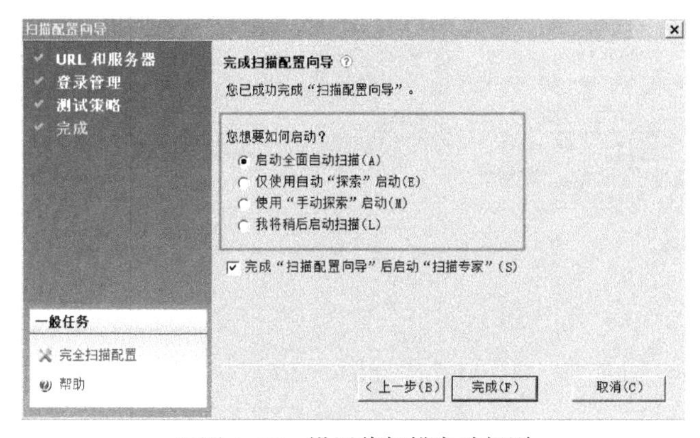

●图 4-39　设置待扫描启动规则

扫描程序将正式启动，如图 4-40 所示。红色框 1 部分为待扫描的目录结构，红色框 2 部分为扫描的 URL、方法及参数，红色框 3 部分为某个 URL 的请求包，红色框 4 部分为扫描进度。

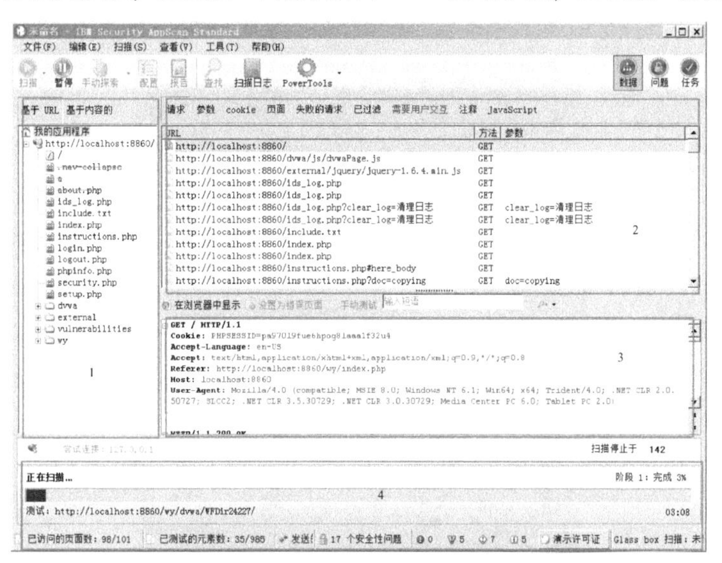

●图 4-40　扫描总界面

扫描界面中标红的框体部分为检测到的安全隐患，如图 4-41 所示。

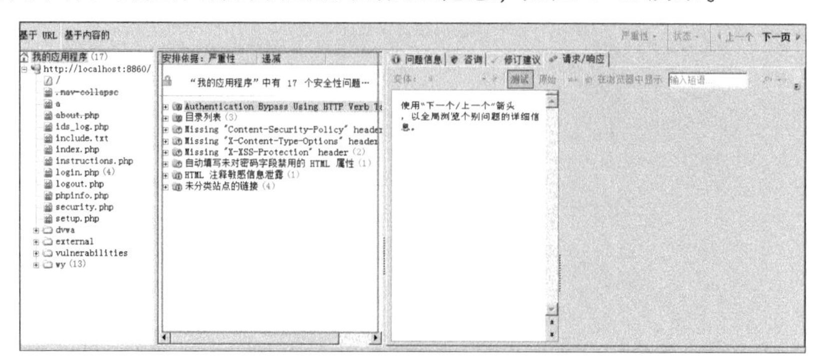

●图 4-41　安全隐患列表

单击某个安全隐患，右侧的红色框体为该安全隐患的详细内容，如图 4-42 所示。

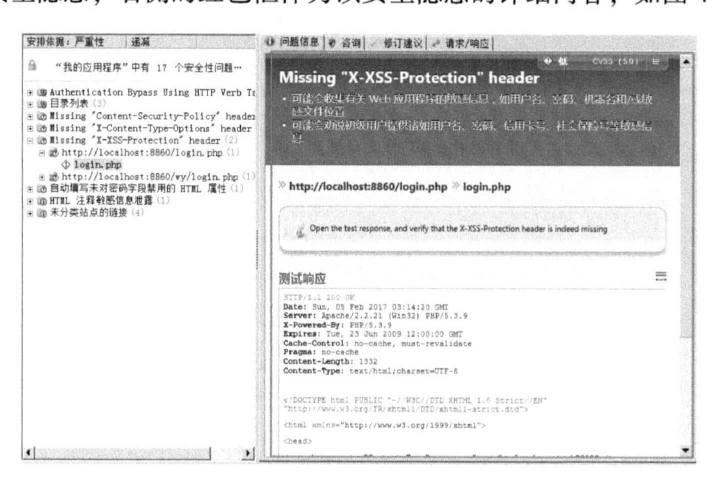

●图 4-42　安全隐患详细信息

选择“咨询”选项卡，显示该安全隐患的详细介绍，如图 4-43 所示。

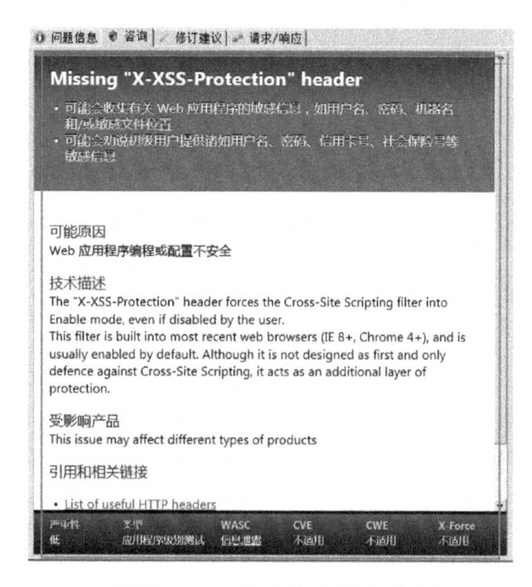

●图 4-43　安全隐患详细介绍

选择“修订建议”选项卡，显示该安全隐患的修复方法，如图 4-44 所示。

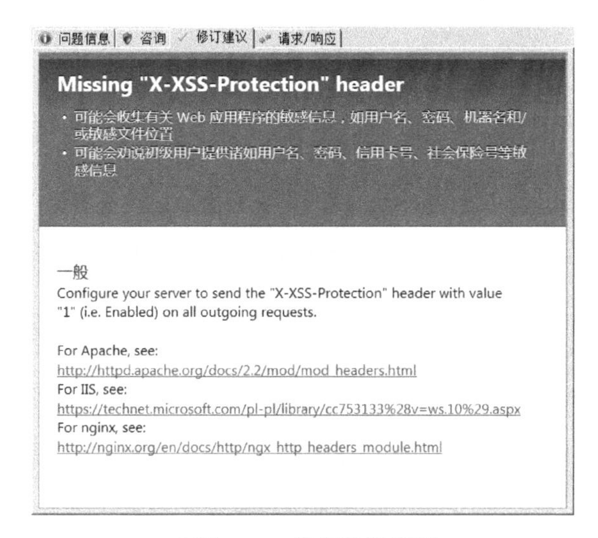

●图 4-44　修复建议界面

选择“请求/响应”选项卡，可以查看测试该安全隐患的数据请求包，如图 4-45 所示。

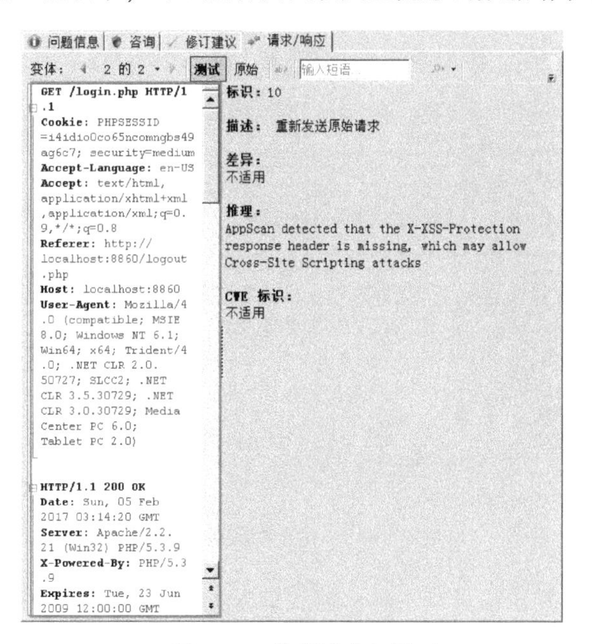

●图 4-45　数据请求包界面

4.3.2　Web Vulnerability Scanner

4.3.2.1　WVS 介绍

Acunetix Web Vulnerability Scanner（简称 AWVS）是一款知名的网络漏洞扫描工具，它通过网络爬虫测试网站安全，检测流行的安全漏洞。

4.3.2.2　WVS 使用方法

启动 WVS 应用程序，单击左上角的 New Scan 按钮，启动全新安全扫描，如图 4-46 所示。输入待扫描的网站地址，然后单击 Next 按钮，进入下一步，如图 4-47 所示。

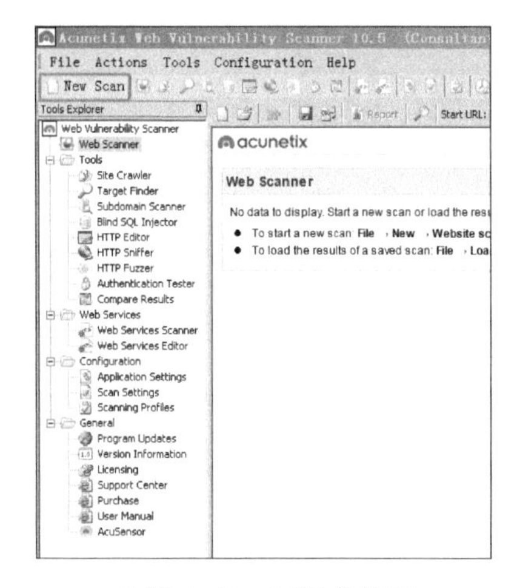

●图 4-46　WVS 主界面

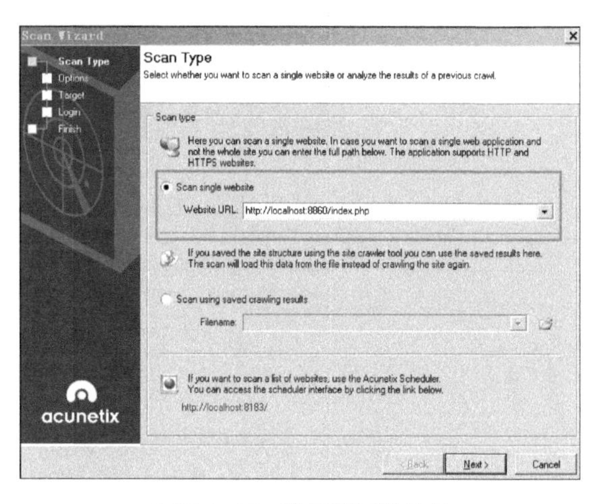

●图 4-47　待扫描网站地址

WVS 界面中会显示待扫描网站探测到的初步信息，包含默认页、应用中间件版本和操作系统等，如图 4-48 所示。然后单击 Next 按钮，进入下一步。

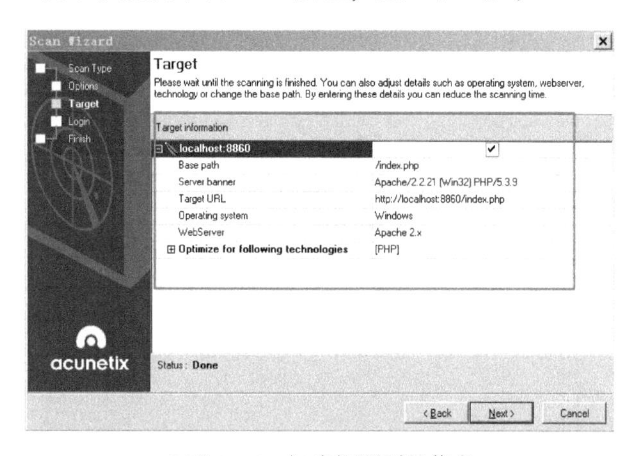

●图 4-48　初步探测到的信息

输入待扫描网站的登录账号及密码，然后单击 Next 按钮，启动扫描，如图 4-49 所示。

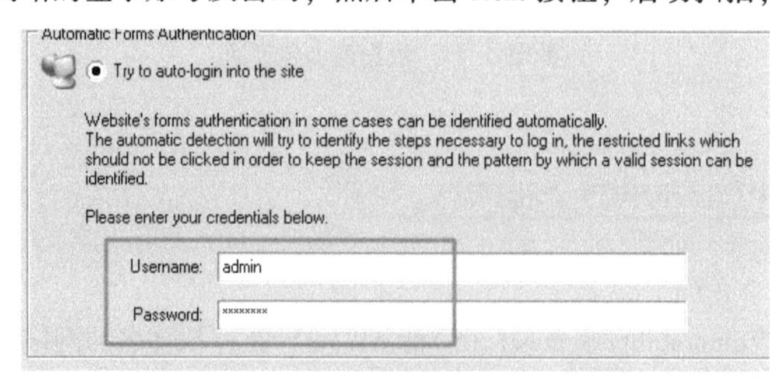

●图 4-49　待扫描网站的登录账号及密码

进入扫描界面后，通过前期的配置，自动启动针对该网站的扫描，如图 4-50 所示。红色框 1 部分为 WVC 程序功能区，红色框 2 部分为扫描发现的安全隐患列表区，红色框 3 部分为扫描进度及目前发现的安全隐患的高中低数量，红色框 4 部分为扫描日志。

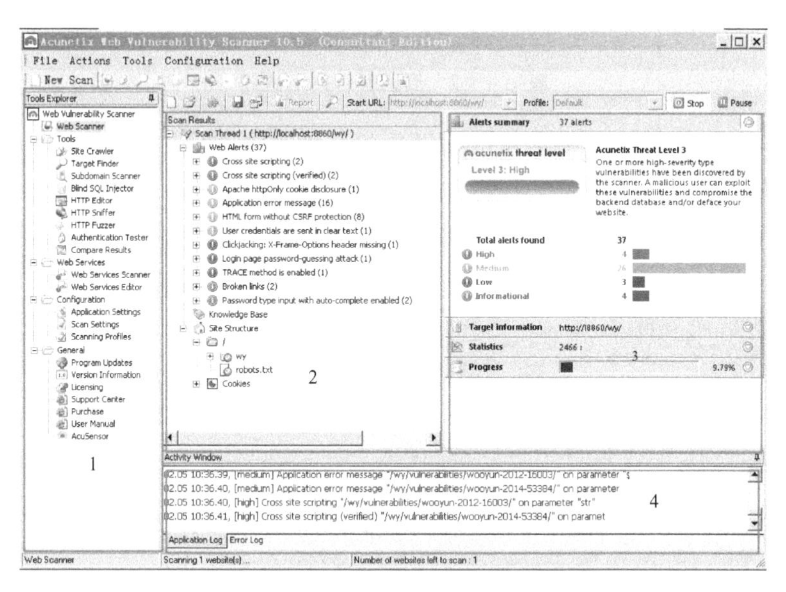

●图 4-50　WVS 扫描主界面

红色框 1 部分为安全隐患的链接地址，红色框 2 部分为针对此安全隐患的详细说明，如图 4-51 所示。

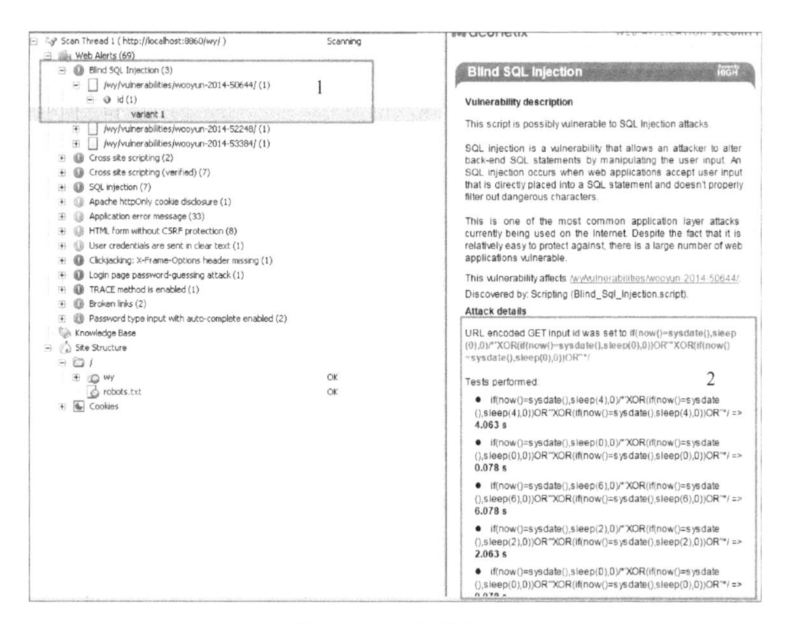

●图 4-51　安全隐患介绍

选择 Launch the attack with HTTP Editor 单选按钮，可跳转到验证安全隐患功能界面，如图 4-52 所示。

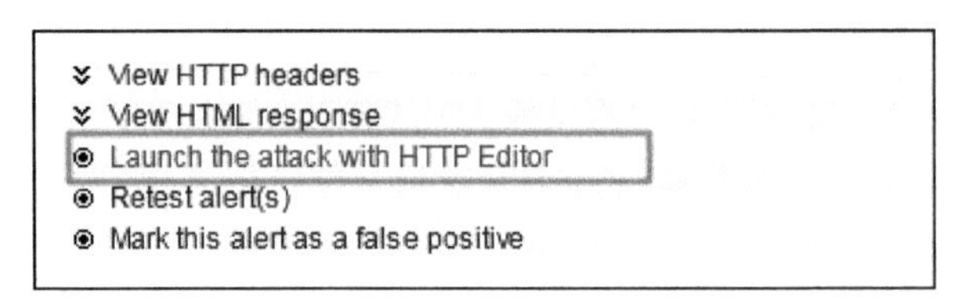

●图 4-52 启动验证漏洞程序

可以看到界面中包括验证的测试数据及待验证的 URL 地址，可单击 Start 按钮进行验证，如图 4-53 所示。

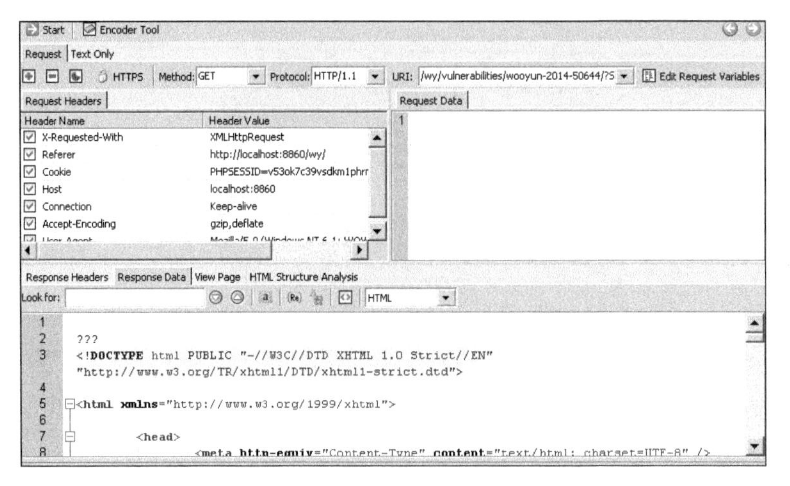

●图 4-53 漏洞验证界面

4.4 手机端安全评估辅助工具

目前手机客户端的应用层出不穷，同时也存在各种各样的安全问题。如何评测其安全性非常重要，目前安全市场有专业检测手机客户端的软件及云平台。检测软件有以下几个。

- Drozer。
- iOSSecAudit。
- AppMon。

检测云平台有以下几个。

- 金刚审计系统。
- 捉虫猎手。
- 聚安全。
- 百度移动云测试中心。
- 梆梆加固测试平台。
- 通付盾 App 云安全平台。

无论是软件还是云平台，都依赖于检测项进行深度检测。下面提供一份手机客户端检测项表单，供研究人员参考，如表 4-1 所示。

表 4-1　手机客户端检测项表单

编　号	检 查 项 目	测 评 结 果
1	明文传输用户名、密码和验证码等敏感信息	
2	不安全的本地存储	
3	泄漏后台服务器地址，导致服务器可控	
4	边信道信息泄漏	
5	未使用有效的 token 机制，导致可以绕过鉴权	
6	传输数据可修改，造成越权访问	
7	登录设计缺陷，存在被暴力破解的风险	
8	利用业务逻辑缺陷制作短信炸弹	
9	关键页面存在钓鱼劫持风险，导致用户信息泄露	
10	可以重新编译打包	
11	WebView 漏洞	
12	Web 表单设计缺陷，存在 SQL 注入漏洞	
13	组件 Content Provider 配置错误，导致数据泄漏	
14	组件 Activity 配置错误，导致登录页面被绕过	
15	组件 Service 配置错误，导致非法权限提升	
16	组件 Broadcast Receiver 配置错误，导致拒绝服务及非法越权	
17	开启 allowbackup 备份权限，存在备份数据泄露风险	
18	开启 Debuggable 属性，存在应用信息篡改泄露风险	
19	下载非官方开发工具，导致 iOS 版本的 App 被植入恶意代码	
20	开发者证书不规范，导致开发者身份信息不明	

4.5　风险评估辅助工具

4.5.1　资产调研表

4.5.1.1　网络拓扑调研表

网络拓扑调研表如表 4-2 所示。

表 4-2　网络拓扑调研表

日　期	修 订 版 本	描　述	作　者	审　核

注意：

此部分应填入风险评估对象实际的网络拓扑结构图。

4.5.1.2　安全设备资产调研表

安全设备资产调研表如表 4-3 所示。

表 4-3　安全设备资产调研表

日　期	修订版本	描　述	作　者	审　核

统计的固定资产如表 4-4 所示。

表 4-4　统计的固定资产

开始使用日期	固定资产名称	资产型号	固定资产编号	责任人	房间号	备　注

4.5.1.3　网络设备资产调研表

网络设备资产调研表如表 4-5 所示。

表 4-5　网络设备资产调研表

日　期	修订版本	描　述	作　者	审　核

网络设备名称	型　号	IP 地址	责任人

（续）

网络设备名称	型　　号	IP 地址	责　任　人

4.5.1.4　服务器资产调研表

服务器资产调研表如表 4-6 所示。

表 4-6　服务器资产调研表

日　　期	修订版本	描　　述	作　　者	审　　核
系统名称	服　务　器	内网 IP 地址	公网 IP 地址	责　任　人

4.5.2　人员访谈调研表

人员访谈调研表如表 4-7 所示。

表 4-7　人员访谈调研表

日　　期	修订版本	描　　述	作　　者	审　　核

调查员	
被调查人	
单位/部门	
职务	
联系方式	
填写日期	

（1）安全组织

1）领导层是否重视信息系统的安全管理？

A. 是　　B. 否　　C. 其他

2）组织是否设置了信息网络安全的管理部门，负责整个信息网络的安全管理和执行工作？

A. 是　　B. 否　　C. 其他

3）安全部门的工作是否可以得到同级其他部门足够的理解和配合？

A. 是　　B. 否　　C. 其他

4）安全部门是否有专职负责信息安全管理的人员？

A. 是　　B. 否　　C. 其他

5）组织是否购买了针对信息系统的长期安全顾问或安全服务商的服务？

A. 是　　B. 否　　C. 其他

6）对第三方访问信息资源权限是否有合适的控制？（第三方包括产品提供商、软件提供商、服务商、集成商和顾问等）

A. 是　　B. 否　　C. 其他

7）在要求信息保密的情况下，是否必须要求第三方签署保密协议？

A. 是　　B. 否　　C. 其他

（2）安全岗位

1）组织是否设置了不同的系统维护和安全管理的岗位？

A. 是　　B. 否　　C. 其他

2）系统维护岗位的相关人员是否有明确的安全职责？

A. 是　　B. 否　　C. 其他

3）管理员的安全责任和义务是否在入职说明中被申明？

A. 是　　B. 否　　C. 其他

4）信息技术人员在应聘时是否与组织签订了安全保密协议，承诺数据保密的安全？

A. 是　　B. 否　　C. 其他

5）组织的信息技术离岗人员在办理离岗手续之前是否交回了所有的密钥、口令和技术文档？

A. 是　　B. 否　　C. 其他

6）信息安全技术人员是否还兼做某些业务工作？

A. 是　　B. 否　　C. 其他

7）组织是否定期对信息技术人员进行技术或任职资格考核？

A. 是 B. 否 C. 其他

（3）教育培训

1）组织是否对所有员工进行过计算机安全管理的普及培训教育？

A. 是 B. 否 C. 其他

2）组织是否定期对信息技术人员进行过安全技术培训？

A. 是 B. 否 C. 其他

3）组织是否定期以不同形式、不同级别的方式对信息技术人员进行培训？

A. 是 B. 否 C. 其他

（4）制度管理

1）组织是否建立了明确的信息网络安全策略或安全规划？

A. 是 B. 否 C. 其他

2）组织是否制定并严格执行了机房安全管理制度？

A. 是 B. 否 C. 其他

3）组织是否制定并严格执行了核心信息及资产访问和处理的制度？

A. 是 B. 否 C. 其他

4）组织是否制定并严格执行了灾难应急和备份恢复制度，以保障安全事件发生时能尽快恢复系统？

A. 是 B. 否 C. 其他

5）组织是否制定并严格执行了文档管理制度，对机密文件的安全存放、使用和销毁做出了相应的要求？

A. 是 B. 否 C. 其他

6）组织是否制定并严格执行了病毒防范制度？

A. 是 B. 否 C. 其他

7）组织是否经常对已公布的安全制度进行回顾，检查和修改其中不合适的地方？

A. 是 B. 否 C. 其他

（5）物理环境

1）是否有严格的机房进出控制，无关人员未经安全责任人批准是否严禁进出机房？

A. 是 B. 否 C. 其他

2）机房是否设置了门禁系统？

A. 是 B. 否 C. 其他

3）组织是否设置了保安管理制度？

A. 是 B. 否 C. 其他

4）组织是否在机房等重要位置安装了监控摄像头？

A. 是 B. 否 C. 其他

5）进入机房的人员是否都有相应的登记记录？

A. 是 B. 否 C. 其他

6）进入机房的人员所做的操作是否都有相应的记录？

A. 是 B. 否 C. 其他

7）机房是否做了有效的防火措施？

A. 是　　B. 否　　C. 其他

8）机房是否做了有效的防水措施？

A. 是　　B. 否　　C. 其他

9）机房是否做了有效的防雷措施？

A. 是　　B. 否　　C. 其他

10）机房是否做了有效的防电磁泄漏或其他无线保护措施？

A. 是　　B. 否　　C. 其他

11）机房是否有单独的配电柜？

A. 是　　B. 否　　C. 其他

12）机房是否有备份电源或 UPS 不间断电源等措施？

A. 是　　B. 否　　C. 其他

13）机房是否有专用的空调设备？

A. 是　　B. 否　　C. 其他

14）电力线缆是否与通信线缆隔离，以避免相互的干扰？

A. 是　　B. 否　　C. 其他

15）对通信线缆是否有相应的保护措施以防止损坏和监听？

A. 是　　B. 否　　C. 其他

（6）资产管理

1）系统设备的选型与采购是否由高层领导部门统一规划管理？

A. 是　　B. 否　　C. 其他

2）选用的主机和网络设备是否均为正牌厂家的产品？

A. 是　　B. 否　　C. 其他

3）新购置的网络设备及网络安全产品是否应经过安全检测和实际测试合格后才投入使用？

A. 是　　B. 否　　C. 其他

4）进行新项目的审批和方案评审时，安全部门是否会参与意见，并最终得到安全部门的批准授权？

A. 是　　B. 否　　C. 其他

5）是否有包含所有信息资产的清单？信息资产应包括数据、软件和硬件等。

A. 是　　B. 否　　C. 其他

6）是否根据机密程度和商业重要程度对数据和信息进行分类？

A. 是　　B. 否　　C. 其他

7）是否有专人定期对重要的设备进行保养和维护，并建立详尽的维护记录？

A. 是　　B. 否　　C. 其他

8）是否对设备有严格的保管、使用登记和报废方面的管理要求？

A. 是　　B. 否　　C. 其他

9）选用的软件是否均为正版软件？

A. 是　　B. 否　　C. 其他

10）业务应用软件在正式投入使用前，是否必须经过内部测试与评审？

A. 是　B. 否　C. 其他

11）是否对重要的业务数据有严格的安全与保密管理，包括对数据的转出、转入、备份及恢复的权限都进行了控制？

A. 是　B. 否　C. 其他

12）是否对存有重要业务数据的主机实现了对输入媒介（软驱、光驱等）的控制？

A. 是　B. 否　C. 其他

13）关键的业务数据是否进行了加密存储和传输？

A. 是　B. 否　C. 其他

14）公网上敏感数据的传输线路是否建立了VPN通道？

A. 是　B. 否　C. 其他

15）关键数据的传输是否使用数字签名作为原发证据？

A. 是　B. 否　C. 其他

16）是否对存储数据、传输数据等业务数据进行完整性检查？

A. 是　B. 否　C. 其他

17）是否由专人负责定期备份数据？

A. 是　B. 否　C. 其他

18）关键业务数据是否进行了实时备份？

A. 是　B. 否　C. 其他

19）冷备份的数据和设备是否进行了异地存放？

A. 是　B. 否　C. 其他

20）是否对各种传输的数据采取了实时监控的措施，以便及时发现不良信息和破坏性数据？

A. 是　B. 否　C. 其他

21）是否对各种技术资料实施密级管理办法？

A. 是　B. 否　C. 其他

22）各级部门的技术资料是否有明确的管理人员负责借阅和复制技术资料的登记管理？

A. 是　B. 否　C. 其他

23）报废的技术资料是否已进行销毁？

A. 是　B. 否　C. 其他

（7）操作运行

1）网络管理员是否已建立了网络系统的配置修改记录？

A. 是　B. 否　C. 其他

2）是否选用了网络系统运行的实时监控产品，记录和发现不良信息或破坏性行为，分析故障发生的原因和数据？

A. 是　B. 否　C. 其他

3）对运行网络中的重要服务器和路由器的安全配置管理是否进行了定期的审计和检查？

A. 是　B. 否　C. 其他

4）对于骨干网路由器是否严格使用固定终端进行配置和管理？

A. 是　　B. 否　　C. 其他

5）是否选用了网络系统运行的入侵检测设备，以便及时发现和控制系统入侵事件？

A. 是　　B. 否　　C. 其他

6）在设计新应用系统时，是否考虑了将来的资源和容量需求？

A. 是　　B. 否　　C. 其他

7）重要主机的管理员是否监视主要系统资源的使用情况，包括处理器、主存储器、文件存储器及通信系统带宽？

A. 是　　B. 否　　C. 其他

8）信息系统是否采用了负载均衡设备，以保证网络运行的可靠性？

A. 是　　B. 否　　C. 其他

9）信息系统是否采取了抗拒绝服务的安全措施？

A. 是　　B. 否　　C. 其他

10）是否对关键业务数据的传输线路进行了备份？

A. 是　　B. 否　　C. 其他

11）是否定期对系统进行安全漏洞扫描？

A. 是　　B. 否　　C. 其他

12）是否定期对系统的安全漏洞进行修补或加固？

A. 是　　B. 否　　C. 其他

13）是否制定了业务系统及重要硬件设备的规范操作流程，并要求相关人员严格按照流程操作？

A. 是　　B. 否　　C. 其他

14）关键系统软件和应用软件的审计日志功能是否已启动？

A. 是　　B. 否　　C. 其他

15）是否有专人负责定期检查和管理软件的审计日志？

A. 是　　B. 否　　C. 其他

（8）访问控制

1）信息系统的各种应用系统是否对不同的用户都有身份认证机制？

A. 是　　B. 否　　C. 其他

2）网络设备是否设置了控制端口密码？

A. 是　　B. 否　　C. 其他

3）是否对重要的主机设置了屏幕保护密码？

A. 是　　B. 否　　C. 其他

4）用户口令或密码的长度是否均超过 8 位？

A. 是　　B. 否　　C. 其他

5）用户口令或密码是否是由数字、字母和特殊符号组成的？

A. 是　　B. 否　　C. 其他

6）用户口令或密码是否定期（3 个月或更短）更换？

A. 是　　B. 否　　C. 其他

7）系统是否删除了长期不用的用户？
A. 是　　B. 否　　C. 其他

8）系统是否关闭了与业务应用无关的服务？
A. 是　　B. 否　　C. 其他

9）是否有严格的系统权限管理机制，为不同的岗位划分了不同的权限？
A. 是　　B. 否　　C. 其他

10）不同角色的用户是否实现了“权限最小原则”？
A. 是　　B. 否　　C. 其他

11）是否定期审查组织网管员的用户访问权限？
A. 是　　B. 否　　C. 其他

12）外网和内网之间是否都有防火墙、串并口隔离等物理隔离设备？
A. 是　　B. 否　　C. 其他

13）信息系统是否已进行了网段或 VLAN 划分？
A. 是　　B. 否　　C. 其他

14）可以移动的计算机介质如磁带、磁盘及印刷的报告是否已被妥善地管理和控制？
A. 是　　B. 否　　C. 其他

15）信息系统对外的连接是否有统一的网络接口？
A. 是　　B. 否　　C. 其他

（9）应急恢复

1）组织是否指定专人负责计算机病毒防范工作？
A. 是　　B. 否　　C. 其他

2）系统或软件及经远程通信传送的程序或数据，是否必须经过检测确认无病毒后方可使用？
A. 是　　B. 否　　C. 其他

3）是否采用国家许可的正版防病毒软件？
A. 是　　B. 否　　C. 其他

4）是否定期更新病毒库？
A. 是　　B. 否　　C. 其他

5）是否制定各项关键业务系统应急计划，建立各种安全事件发生后的应急方案？
A. 是　　B. 否　　C. 其他

6）是否设置了专职人员负责应急响应工作？
A. 是　　B. 否　　C. 其他

7）是否定期对应急人员培训应急计划中的各种应急方案和技术措施？
A. 是　　B. 否　　C. 其他

8）是否定期组织应急人员对应急计划进行演练和测试？
A. 是　　B. 否　　C. 其他

9）是否制订了完善的灾难恢复计划？
A. 是　　B. 否　　C. 其他

10）是否有专职人员负责灾难恢复工作？
A. 是 B. 否 C. 其他
11）是否定期对灾难恢复人员培训灾难恢复计划中的各种恢复方案和技术措施？
A. 是 B. 否 C. 其他
12）是否定期组织技术人员对灾难恢复计划进行演练和测试？
A. 是 B. 否 C. 其他
13）是否对安全事件的结果进行了文字记录并存档？
A. 是 B. 否 C. 其他
14）安全事件是否能通过适当的管理渠道被尽快上报？
A. 是 B. 否 C. 其他
15）是否购买了专业安全服务商长期的快速、高效应急响应等安全服务？
A. 是 B. 否 C. 其他
（10）遵循约束
1）组织信息系统的建设是否符合国家法律法规的要求？
A. 是 B. 否 C. 其他
2）组织信息系统的建设是否符合行业的相关规范要求？
A. 是 B. 否 C. 其他
3）采用的加密算法是否遵循有关国家法律和商密办的规定？
A. 是 B. 否 C. 其他
4）加密强度是否符合行业规范要求？
A. 是 B. 否 C. 其他
5）是否经常核对信息系统的安全执行状况符合安全标准？
A. 是 B. 否 C. 其他

4.5.3 基线检查模板

4.5.3.1 操作系统基线检查模板

4.5.3.1.1 Windows 基线检查模板

Windows 基线检查选项及风险等级如表 4-8 所示。

表 4-8 Windows 基线检查选项及风险等级

编 号	检 查 选 项	风险等级	适用类型
1	系统已经安装最新的 Service Pack	I	
2	系统已经安装所有的 hotfix	I	

操作：单击“开始”按钮，选择“设置”→“控制面板”命令，然后在打开的窗口中双击“管理工具”选项，最后双击“本地安全策略”选项，开始进行检查。表 4-9 所示为本地安全策略检查选项及风险等级。

表 4-9　本地安全策略检查选项及风险等级

编　号	检 查 选 项	风险等级	适用类型
1	密码策略：密码必须符合复杂性要求（启用）	II	
2	密码策略：密码长度的最小值（8）	II	
3	密码策略：密码最长使用期限（90 天）	II	
4	密码策略：密码最短使用期限（1 天）	III	
5	密码策略：强制密码历史（24） 避免用户更改口令时使用以前使用过的口令，可以防止密码的泄露	II	
6	密码策略：用可还原的加密来存储密码（禁用）	II	
7	账户锁定策略：复位账户锁定计数器（15 分钟之后）	III	
8	账户锁定策略：账户锁定时间（15 分钟）	III	
9	账户锁定策略：账户锁定阈值（3 次无效登录）	III	
10	审核策略：审核策略更改（成功和失败）	IV	
11	审核策略：审核登录事件（成功和失败）	IV	
12	审核策略：审核对象访问（失败） 用于跟踪特定用户对特定文件的访问	IV	
13	审核策略：审核过程跟踪（可选） 每次跟踪一个用户启动，停止或改变一个进程，该事件的日志将会增长得非常快，建议仅在绝对必要时才使用	IV	
14	审核策略：审核目录服务访问（未定义） 仅域控制器才需要审计目录服务访问	IV	
15	审核策略：审核特权使用（失败） 用于跟踪用户对超出赋予权限的使用	IV	
16	审核策略：审核系统事件（成功和失败） 系统事件审计相当关键，包括启动和关闭计算机，或其他与安全相关的事件	IV	
17	审核策略：审核账户登录事件（成功和失败）	IV	
18	审核策略：审核账户管理（成功和失败） 用于跟踪账号的创建、改名、用户组的创建和改名，以及账号口令的更改等	IV	
19	安全选项：账户：来宾状态（已禁用）	IV	
20	事件查看器：登录保持方式（需要时覆盖事件日志）	IV	
21	事件查看器：安全日志的最大占用空间（80 MB）	IV	

操作：单击“开始”按钮，选择“设置”→“控制面板”命令，然后在打开的窗口中双击“管理工具”选项，最后双击“本地安全策略”选项，选择“安全选项”进行检查。表 4-10 所示为安全选项检查选项及风险等级。

表 4-10　安全选项检查选项及风险等级

编　号	检 查 选 项	风险等级	适用类型
1	Microsoft 网络服务器：当登录时间用完时自动注销用户（启用） 可以避免用户在不适合的时间登录到系统，或者用户登录到系统后忘记退出登录	II	

（续）

编　号	检 查 选 项	风险等级	适用类型
2	Microsoft 网络服务器：在挂起会话之前所需的空闲时间（小于等于 30 分钟）	IV	
3	Microsoft 网络客户端：发送未加密的密码到第三方 SMB 服务器（禁用）	III	
4	故障恢复控制台：允许对所有驱动器和文件夹进行软盘复制和访问（禁用）	IV	
	Windows 2000 控制台恢复的另一个特性是它禁止访问硬盘驱动器上的所有文件和目录。它仅允许访问每个卷的根目录和%systemroot%目录及子目录，即便这样，它还限制不允许把硬盘驱动器上的文件复制到软盘上		
5	故障恢复控制台：允许自动系统管理级登录（禁用）	III	
	恢复控制台是 Windows 2000 的一个新特性，它在一个不能启动的系统上给出一个受限的命令行访问界面。该特性可能会导致任何可以重启系统的人绕过账号口令限制和其他安全设置而访问系统		
6	关机：清除虚拟内存页面文件（启用）	III	
7	关机：允许系统在未登录前关机（禁用）	III	
8	交互式登录：不显示上次的用户名（启用）	IV	
9	交互式登录：不需要按【Ctrl+Alt+Delete】组合键（禁用）		
10	交互式登录：可被缓存的前次登录个数（在域控制器不可用的情况下）（0）		
11	账户：重命名系统管理员账户（除了 Administrator 的其他名称）	III	

如无特殊的安全要求，推荐不修改注册表。表 4-11 所示为注册表检查选项及风险等级。

表 4-11　注册表检查选项及风险等级

编　号	检 查 选 项	风险等级	适用类型
1	禁止自动登录：HKLM\Software\Microsoft\Windows NT\CurrentVersion\Winlogon\AutoAdminLogon（REG_DWORD）0	III	
	自动登录会将用户名和口令以明文的形式保存在注册表中		
2	禁止 CD 自动运行：HKLM\System\CurrentControlSet\Services\CDrom\Autorun（REG_DWORD）0	III	
	防止 CD 上可能的恶意程序被自动运行		
3	删除服务器上的管理员共享：HKLM\System\CurrentControlSet\Services\LanmanServer\Parameters\AutoShareServer（REG_DWORD）0	II	
4	每个 Windows NT/2000 机器在安装后都默认存在“管理员共享”，它们被限制只允许管理员使用，但是它们会在网络上以 Admin$、c$等来暴露每个卷的根目录和%systemroot%目录	II	
5	帮助防止碎片包攻击：HKLM\System\CurrentControlSet\Services\Tcpip\Parameters\EnablePMTUDiscovery（REG_DWORD）1	III	
6	防止 SYN Flood 攻击：HKLM\System\CurrentControlSet\Services\Tcpip\Parameters\SynAttackProtect（REG_DWORD）2	IV	
7	SYN 攻击保护-管理 TCP 半开 sockets 的最大数目：HKLM\System\CurrentControlSet\Services\Tcpip\Parameters\TcpMaxHalfOpen（REG_DWORD）100 或 500	IV	

其他检查选项及风险等级如表 4-12 和表 4-13 所示。

表 4-12　其他检查选项及风险等级（1）

编　号	检 查 选 项	风险等级	适用类型
1	Alerter-禁止 Alerter 服务通常用于进程间发送信息，比如执行打印作业。它也用于和 Messenger 服务连接并在网络中的计算机间发送同样的信息	III	
2	Clipbook-禁止 Clipbook 服务用于在网络上的机器间共享剪贴板上的信息。大多数情况下用户没有必要和其他机器共享这种信息	III	
3	Computer Browser-禁止 Computer Browser 服务用于跟踪网络上一个域内的机器。它允许用户通过网上邻居来发现其不知道确切名称的共享资源。不幸的是它可以不通过任何授权就允许任何人浏览这些资源	III	
4	Internet Connection Sharing-禁止	III	
5	Messenger-禁止	III	
6	Remote Registry Service-禁止	II	
7	Routing and Remote Access-禁止	III	
8	Simple MailTrasfer Protocol（SMTP）-禁止 该服务是 IIS 的一部分，应该被禁止或完全删除	III	
9	Simple Network Management Protocol（SNMP）Service-禁止	III	
10	Simple Network Management Protocol（SNMP）Trap-禁止	III	
11	Telnet-禁止	III	
12	World Wide Web Publishing Service-禁止	III	

表 4-13　其他风险检查选项及风险等级（2）

编　号	检 查 选 项	风险等级	适用类型
1	所有的磁盘卷使用 NTFS 文件系统 NTFS 文件系统具有更好的安全性，提供了强大的访问控制机制	I	

个人版防火墙和防病毒软件的检查选项及风险等级如表 4-14 ～表 4-16 所示。

表 4-14　个人版防火墙和防病毒软件的检查选项及风险等级（1）

编　号	检 查 选 项	风险等级	适用类型
1	已经安装第三方个人版防火墙	II	
2	已经安装防病毒软件	I	
3	防病毒软件的特征码和检查引擎已经更新到最新	I	
4	防病毒软件已设置自动更新	III	

表 4-15　个人版防火墙和防病毒软件的检查选项及风险等级（2）

编　号	检 查 选 项	风险等级	适用类型
1	不存在异常端口（netstat -an）	II	
2	不存在异常服务（net start）	I	

（续）

编　号	检 查 选 项	风险等级	适用类型
3	注册表的自动运行项中不存在异常程序(regedit) HKEY_LOCAL_MACHINE\SOFTWARE\Microsoft\Windows\CurrentVersion\Run HKEY_LOCAL_MACHINE\SOFTWARE\Microsoft\Windows\CurrentVersion\RunOnce HKEY_CURRENT_USER\Software\Microsoft\Windows\CurrentVersion\Run HKEY_CURRENT_USER\Software\Microsoft\Windows\CurrentVersion\RunOnce	I	
4	系统中不存在异常系统账号（打开“控制面板”窗口，然后打开“计算机管理”窗口）	I	
5	打开杀毒软件的杀毒历史记录，不存在没被清除的病毒	I	

表 4-16　个人版防火墙和防病毒软件的检查选项及风险等级（3）

编　号	检 查 选 项	风险等级	适用类型
1	在本地安全设置中，从远端系统强制关机只指派给 Administrators 组	I	
2	在本地安全设置中，关闭系统仅指派给 Administrators 组	I	
3	在本地安全设置中取得文件或其他对象的所有权仅指派给 Administrators	I	
4	在本地安全设置中，配置指定授权用户允许本地登录此计算机	I	
5	在组策略中，只允许授权账号从网络访问（包括网络共享等，但不包括终端服务）此计算机	I	
6	启用 Windows 系统的 IP 安全机制（IPSec）或网络连接上的 TCP/IP 筛选	I	
7	启用 Windows XP 和 Windows 2003 自带的防火墙。根据业务需要限定允许访问网络的应用程序和允许远程登录该设备的 IP 地址范围	I	
8	设置带密码的屏幕保护，并将时间设定为 5 分钟	I	
9	对于 Windows XP SP2 及 Windows 2003 对 Windows 操作系统程序和服务启用系统自带 DEP 功能（数据执行保护），防止在受保护内存位置运行有害代码	I	
10	如需启用 SNMP 服务，则修改默认的 SNMP Community String 设置	I	
11	如需启用 IIS 服务，则将 IIS 升级到最新补丁	I	

4.5.3.1.2　Linux 基线检查模板

Linux 基线检查选项及风险等级如表 4-17 所示。

表 4-17　Linux 基线检查选项及风险等级

编号	分　类	检 查 选 项	风险等级	结　果	
				状态	现状描述（可截图）
1.1	系统及补丁情况	系统的版本大于 2.6.x	I		
1.2		系统已经安装了最新的安全补丁	I		
2.1	身份鉴别	Linux 以 UID 作为用户的唯一标识，系统是否存在重复 UID	I		
3.1	密码控制	密码的生命期最大为 90 天	III		
3.2		密码可以被立即修改	III		
3.3		密码的最小长度是 8 位	III		
3.4		密码到期提醒，一般建议是 7 天	III		
3.5		系统与其他主机不存在信任关系	I		

（续）

编号	分 类	检查选项	风险等级	结果	
				状态	现状描述（可截图）
4.1	访问控制	系统已设定了正确的 UMASK 值 0022	III		
4.2		锁定系统中不必要的系统用户	IV		
4.3		系统中已经删除了不必要的系统用户组	IV		
4.4		禁止 root 用户远程登录	II		
4.5		系统重要文件访问权限是否为 644 或 600	II		
5.1	安全审计	系统是否启用安全审计	III		
5.2		是否启用审计策略，一般针对系统的登录、退出、创建/删除目录、修改密码、添加组、计划任务	III		
5.3	剩余信息保护	系统的命令行数是否保存为 30 条	IV		
6.1	xinetd 启动的不必要服务	chargen/chargen-udp、daytime/daytime-udp、echo/echo-udp、time/time-udp 等服务已被禁用	III		
6.2		cups-lpd 服务已被禁用	III		
6.3		finger 服务已被禁用	III		
6.4		rexec 服务已被禁用	III		
6.5		rlogin 服务已被禁用	III		
6.6		rsh 服务已被禁用	III		
6.7		rsync 服务已被禁用	II		
6.8		ntalk 服务已被禁用	III		
6.9		talk 服务已被禁用	III		
6.10		wu-ftpd 服务已被禁用	II		
6.11		tftp 服务已被禁用	III		
6.12		ipop2 服务已被禁用	III		
6.13		ipop3 服务已被禁用	III		
6.14		telnet 服务已被禁用	III		
6.15		xinetd 服务已被禁用	IV		
7.1	其他不必要的服务	sendmail 服务已被禁用	II		
7.2		xfs 服务已被禁用	IV		
7.3	其他不必要的服务	apmd 服务已被禁用	III		
7.4		canna 服务已被禁用	IV		
7.5		FreeWnn 服务已被禁用	IV		
7.6		gpm 服务已被禁用	III		
7.7		innd 服务已被禁用	III		
7.8		irda 服务已被禁用	IV		
7.9		isdn 服务已被禁用	IV		
7.10		kdcrotate 服务已被禁用	IV		

（续）

编号	分　类	检 查 选 项	风险等级	结　果	
				状态	现状描述（可截图）
7. 11	其他不必要的服务	lvs 服务已被禁用	Ⅳ		
7. 12		mars-nwe 服务已被禁用	Ⅳ		
7. 13		oki4daemon 服务已被禁用	Ⅳ		
7. 14		rstatd 服务已被禁用	Ⅲ		
7. 15		rusersd 服务已被禁用	Ⅲ		
7. 16		rwalld 服务已被禁用	Ⅲ		
7. 17		rwhod 服务已被禁用	Ⅲ		
7. 18		wine 服务已被禁用	Ⅳ		
7. 19		smb 服务已被禁用	Ⅲ		
7. 20		nfs 服务已被禁用	Ⅲ		
7. 21		autofs/nfslock 服务已被禁用	Ⅲ		
7. 22		ypbind 服务已被禁用	Ⅲ		
7. 23		ypserv/yppasswdd 服务已被禁用	Ⅲ		
7. 24		portmap 服务已被禁用	Ⅲ		
7. 25		netfs 服务已被禁用	Ⅲ		
7. 26		cups 服务已被禁用	Ⅲ		
7. 27		lpd 服务已被禁用	Ⅲ		
7. 28		snmpd 服务已被禁用	Ⅲ		
7. 29		named 服务已被禁用	Ⅲ		
7. 30		postgresql 服务已被禁用	Ⅲ		
7. 31		mysql 服务已被禁用	Ⅲ		
7. 32		webmin 服务已被禁用	Ⅱ		
7. 33		squid 服务已被禁用	Ⅱ		
7. 34		kudzu 服务已被禁用	Ⅳ		
8. 1	其他安全配置	系统已经加固了 TCP/IP 协议栈	Ⅳ		
8. 2		系统禁用 X-Windows 系统	Ⅲ		
9. 1	文件/目录控制	/tmp 和/var/tmp 目录	Ⅱ		

4. 5. 3. 1. 3　HP UNIX 基线检查模板

HP UNIX 基线检查模板如表 4-18 所示。

表 4-18　HP UNIX 基线检查模板

漏 洞 名 称	严重程度	简 要 描 述	漏洞是否存在
系统补丁不是最新	5	系统当前的补丁级别不是最新	□存在□不存在
没有限制远程 su	5	没有在/etc/default/su 文件中配置 CONSOLE，这样远程的用户可以 su 为其他用户	□存在□不存在

（续）

漏 洞 名 称	严重程度	简 要 描 述	漏洞是否存在
没有限制无密码的用户登录	5	没有在/etc/default/login 文件中配置 PASSREQ = YES，这样没有密码的用户可以直接登录	□存在□不存在
. rhosts 存在" + "	5	在 . rhosts 中 “+” 意味着任意（账号或 IP），所以应该尽量严格限制	□存在□不存在
没有安装最新版本的 SSH	5	采用明文的 lelnet 管理方式，没有采用加密的 SSH 管理	□存在□不存在
SNMP 服务未做安全配置	5	SNMP 服务存在默认公共字，以及使用 V1 版本	□存在□不存在
文件/etc/default/passwd 权限设置不严格	5	文件/etc/default/passwd 权限设置不严格，可能被普通用户用来编辑密码策略	□存在□不存在
/etc/profile 文件中存在恶意代码	5	profile 文件中存在恶意代码，这些代码会在启动时运行	□存在□不存在
存在其他的超级管理员	5	存在 ID 为 0 的非 root 用户	□存在□不存在
存在空密码用户	5	shadow 文件中存在一些密码为空的用户	□存在□不存在
文件/etc/shadow 权限设置不严格	5	文件/etc/shadow 权限设置不严格，可能被普通用户用来添加或编辑用户密码	□存在□不存在
存在无密码用户	5	shadow 文件中存在一些没有密码的用户	□存在□不存在
允许栈代码可执行	5	设备允许栈中的代码可执行，容易遭受溢出攻击	□存在□不存在
inetd 网络服务中存在无用服务	5	文件/etc/inetd. conf 中存在 shell、login、exec、uucp、talk、comsat、tftp、finger、sysstat、netstat、time、echo、discard、daytime、chargen、rquotad、walld、rstatd、printer、dtspc 等	□存在□不存在
对回显广播进行回应	4	对回显广播的回应，容易遭受 dos 攻击	□存在□不存在
文件/etc/default/su 权限设置不严格	4	文件/etc/default/su 权限设置不严格，可能被普通用户用来更改 su 的配置	□存在□不存在
存在其他的超级管理员组	4	存在 ID 为 0 的非 root 用户组	□存在□不存在
不许登录的用户存在 SHELL	4	Passwd 文件中存在一些不需要登录到系统的用户，但却配置了合法的 SHELL	□存在□不存在
文件/etc/passwd 权限设置不严格	4	文件/etc/passwd 权限设置不严格	□存在□不存在
没有严格的密码策略	4	在 etc/default/passwd 文件中没有严格配置密码策略，包括密码过期、密码长度等	□存在□不存在
文件/etc/default/login 权限设置不严格	4	文件/etc/default/login 权限设置不严格	□存在□不存在
存在无用用户	4	shadow 文件中存在一些系统默认的无用用户，如 lp、uucp 等	□存在□不存在
没有记录登录失败日志	4	没有在/etc/default/login 文件中配置记录用户登录失败的日志	□存在□不存在
PAM 配置文件中存在 r 系列服务的认证	4	在/etc/pam. conf 文件中存在 r 系列服务的认证的配置，如不需要 r 系列服务，则删除	□存在□不存在
存在被锁定的用户	4	shadow 文件中存在被锁定的用户	□存在□不存在
未禁止 core 文件的产生	4	core 文件中包含系统的敏感信息，其次可能占用大量的磁盘空间	□存在□不存在

（续）

漏洞名称	严重程度	简要描述	漏洞是否存在
存在 GCC 程序	4	存在 GCC 程序，方便了攻击者编译溢出代码	□存在□不存在
CPU 使用率过高	4	CPU 的平均使用率过高，超过 50%	□存在□不存在
没有设置严格 Umask	4	没有在/etc/default/login 文件中严格限制 Umask	□存在□不存在
允许源路由	4	允许源路由，容易遭受源路由攻击	□存在□不存在
允许 ICMP 重定向	4	允许 ICMP 重定向，容易遭受 dos 攻击	□存在□不存在
允许网络掩码请求	4	允许掩码请求，容易暴露网络结构	□存在□不存在
存在暴露系统版本信息的 bannner	4	设备的 Banner 暴露了系统的版本信息，容易被攻击者获知，从而进一步对系统进行攻击	□存在□不存在
eeprom 没有做安全配置	4	eeprom | grep security	□存在□不存在
存在 . rhosts 文件	4	如果不使用 r 系列服务，则删除 . rhosts 文件，减少系统脆弱性	□存在□不存在
FTP 用户登录未做限制	4	允许 root 等用户远程 FTP 该设备	□存在□不存在
crond 文件权限设置不严格	4	/sbin/crond 文件权限设置不够严格，导致任何用户都可以添加任务	□存在□不存在
运行控制脚本中包含不需要的服务	4	在/etc/rcS. d/ /etc/rc2. d /etc/rc3. d 目录中包含不需要启动的服务	□存在□不存在
文件/etc/group 权限设置不严格	4	文件/etc/group 权限设置不严格	□存在□不存在
允许 ICMP 时间戳请求	3	允许时间戳请求，容易暴露系统的当前时间	□存在□不存在
crontab 文件权限设置不严格	3	/sbin/crontab 文件权限设置不够严格，导致任何用户都可以添加任务	□存在□不存在
存在多余的 setuid 权限的文件	3	存在多余的 suid 权限的文件，容易遭受到溢出攻击	□存在□不存在
/etc/inetd. conf 文件权限未做严格限制	3	没有严格配置/etc/inetd. conf 文件的许可权限，应该为 400	□存在□不存在
root 环境变量 PATH 中包含“.”	3	root 的环境变量 PATH 中包含“.”，容易使攻击者利用这一弱点获取 root 权限	□存在□不存在
Umask 设置不严格	3	Umask 设置不是 022 或更高	□存在□不存在
没有记录用户登录日志	3	没有在/etc/default/login 文件中配置记录用户登录的日志	□存在□不存在
没有限制登录失败次数	3	没有在/etc/default/login 文件中限制失败登录次数	□存在□不存在
没有记录 su 日志	3	没有在/etc/default/su 文件中配置 SULOG 和 SYS-LOG，这样无法来对用户 su 进行审计	□存在□不存在
允许任何用户关机	3	在/etc/default/sys-suspend 文件中的参数 PERMS 值为 ALL，应改为 console-owner	□存在□不存在
未记录 cron 日志	3	/etc/default/cron 文件中没有将 CRONLOG 配置为 YES，这样无法审计 cron 的日志	□存在□不存在
启用了动态路由	3	服务器启动了动态路由	□存在□不存在
未限制 KBD 功能	3	在/etc/default/kbd 文件中 KEYBOARD_ABORT 中的配置为 enable，应该设置为 disable	□存在□不存在
内核中存在可疑模块	3	内核中存在可疑模块	□存在□不存在

（续）

漏洞名称	严重程度	简要描述	漏洞是否存在
没有设置登录超时	3	没有在/etc/default/login 文件中限制用户登录超时时间	□存在□不存在
未记录认证日志	2	文件/etc/syslog. conf 中未记录用户登录的认证日志	□存在□不存在
未合理设置 TCP 序列号	2	在/etc/default/inetinit 文件中没有对 TCP_STRONG_ISS 进行严格配置，应该设置为 1 或 2	□存在□不存在
没有限制用户可使用的磁盘空间	2	没有在/etc/default/login 文件中限制用户可使用的磁盘空间	□存在□不存在

4.5.3.1.4　AIX 基线检查模板

AIX 基线检查模板如表 4-19 所示。

表 4-19　AIX 基线检查模板

漏洞名称	严重程度	简要描述	漏洞是否存在
系统补丁不是最新	5	系统当前的补丁级别不是最新	□存在□不存在
没有限制远程 su	5	没有在/etc/default/su 文件中配置 CONSOLE，这样远程的用户可以 su 为其他用户	□存在□不存在
没有限制无密码的用户登录	5	没有在/etc/default/login 文件中配置 PASSREQ = YES，这样没有密码的用户可以直接登录	□存在□不存在
. rhosts 存在"+"	5	在 . rhosts 中“+”意味着任意（账号或 IP），所以应该尽量严格限制	□存在□不存在
没有安装最新版本的 SSH	5	采用明文的 Telnet 管理方式，没有采用加密的 SSH 管理	□存在□不存在
SNMP 服务未作安全配置	5	SNMP 服务存在默认公共字，以及使用 V1 版本	□存在□不存在
文件/etc/default/passwd 权限设置不严格	5	文件/etc/default/passwd 权限设置不严格，可能被普通用户用来编辑密码策略	□存在□不存在
/etc/profile 文件中存在恶意代码	5	profile 文件中存在恶意代码，这些代码会在启动时运行	□存在□不存在
存在其他的超级管理员	5	存在 ID 为 0 的非 root 用户	□存在□不存在
存在空密码用户	5	shadow 文件中存在一些密码为空的用户	□存在□不存在
文件/etc/shadow 权限设置不严格	5	文件/etc/shadow 权限设置不严格，可能被普通用户用来添加或编辑用户密码	□存在□不存在
存在无密码用户	5	shadow 文件中存在一些没有密码的用户	□存在□不存在
允许栈代码可执行	5	设备允许栈中的代码可执行，容易遭受溢出攻击	□存在□不存在
inetd 网络服务中存在无用服务	5	文件/etc/inetd. conf 中存在 shell、login、exec、uucp、talk、comsat、tftp、finger、sysstat、netstat、time、echo、discard、daytime、chargen、rquotad、walld、rstatd、printer、dtspc 等	□存在□不存在
对回显广播进行回应	4	对回显广播的回应，容易遭受 dos 攻击	□存在□不存在
文件/etc/default/su 权限设置不严格	4	文件/etc/default/su 权限设置不严格，可能被普通用户用来更改 su 的配置	□存在□不存在
存在其他的超级管理员组	4	存在 ID 为 0 的非 root 用户组	□存在□不存在

（续）

漏 洞 名 称	严重程度	简 要 描 述	漏洞是否存在
不许登录的用户存在 SHELL	4	Passwd 文件中存在一些不需要登录到系统的用户，但却配置了合法的 SHELL	□存在□不存在
文件/etc/passwd 权限设置不严格	4	文件/etc/passwd 权限设置不严格	□存在□不存在
没有严格的密码策略	4	在 etc/default/passwd 文件中没有严格配置密码策略，包括密码过期、密码长度等	□存在□不存在
文件/etc/default/login 权限设置不严格	4	文件/etc/default/login 权限设置不严格	□存在□不存在
存在无用用户	4	shadow 文件中存在一些系统默认的无用用户，如 lp、uucp 等	□存在□不存在
没有记录登录失败日志	4	没有在/etc/default/login 文件中配置记录用户登录失败的日志	□存在□不存在
PAM 配置文件中存在 r 系列服务的认证	4	在/etc/pam. conf 文件中存在 r 系列服务的认证配置，如不需要 r 系列服务，则删除	□存在□不存在
存在被锁定的用户	4	shadow 文件中存在被锁定的用户	□存在□不存在
未禁止 core 文件的产生	4	core 文件中包含系统的敏感信息，其次可能占用大量的磁盘空间	□存在□不存在
存在 GCC 程序	4	存在 GCC 程序，方便了攻击者编译溢出代码	□存在□不存在
CPU 使用率过高	4	CPU 的平均使用率过高，超过 50%	□存在□不存在
没有设置严格 Umask	4	没有在/etc/default/login 文件中严格限制 Umask	□存在□不存在
允许源路由	4	允许源路由，容易遭受源路由攻击	□存在□不存在
允许 ICMP 重定向	4	允许 ICMP 重定向，容易遭受 dos 攻击	□存在□不存在
允许网络掩码请求	4	允许掩码请求，容易暴露网络结构	□存在□不存在
存在暴露系统版本信息的 bannner	4	设备的 Banner 暴露了系统的版本信息，容易被攻击者获知，从而进一步对系统进行攻击	□存在□不存在
eeprom 没有做安全配置	4	eeprom | grep security	□存在□不存在
存在 . rhosts 文件	4	如果不使用 r 系列服务，则删除 . rhosts 文件，减少系统脆弱性	□存在□不存在
FTP 用户登录未做限制	4	允许 root 等用户远程 FTP 该设备	□存在□不存在
crond 文件权限设置不严格	4	/sbin/crond 文件权限设置不够严格，导致任何用户都可以添加任务	□存在□不存在

（续）

漏洞名称	严重程度	简要描述	漏洞是否存在
运行控制脚本中包含不需要的服务	4	在/etc/rcS.d/ /etc/rc2.d /etc/rc3.d 目录中包含不需要启动的服务	□存在□不存在
文件/etc/group 权限设置不严格	4	文件/etc/group 权限设置不严格	□存在□不存在
允许 ICMP 时间戳请求	3	允许时间戳请求，容易暴露系统的当前时间	□存在□不存在
crontab 文件权限设置不严格	3	/sbin/crontab 文件权限设置不够严格，导致任何用户都可以添加任务	□存在□不存在
存在多余的 setuid 权限的文件	3	存在多余的 suid 权限的文件，容易遭受溢出攻击	□存在□不存在
/etc/inetd.conf 文件权限未做严格限制	3	没有严格配置/etc/inetd.conf 文件的许可权限，应该为 400	□存在□不存在
root 环境变量 PATH 中包含“.”	3	root 的环境变量 PATH 中包含“.”，容易使攻击者利用这一弱点获取 root 权限	□存在□不存在
Umask 设置不严格	3	Umask 设置不是 022 或更高	□存在□不存在
没有记录用户登录日志	3	没有在/etc/default/login 文件中配置记录用户登录的日志	□存在□不存在
没有限制登录失败次数	3	没有在/etc/default/login 文件中限制失败登录次数	□存在□不存在
没有记录 su 日志	3	没有在/etc/default/su 文件中配置 SULOG 和 SYSLOG，这样无法来对用户 su 进行审计	□存在□不存在
允许任何用户关机	3	在/etc/default/sys-suspend 文件中的参数 PERMS 值为 ALL，应改为 console-owner	□存在□不存在
未记录 cron 日志	3	/etc/default/cron 文件中没有将 CRONLOG 配置为 YES，这样无法审计 cron 的日志	□存在□不存在
启用了动态路由	3	服务器启动了动态路由	□存在□不存在
未限制 KBD 功能	3	在/etc/default/kbd 文件中 KEYBOARD_ABORT 中的配置为 enable，应该设置为 disable	□存在□不存在
内核中存在可疑模块	3	内核中存在可疑模块	□存在□不存在
没有设置登录超时	3	没有在/etc/default/login 文件中限制用户登录超时时间	□存在□不存在
未记录认证日志	2	文件/etc/syslog.conf 中未记录用户登录的认证日志	□存在□不存在
未合理设置 TCP 序列号	2	在/etc/default/inetinit 文件中没有对 TCP_STRONG_ISS 进行严格配置，应该设置为 1 或 2	□存在□不存在
没有限制用户可使用的磁盘空间	2	没有在/etc/default/login 文件中限制用户可使用的磁盘空间	□存在□不存在

4.5.3.1.5 solaris 基线检查模板

solaris 基线检查模板如表 4-20 所示。

表 4-20 solaris 基线检查模板

编号	分类	检查选项	风险等级	结果		
				状态	现状描述（可截图）	备注
1.1	补丁安装情况	系统已安装最新安全补丁	Ⅰ			
2.1	身份鉴别	系统以 UID 作为用户的唯一标识，系统是否存在重复 UID	Ⅱ			
3.1	密码控制	操作系统的登录用户是否存在空口令	Ⅰ			
3.2		强制密码不能是字典中的单词	Ⅱ			
3.3		密码的生命期最大为 12 周	Ⅳ			
3.4		密码的生命期最小为 1 周	Ⅳ			
3.5		密码的最小长度是 8 位	Ⅱ			
3.6		密码至少应该包含 2 个字母	Ⅲ			
3.7		密码至少应该包含 2 个非字母，包括了数字和特殊字符	Ⅲ			
3.8		密码中可重复字符的最大数目小于等于 2	Ⅳ			
3.9		密码包含的最小特殊字符大于等于 1	Ⅳ			
3.10		密码包含的最小数字大于等于 1	Ⅳ			
3.11		密码到期提示时间	Ⅳ			
4.1	访问控制	登录超时时间小于 300 秒（5 分钟）	Ⅲ			
4.2		禁止 root 用户远程登录	Ⅲ			
4.3		是否设置了 Telnet 和 FTP 登录提示和警告	Ⅳ			
4.4		系统与其他主机不存在信任关系	Ⅰ			
4.5		/tmp、/var/tmp 等临时目录已设置黏着位	Ⅲ			
4.6		系统已设定了正确的 UMASK 值 0022	Ⅲ			
4.7		锁定系统中不必要的系统用户	Ⅳ			
4.8		系统中已经删除了不必要的系统用户组	Ⅳ			
4.9		root daemon bin sys adm lp uucpnuucp nobody useradm guest 等账户不能访问 FTP 服务器	Ⅲ			
4.10		终端登录超时退出	Ⅳ			
4.11		系统重要文件访问权限是否为 644、444、400	Ⅱ			
4.12		是否设定了 crontab 策略				
4.13		是否删除不需要的 crons（lp、sys、adm）				
4.14		root 用户的 PATH 环境变量不包含当前目录“.”	Ⅱ			
5.1	安全审计	启用 su 日志	Ⅲ			
5.2		启用 login 登录日志	Ⅲ			
5.3		启用安全日志	Ⅲ			
5.4		系统是否启用安全审计	Ⅲ			
5.5		审计内容是否包含以下内容：flags、lo、ex、ps、fc、fd 和 pm	Ⅳ			

（续）

编号	分　类	检查选项	风险等级	结果		
				状态	现状描述（可截图）	备注
6.1	剩余信息保护	系统的命令行数是否保存为 30 条	Ⅳ			
7.1	inetd 启动的不必要服务	ftpd 服务未开放	Ⅱ			
7.2		telnetd 服务未开放	Ⅱ			
7.3		rsh 服务未开放	Ⅱ			
7.4		TFTP 服务未开放	Ⅲ			
7.5		Echo、discard、daytime 和 chargen 等服务没有开放	Ⅱ			
7.6		Rshd 服务未开放	Ⅲ			
7.7		rlogind 服务未开放	Ⅲ			
7.8		rexecd 服务未开放	Ⅲ			
7.9		fingerd 服务未开放	Ⅲ			
7.10		in. lpd 服务未开放	Ⅱ			
7.11		rpc. ttdbserver 服务未开放	Ⅱ			
7.12		rcp 服务未开放	Ⅱ			
7.13		sadmind 服务未开放	Ⅱ			
8.1	其他不必要的服务	NFS 服务未开放	Ⅱ			
8.2		sendmail 服务未开放	Ⅱ			
8.3		打印服务已经关闭	Ⅱ			
8.4		名字服务缓冲守护程序已关闭	Ⅲ			
8.5		CDE 已经关闭	Ⅲ			
8.6		SNMP 服务未开放	Ⅲ			
8.7		rpc 服务未开放	Ⅱ			
8.8		其他一些不必要的服务已经关闭	Ⅳ			
9.1	其他安全配置	系统已经进行过 TCP/IP 协议栈的优化	Ⅳ			
9.2		系统已经做了防 IP 欺骗的配置	Ⅳ			
9.3		系统已经使用 OpenSSH，或者其他 SSH 服务代替了 Telnet、FTP、rlogin、rsh 和 rcp 服务	Ⅱ			
9.4		系统已经安装了 Tcp_wrapper 为服务提供访问控制	Ⅱ			

4.5.3.1.6　SUSE-Linux 基线检查模板

SUSE-Linux 基线检查选项及风险等级如表 4-21 所示。

表 4-21　SUSE-Linux 基线检查选项及风险等级

编号	检查选项	风险等级	适用类型
1	系统是厂商（SUSE）支持的版本	Ⅰ	
	使用 uname-a 命令检查系统的版本		

（续）

编号	检 查 选 项	风险等级	适用类型
2	系统的内核不存在本地缓冲区溢出漏洞 Linux 内核 2.4.22 之前的版本存在多个可以导致恶意用户获得 root 权限的漏洞	Ⅰ	
3	系统已经安装了最新的安全补丁	Ⅰ	

操作：执行 chkconfig --list 命令，检查 xinetd based services：部分的内容，相关的服务是否为 off 状态，或者不存在。表 4-22 所示为 xinetd based services：部分的检查选项及风险等级。

表 4-22　xinetd based services：部分的检查选项及风险等级

编号	检 查 选 项	风险等级	适用类型
1	chargen/chargen-udp、daytime/daytime-udp、echo/echo-udp、time/time-udp 等服务已被禁用	Ⅲ	
2	cups-lpd 服务已被禁用	Ⅲ	
3	finger 服务已被禁用	Ⅲ	
4	rexec 服务已被禁用	Ⅲ	
5	rlogin 服务已被禁用	Ⅲ	
6	rsh 服务已被禁用	Ⅲ	
7	rsync 服务已被禁用	Ⅱ	
8	ntalk 服务已被禁用	Ⅲ	
9	talk 服务已被禁用	Ⅲ	
10	wu-ftpd 服务已被禁用	Ⅱ	
11	tftp 服务已被禁用	Ⅲ	
12	ipop2 服务已被禁用	Ⅲ	
13	ipop3 服务已被禁用	Ⅲ	
14	telnet 服务已被禁用	Ⅲ	
15	xinetd 服务已被禁用	Ⅳ	

操作：执行 chkconfig --list 命令，检查相关的服务是否存在，或者在 3、5 两个运行级别中为 off 状态，例如，portmap 0:off 1:off 2:off 3:off 4:on 5:off 6:off。表 4-23 所示为相关服务的检查选项及风险等级。

表 4-23　相关服务的检查选项及风险等级

编号	检 查 选 项	风险等级	适用类型
1	sendmail 服务已被禁用	Ⅱ	
2	xfs 服务已被禁用	Ⅳ	
3	apmd 服务已被禁用	Ⅲ	
4	canna 服务已被禁用	Ⅳ	

（续）

编号	检 查 选 项	风险等级	适用类型
5	FreeWnn 服务已被禁用	Ⅳ	
6	gpm 服务已被禁用	Ⅲ	
7	innd 服务已被禁用	Ⅲ	
8	irda 服务已被禁用	Ⅳ	
9	isdn 服务已被禁用	Ⅳ	
10	kdcrotate 服务已被禁用	Ⅳ	
11	lvs 服务已被禁用	Ⅳ	
12	mars-nwe 服务已被禁用	Ⅳ	
13	oki4daemon 服务已被禁用	Ⅳ	
14	rstatd 服务已被禁用	Ⅲ	
15	rusersd 服务已被禁用	Ⅲ	
16	rwalld 服务已被禁用	Ⅲ	
17	rwhod 服务已被禁用	Ⅲ	
18	wine 服务已被禁用	Ⅳ	
19	smb 服务已被禁用	Ⅲ	
20	nfs 服务已被禁用	Ⅲ	
21	autofs/nfslock 服务已被禁用	Ⅲ	
22	ypbind 服务已被禁用	Ⅲ	
23	ypserv/yppasswdd 服务已被禁用	Ⅲ	
24	portmap 服务已被禁用	Ⅲ	
25	netfs 服务已被禁用	Ⅲ	
26	cups 服务已被禁用	Ⅲ	
27	lpd 服务已被禁用	Ⅲ	
28	snmpd 服务已被禁用	Ⅲ	
29	named 服务已被禁用	Ⅲ	
30	postgresql 服务已被禁用	Ⅲ	
31	mysql 服务已被禁用	Ⅲ	
32	webmin 服务已被禁用	Ⅱ	
33	squid 服务已被禁用	Ⅱ	
34	kudzu 服务已被禁用	Ⅳ	
35	系统已禁用 X-Windows 系统 检查/etc/inittab 文件是否存在 id:5:initdefault	Ⅳ	

其他检查选项及风险等级如表 4-24 ～表 4-27 所示。

表 4-24 其他检查选项及风险等级（1）

编号	检查选项	风险等级	适用类型
1	移动介质（软盘、光盘）使用 nosuid 选项挂载	Ⅳ	
	检查与/etc/fstab 文件、/dev/floppy 和/dev/cdrom 相关的条目		
2	/tmp 和/var/tmp 目录具有黏滞位	Ⅱ	
	例如，# ls -al /|greptmp drwxrwxrwt 7 root 4096 May 11 20:07 tmp/		

表 4-25 其他检查选项及风险等级（2）

编号	检查选项	风险等级	适用类型
1	账户密码的最小长度为 8	Ⅳ	
	cat /etc/login. defs | grep PASS_MIN_LEN		
2	root PATH 环境变量，不包含当前目录“.”	Ⅱ	
	echo $PATH		

表 4-26 其他检查选项及风险等级（3）

编号	检查选项	风险等级	适用类型
1	系统与其他主机不存在信任关系	Ⅱ	
	检查系统中是否存在 . rhosts，. netrc，hosts. equⅣ文件，以及内容是否为空		

表 4-27 其他检查选项及风险等级（4）

编号	检查选项	风险等级	适用类型
1	系统已经加固了 TCP/IP 协议栈	Ⅳ	
	检查/etc/sysctl. conf 是否存在以下内容 net. ipv4. tcp_max_syn_backlog = 4096 net. ipv4. conf. all. rp_filter = 1 net. ipv4. conf. all. accept_source_route = 0 net. ipv4. conf. all. accept_redirects = 0 net. ipv4. conf. all. secure_redirects = 0 net. ipv4. conf. default. rp_filter = 1 net. ipv4. conf. default. accept_source_route = 0 net. ipv4. conf. default. accept_redirects = 0 net. ipv4. conf. default. secure_redirects = 0		

4. 5. 3. 2 数据库基线检查模板

1. SQL Server 基线检查模板

SQL Server 基线检查模板如表 4-28 所示。

表 4-28 SQL Server 基线检查模板

结果			评估操作示例
状态	现状描述（可截图）	备注	
			禁止不必要的用户连接到数据库引擎，打开 managementstutio 安全性-登录名-属性-状态，进行检查

（续）

结　果			评估操作示例
状态	现状描述（可截图）	备注	
			禁用不必要的存储过程 xp_cmdshell，打开外围应用配置器-功能的外围应用配置器-xp_cmdshell，查看是否启用
			是否开启了不必要的功能。打开外围应用配置器-功能的外围应用配置器，进行检查
			修改 SQL Server 默认的端口 1433。打开 SQL Server Configuration Manager→SQL Server 2005 的网络配置→MS SQL Server 的协议→TCP/IP→属性→IP 地址，进行检查
			是否使用 IPsec 对数据库 1433、1434 端口访问进行限制
			在服务器的属性安全中，启用登录审核中的失败与成功登录，启用 C2 审核跟踪，C2 是一个政府安全等级，它保证系统能够保护资源并具有足够的审核能力。C2 模式允许人们监视对所有数据库实体的所有访问企图。打开 management stutio 服务器属性→安全性，进行检查
	未使用密码过期策略		对进行 SQL Server 身份验证的用户，实施密码策略和密码过期策略。打开 managementstutio 安全性→登录名→属性→常规，进行检查
			检查数据库系统管理员 sa 账号名称是否修改。打开 managementstutio 安全性→登录名是否存在 sa
			是否删除不需要连接数据库的登录名。打开 managementstutio 安全性→登录名，查看是否存在不需要登录数据库的账号
			是否删除如下扩展存储过程 OLE 自动存储过程（删除后会造成管理器中的某些特征不能使用），这些过程包括以下几个 sp_OACreate sp_OADestroy sp_OAGetErrorInfo sp_OAGetProperty sp_OAMethod sp_OASetProperty sp_OAStop 注册表访问的存储过程，注册表存储过程甚至能够读出操作系统管理员的密码，如下所示 xp_regaddmultistring xp_regdeletekey xp_regdeletevalue xp_regenumvalues xp_regread xp_regremovemultistring xp_regwrite 下列命令用以删除扩展存储过程：exec master. . sp_dropextendedproc xp_cmdshell 打开 management stutio→数据库→系统数据库→master→可编程性→扩展存储过程→系统扩展存储过程，检查是否存在以上存储过程
			SQL Server 与客户端是否使用加密传输。打开 SQL Server Configuration Manager→SQL Server 2005 的网络配置→右击所需的服务器协议→属性，进行检查
			是否禁用 SQL Server browser 服务。打开 SQL Server 外围应用配置器→服务和连接的外围应用配置器→SQL Server browser，进行检查
			检查 SQL Server 相关服务是否以本地系统或本地管理员的身份运行。打开 SQL Server Configuration Manager→SQL Server 2005 服务，进行检查
			是否定期备份数据库。打开 managementstutio→管理→维护计划，进行检查

2. Oracle 基线检查模板

Oracle 基线检查模板如表 4-29 所示。

表 4-29　Oracle 基线检查模板

检查选项	风险等级	适用类型	评估结果	
			状态	备注
数据库已安装最新安全补丁 使用 Su-oracle Sqlplus /nolog Connect /as sysdba select * from v $version;	Ⅰ			
Su-oracle Sqlplus /nolog Connect /as sysdba show parameter o7; O7_DICTIONARY_ACCESSIBILITY=false scope=spfile; 当 O7_DICTIONARY_ACCESSIBILITY=FALSE，并将 SELECT ANY DICTIONARY 系统权限授予非 sys 用户，既可以使其能查询数据字典视图和动态性能视图，又可以使其不能访问数据字典基础表 当 O7_DICTIONARY_ACCESSIBILITY=TRUE 时，一个具有 ANY TABLE 系统权限的用户可以访问 sys 用户的对象，包括数据字典基础表。例如一个具有 SELECT ANY TABLE 系统权限的用户可以查询数据字典基础表，以及查询以“DBA_”开头的数据字典视图 false 这个参数预防用户利用 any table 的 system 权限进入数据字典	Ⅲ			
检查选项	风险等级	适用类型	评估结果	
			状态	备注
show parametersql92_security; sql92_security=true scope=spfile; sql92_security 安全性和审计指定要执行一个更新或删除引用表列的值是否需要具有表级的 SELECT 权限，默认是 false	Ⅱ			
检查选项	风险等级	适用类型	评估结果	
			状态	备注
检查 listener 口令。find /-name listener. ora Grep PASSWORDS_LISTENER / network/admin/listener. ora 添加口令后，如果要停止监听，先在 set password 输入密码，才能 stop 为监听器设置密码，防止远程用户关闭	Ⅱ			
开启监听器日志，Su-oracle 进入 lsnrctl 管理器 Status 查看 Listener Log File 是否存在 开启监听器日志功能是为了捕获监听器命令和防止密码被暴力破解。监听器将会在<ORACLE_HOME>/network/admin 目录下创建一个<sid>. log 日志文件，打开该文件查看一些常见的 ORA-错误信息	Ⅱ			
ADMIN_RESTRICTIONS 检查，ADMIN_RESTRICTIONS_<监听器名>=ON Grep ADMIN_RESTRICTIONS_<监听器名> /<ORACLE_HOME>/network/admin/listener. ora 在 listener. ora 文件中设置了 ADMIN_RESTRICTIONS 参数后，当监听器在运行时，不允许执行任何管理任务，届时 set 命令将不可用，不论是在服务器本地，还是从远程执行都不行，这时如果要修改监听器设置，就只有手工修改 listener. ora 文件了	Ⅱ			
保护 $TNS_ADMIN 目录 Ls-la $ORACLE_HOME/network/admin 700 $TNS_ADMIN 目录即通常看到的 ORACLE_HOME/network/admin 目录，它下面包含有 listener. ora、tnsnames. ora、sqlnet. ora 和 protocol. ora 等重要配置文件，前面已经提到，监听器的密码就是保存在 listener. ora 中的，如果不保护好，可能会造成密码泄露，或整个文件被修改，这个目录下的 listener. ora、sqlnet. ora 和 protocol. ora 文件应该只开放给 Oracle 主账户，而其他账户不能有任何权限	Ⅲ			

（续）

检查选项	风险等级	适用类型	评估结果	
			状态	备注
文件 tnslsnr 和 lsnrctl 权限检查 Ls -la $ORACLE_HOME/bin/tnslsnr Ls -la $ORACLE_HOME/bin/lsnrctl 应该将这两个文件的权限设为 0751，如果想要更严格一点，可以设为 0700，这样就只有安装 oracle 时指定的宿主用户可以执行它们了，保护这两个文件的目的是为了防止黑客直接破坏它们。如果 tnslsnr 被破坏，监听器肯定不能启动，如果 lsnrctl 被破坏，可能植入恶意代码，在运行 lsnrctl 时，就会执行其他黑客行为	Ⅲ			
检查不用服务 GrepExtProc / $ORACLE_HOME/network/admin/listener. ora Grep PLSExtProc / $ORACLE_HOME/network/admin/listener. ora 检查文件为空 默认安装时，会在 listener. ora 中安装一个 PL/SQL 外部程序（ExtProc）条目，它的名称通常是 ExtProc 或 PLSExtProc，但一般不会使用它，可以直接从 listener. ora 中将这项移除，减少监听器受攻击的面，对 ExtProc 已经有多种攻击手段了	Ⅲ			
检查默认到 TNS 端口号 grep PORT / $ORACLE_HOME/network/admin/ listener. ora 因为 Oracle 默认的监听端口是 1521，几乎所有的扫描器都可以直接扫描这个端口是否打开，在修改端口时也不要设在 1521-1550 和 1600-1699 范围内，以增加数据库的安全性	Ⅱ			
检查 IP 连接限制 Oracle 8/8i 下 More / $ORACLE_HOME/network/admin/protocol. ora Oracle 9i/10g 下 More / $ORACLE_HOME/network/admin/sqlnet. oraOracle 9i/10g 下 vi / $ORACLE_HOME/network/admin/sqlnet. ora tcp. validnode_checking=YES tcp. excluded_nodes=（list of IP addresses） tcp. invited_nodes=（list of IP addresses） 如果有多个 IP 地址或主机名，可使用逗号进行分隔。Oracle 的 TNS 监听器存在许多安全漏洞，其中的一些漏洞甚至能让入侵者得到操作系统的超级用户权限，建议限制客户端 IP 地址对数据库的访问	Ⅳ			
Su-oracle Sqlplus /nolog Connect /as sysdba 查看运行模式 archⅣe log list 和 SELECT NAME，LOG_MODE FROM V $DATABASE; log_archⅣe_dest="/export/home/oracle/arch" log_archⅣe_start=true（这两项属性分别用于设置归档日志的目录和 Oracle 启动时以归档模式启动，oracle10G 则不需要） Oracle 数据库可以运行在两种模式下：归档模式（archⅣelog）和非归档模式（noarchⅣelog）。归档模式可以提高 Oracle 数据库的可恢复性，生产数据库都应该运行在此模式下，归档模式应该和相应的备份策略相结合，只有归档模式而没有相应的备份策略，则只会带来麻烦	Ⅱ			
检查 dba_audit_trail 视图中或 $ORACLE_BASE/admin/adump 目录下是否有数据 对审计的对象进行一次数据库操作，检查操作是否被记录	Ⅱ			
检查选项	风险等级	适用类型	评估结果	
			状态	备注
用户管理 Su-oracle Sqlplus /nolog Connect /as sysdba select username，password from dba_users;（查看用户加密文件） Oracle 的用户根据被授予的权限分为系统权限和对象权限。其中最高的权限是 sysdba。sysdba 具有控制 Oracle 一切行为的特权，如创建、启动、关闭和恢复数据库，使数据库归档/非归档，以及备份表空间等关键性的动作，只能通过具有 sysdba 权限的用户来执行	Ⅱ			

（续）

检查选项	风险等级	适用类型	评估结果	
			状态	备注
查看系统用户				
用户管理 Su-oracle Sqlplus /nolog Connect /as sysdba select * from all_users;（查找所有用户） create user username identified by 密码;（创建用户） grant connect, resource to username;（将权限 connect、resource 授权到用户） shutdown abort（删除用户） startup（删除用户） drop user username cascade;（删除用户） alter user username account lock;（锁定用户） alter user username account unlock;（解锁用户）	Ⅱ			
Oracle 的用户根据被授予的权限分为系统权限和对象权限。其中最高的权限是 sysdba。sysdba 具有控制 Oracle 一切行为的特权，如创建、启动、关闭和恢复数据库，使数据库归档/非归档，以及备份表空间等关键性的动作只能通过具有 sysdba 权限的用户来执行				
更改密码策略，减少用户存在风险				
Su-oracle Sqlplus /nolog Connect /as sysdba select resource_name, limit from dba_profiles;（查看密码运行策略） PASSWORD_LIFE_TIME 30 --口令生命期 30 天 PASSWORD_GRACE_TIME 3 --口令过期后的缓冲期 3 天 PASSWORD_LOCK_TIME 15 --口令过期后锁定 15 天 PASSWORD_REUSE_TIME 90 --口令 90 天内不得重用 FAILED_LOGIN_ATTEMPTS 3 --失败登录次数上限 3 次 PASSWORD_VERIFY_FUNCTION 6 --口令长度至少 6 位	Ⅱ			
更改密码策略，减少用户存在的风险				
Select * from v $pwfile_users;（查看具有 sysdba 和 sysoper 权限的用户） SELECT * FROM DBA_ROLE_PRIVS WHERE GRANTED_ROLE='DBA';（查看授予 DBA 角色的用户） （移除用户 sysdba 的权限）	Ⅱ			
Oracle 数据库中有一些用户，可能部分用户有 dba 权限，对数据库来说是很不安全的。一般授予用户的角色或权限为 CREATE SESSION、CONNECT、RESOURCE、CREATE TABLE、CREATE VIEW、CREATE SEQUENCE、CREATE PROCEDURE、CREATE TRIGGER 和 CREATE SYNONYM				
1. 以 Oracle 用户登录到系统中 2. 以 sqlplus '/as sysdba'登录到 sqlplus 环境中 3. 使用 show parameter 命令来检查参数 REMOTE_LOGIN_PASSWORDFILE 是否设置为 NONE Show parameter REMOTE_LOGIN_PASSWORD'FILE 4. 检查在 $ORACLE_HOME/network/admin/sqlnet.ora 文件中的参数 SQLNET.AUTH-ENTICATION_SERVICES 是否被设置成 NONE	Ⅱ			
限制具备数据库超级管理员（SYSDBA）权限的用户远程登录				
通过查询 dba_role_privs、dba_sys_privs 和 dba_tab_privs 等视图来检查是否使用 ROLE 管理对象权限	Ⅱ			
使用数据库角色（ROLE）来管理对象的权限				

（续）

检查选项	风险等级	适用类型	评估结果	
			状态	备注
connect abc1/password1 连接数据库成功	Ⅱ			
应按照用户分配账号，避免不同用户间共享账号				
Crontab-l（查看是否存在自动备份数据脚本）或口头询问	Ⅳ			
Export 从数据库中导出数据到 dump 文件中 Import 从 dump 文件中导入数据到数据库中				
查询视图 v $vpd_policy 和 dba_policies	Ⅱ			
E 通过视图来检查是否在数据库对象上设置了 VPD 和 OLS				
Su-oracle Sqlplus /nolog Connect /assysdba select username, password from dba_users；在视图 dba_users 中查询是否存在 dvsys 用户	Ⅲ			
Data Vault 可限制有 DBA 权限的用户访问敏感数据				
检查 $ORACLE_HOME/network/admin/sqlnet. ora 文件中是否设置了 sqlnet. encryption 等参数	Ⅱ			
使用 Oracle 提供的高级安全选件来加密客户端与数据库之间或中间件与数据库之间的网络传输数据				
检查 $ORACLE_HOME/network/admin/sqlnet. ora 文件中是否设置了参数 SQLNET. EXPIRE_TIME	Ⅱ			
在某些应用环境下可设置数据库连接超时，比如数据库将自动断开超过 10 分钟的空闲远程连接				

3. MySQL 基线检查模板

MySQL 基线检查选项及风险等级如表 4-30 所示。

表 4-30 MySQL 基线检查选项及风险等级

编号	检查选项	风险等级	适用类型
1	数据库已安装最新安全补丁	Ⅰ	
	运行 SQL 查询分析器，执行 select@ @ version		

其他检查选项及风险等级如表 4-31 所示。

表 4-31 其他检查选项及风险等级

编号	检查选项	风险等级	适用类型
1	root 用户口令	Ⅱ	
	mysql-u root 若不要求口令即可进入系统，则表明 root 为空口令		
2	限定远程访问 mysql	Ⅱ	
	若 mysql 允许远程访问，应检查 mysql 对哪些用户开放了哪些权限： select * from mysql. user; 检查 HOST 下的地址		
3	检查 FILE 权限	Ⅱ	
	检查是否赋予了非 root 用户的 file 权限： select * from mysql. user where file_prⅣ='Y';		

（续）

编号	检查选项	风险等级	适用类型
4	限定非 root 用户对 mysql 的操作权限 若 mysql 允许非 root 用户的访问，应确认非 root 用户的权限： select * from mysql. user; 检查 user 下的用户名和每个权限下的 Y/N，其中 Y 代表具有该权限，N 代表不具有该权限	Ⅱ	
5	查找是否存在匿名用户 selec * from mysql. user 若存在用户名字段为空的行，则说明有匿名用户存在	Ⅱ	
6	mysql 是否使用非特权用户运行 ps-ef|grep-i mysql|grep 'sudo cat /var/run/mysqld/mysqld. pid'	Ⅱ	
7	检查非特权用户是否可访问 mysql 数据库中的 user 表 select * from mysql. db 在结果中检查非 root 用户对数据库（DB）列的访问情况，若非 root 用户可以访问 MySQL 数据库且具备 update 权限，则意味着非 root 用户可以通过 update 的方式来修改 root 的口令	Ⅱ	
8	配置文件权限 ls-l /etc/mysql/my. cnf 确认该文件是否为 root 用户所有 确认该文件权限是否为 644	Ⅱ	

4.5.3.3　网络设备基线检查模板

1. CISCO 路由器基线检查模板

CISCO 路由器基线检查模板如表 4-32 所示。

表 4-32　CISCO 路由器基线检查模板

编号	评估操作示例	结果		
		状态	现状描述（可截图）	备注
1	WLAN 设备应配置日志功能，对用户登录进行记录，记录内容包括用户登录使用的账号、登录是否成功、登录时间，以及远程登录时用户使用的 IP 地址			
2	检查方法： 全局模式下是否启用如下命令（12. 1 版本默认启用） Router(Config)# no service tcp-small-servers Router(Config)# no service udp-samll-servers			
3	检查方法： 全局模式下是否启用如下命令 Router(Config)# no ip finger			
4	检查方法： 全局模式下是否启用如下命令 Router(Config)#no ntp（看配置）			
5	检查方法： 全局模式下是否启用如下命令 Router(Config)#no ip bootp server			

（续）

编号	评估操作示例	结果		
		状态	现状描述（可截图）	备注
6	检查方法： 全局模式下是否启用如下命令 Router(Config)# service password-encryption			
7	检查方法： 全局模式下是否启用如下命令 Router(Config)# no ip domain-lookup 或 Router(Config)# no ip domain lookup			
8	检查方法： 全局模式下是否启用如下命令 Router(Config)#enable password xxx			
9	访谈（包括特权密码、远程访问和 console 等）			
10	访谈（包括特权密码、远程访问和 console 等）			
11	访谈（包括特权密码、远程访问和 console 等）			
12	询问（包括特权密码、远程访问和 console 等）			
13	检查方法（包括特权密码、远程访问、console 口和 aux 口等）： 全局模式下是否启用如下命令 方法一： Switch(config-line)#password xxxx Switch(config-line)#login（初始化默认是存在的） 方法二： Router(Config)#username admin password abc Router(config-line)#login local 方法三： Router(config)#aaa new-model Router(config)#aaa authentication login xxx Router(config-line)#login authentication xxx			
14	检查方法： 在接口（console、vty、aux）下是否配置如下命令 Router(Config-line)#Exec-timeoute 5 0			
15	检查方法： 在远程访问接口（vty、aux）下是否配置如下命令 Router(Config)# access-list 22 permit IP-address(允许登录的 IP) Router(Config)# access-list 22 deny any Router(Config)# line vty 0 4 Router(Config-line)# access-class 22 in			
16	检查方法： 在 aux 接口下是否配置如下命令 Router(Config)# line aux 0 Router(Config-aux)# no exec Router(Config-aux)# transport input none			

（续）

编号	评估操作示例	结果		
		状态	现状描述（可截图）	备注
17	检查方法： 全局模式下是否关闭如下命令 Router(Config)#no ip http server（看配置）			
18	检查方法： 配置当中是否有如下命令 Router(Config)#crypto key generate rsa modulus 2048 Router(Config)#line vty 0 4 Router(Config-line)#transport input SSH //只允许用 SSH 登录			
19	检查方法： 全局模式下是否启用如下命令 Router(Config)#username BluShin prⅣilege 10 password G00dPa55w0rd Router(Config)#prⅣilege EXEC level 10 telnet Router(Config)#line con(vty) 0 Router(Config)#login local			
20	检查方法： 全局模式下是否启用如下命令 Router(Config)# SNMP-server community xxxxxxxx ro Router(Config)# SNMP-server community xxxxxxxx rw			
21	检查方法： 全局模式下是否启用如下命令 Router(Config)# SNMP-server host 10. 0. 0. 1 traps version udp-port 1661(可调整)			
22	检查方法： 全局模式下是否启用如下命令 Router(Config)# access-list 10 permit 192. 168. 0. 1(限制地址) Router(Config)# access-list 10 deny any Router(Config)# SNMP-server community xxxxxxxxx Ro 10			

23	检查方法：
	全局模式下是否启用如下命令
	方法一：
	Router(Config)#logging on(默认开启)
	Router(Config)#logging IP-address(日志服务器地址)
	方法二：
	Router(Config)# SNMP-server target-host trap ip-address(日志服务器地址)			

24	检查方法： 全局模式下是否启用如下命令 各接口只转发属于自己 IP 范围内的源地址数据包流出 access-list 1 match-order config(auto) rule 1 deny ip 127. 0. 0. 0 0. 255. 255. 255 any log … int f1/1 firewall packet-filter 3001 inbound(outbound)			
25	检查方法： 全局模式下是否启用如下命令 例如，远程登录 user-interface vty 0 4 acl 1 inbound exit ! access-list 1 rule 1 permit 10. 1. 1. 1 0. 0. 0. 255 …			

（续）

编号	评估操作示例	结果		
		状态	现状描述（可截图）	备注
26	检查方法： 全局模式下是否启用如下命令 acl number 3001 rule 1 deny tcp destination-port eq 135 rule 2 deny udp destination-port eq 135 rule 5 deny tcp destination-port eq 139 rule 7 deny tcp destination-port eq 445 rule 8 deny udp destination-port eq 445 rule 9 deny tcp destination-port eq 539 rule 10 deny udp destination-port eq 539 rule 11 deny udp destination-port eq 593 rule 12 deny tcp destination-port eq 593 rule 13 deny udp destination-port eq 1434 rule 14 deny tcp destination-port eq 4444 rule 15 deny tcp destination-port eq 9996 rule 16 deny tcp destination-port eq 5554 rule 17 deny udp destination-port eq 9996 rule 18 deny udp destination-port eq 5554 [Quidway-接口] firewall packet-filter 1 inbound 或[Quidway-接口]firewall packet-filter 1 inbound			
27	检查方法： 全局模式下是否启用如下命令 Ⅰ. 禁用 IP 源路由 no ip source-route … Ⅱ. 禁用 PROXY ARP int s0/0 no ip proxy-arp … Ⅲ. 禁用直播功能，12.0 之后默认 int s0 no ip directed-broadcast … Ⅳ. 禁用 IP 重定向 int s0 no ip unreachable no ip redirects Ⅴ. 禁用 IP 掩码响应 no ip mask-repy			
28	检查方法： 全局模式下是否启用如下命令 Ⅰ. ！1、RIPV2 router rip version 2 network 1.0.0.0 int ethernet0/1 ip rip authentication key-chain xxxx ip rip authentication mode md 5 … Ⅱ. ！2、OSPF ip ospf message-digest-key 1 md5 xxxxx … Ⅲ. ！3、EIGRP ip authentication mode eigrp 1 md5			

（续）

编号	评估操作示例	结果		
		状态	现状描述（可截图）	备注
29	检查方法： 全局模式下是否启用如下命令 router bgp 27701 neighbor 14. 2. 0. 20 remote-as 26625 bgp dampening			
30	检查方法： 全局模式下是否启用如下命令 access-list 10 deny 192. 168. 10. 0 0. 0. 0. 255 access-list 10 permit any router eigrp 100 distribute-list 10 out			
31	检查方法： 全局模式下是否启用如下命令 mpls ldpvrf vpn1（VPN 实例）password required mpls ldp neighbor vrf vpn1（VPN 实例） 10. 1. 1. 1 password 7 nbrce1pwd			
32	检查方法： 全局模式下是否启用如下命令 Router(Config)# no boot network Router(Config)# no service config			
33	检查方法： 全局模式下是否启用如下命令 Router(Config)# interface eth0/3 Router(Config-if)# shutdown			
34	检查方法： 全局模式下是否启用如下命令 Router(Config)#banner "xxxxxxxxxxxxxxxxxxx" 要求标准： 设备 Banner 不应当出现对攻击者有价值的信息。举例如下 1. 设备厂商和型号 2. 单位（部门）名称或者简称 3. 设备功能 4. 地理位置 5. 管理员信息 6. 欢迎访问类信息等			
35	检查方法： 全局模式下是否启用如下命令 Router(Config)#hostname "xxxxxxxxxxxxxxxxxxx" 命名要求标准： 设备 Banner 不应当出现对攻击者有价值的信息。举例如下 1. 设备厂商和型号 2. 单位（部门）名称或者简称 3. 设备功能 4. 地理位置 5. 管理员信息 6. 欢迎访问类信息等			

（续）

编号	评估操作示例	结果		
		状态	现状描述（可截图）	备注
36	检查方法： 全局模式下是否启用如下命令 Router(Config)#no ip source-route			
37	检查方法： 全局模式下是否启用如下命令 Router(Config)#vtp password password-value			

2. 华为路由器基线检查模板

华为路由器基线检查模板如表 4-33 所示。

表 4-33　华为路由器基线检查模板

编号	分类	检查选项	风险等级	结果		
				状态	现状描述（可截图）	备注
1.1	关闭不必要的服务	禁止 FTP 服务器（File Transfer Protocol）	Ⅲ			
1.2		禁止 NTP 服务	Ⅲ			
1.3		禁止 Dhcp Server 服务	Ⅲ			
1.4		禁止 HGMP 服务	Ⅲ			
2.1	登录要求和账号管理	设置用户权限	Ⅰ			
2.2		对 CON 端口的登录要求	Ⅱ			
2.3		远程登录采用加密传输（SSH）	Ⅱ			
2.4		对 AUX 端口的管理要求	Ⅱ			
2.5		远程登录的安全要求	Ⅱ			
2.6		限制远程登录源地址	Ⅱ			
2.7		本机认证和授权	Ⅰ			
3.1	SNMP 协议设置和日志审计	设置 SNMP 密码	Ⅱ			
3.2		更改 SNMP TRAP 协议端口	Ⅱ			
3.3		限制 SNMP 发起连接源地址	Ⅱ			
3.4		开启日志审计功能	Ⅱ			
4.1	IP 协议安全	路由器以 UDP/TCP 协议对外提供服务，供外部主机进行访问，如作为 NTP 服务器、Telnet 服务器、TFTP 服务器、FTP 服务器和 SSH 服务器等，应配置路由器，只允许特定主机访问	Ⅱ			
4.2		过滤已知攻击： 在网络边界，设置安全访问控制，过滤已知的安全攻击数据包，如 udp 1434 端口（防止 SQL slammer 蠕虫）、tcp445、5800 和 5900（防止 Della 蠕虫）	Ⅲ			
4.3		功能禁用： 禁用 IP 源路由功能，除非特别需要 禁用 PROXY ARP 功能，除非路由器端口工作在桥接模式 禁用直播（IP DIRECTED BROADCAST）功能 在非可信网段内禁用 IP 重定向功能 在非可信网段内禁用 IP 掩码响应功能	Ⅲ			
4.4		启用动态 IGP（RIPV2、OSPF 和 ISIS 等）或 EGP（BGP）协议时，启用路由协议认证功能，如 MD5 加密，确保与可信方进行路由协议交互	Ⅲ			

（续）

编号	分类	检查选项	风险等级	结果		
				状态	现状描述（可截图）	备注
5.1	其他安全要求	禁止未使用或空闲的端口	Ⅲ			
5.2		符合 header 的设置要求	Ⅲ			
5.3		启用源地址路由检查（二层不适用）	Ⅲ			

3. 华为交换机基线检查模板

华为交换机基线检查模板如表 4-34 所示。

表 4-34　华为交换机基线检查模板

编号	分类	检查选项	风险等级	结果		
				状态	现状描述（可截图）	备注
1.1	关闭不必要的服务	禁止 FTP 服务器（File Transfer Protocol）	Ⅲ			
1.2		禁止 NTP 服务	Ⅲ			
1.3		禁止 Dhcp Server 服务	Ⅲ			
1.4		禁止 HGMP 服务	Ⅲ			
2.1	登录要求和账号管理	设置用户权限	Ⅰ			
2.2		对 CON 端口的登录要求	Ⅱ			
2.3		远程登录采用加密传输（SSH）	Ⅱ			
2.4		对 AUX 端口的管理要求	Ⅱ			
2.5		远程登录的安全要求	Ⅱ			
2.6		限制远程登录源地址	Ⅱ			
2.7		本机认证和授权	Ⅰ			
3.1	SNMP 协议设置和日志审计	设置 SNMP 密码	Ⅱ			
3.2		更改 SNMP TRAP 协议端口	Ⅱ			
3.3		限制 SNMP 发起连接源地址	Ⅱ			
3.4		开启日志审计功能	Ⅱ			
4.1	二层安全要求	端口配置广播抑制	Ⅲ			
5.1	其他安全要求	禁止未使用或空闲的端口	Ⅲ			
5.2		符合 header 的设置要求	Ⅲ			
5.3		启用源地址路由检查（二层不适用）	Ⅲ			

4.5.3.4　应用中间件基线检查模板

1. Apache 基线检查模板

Apache 基线检查模板如表 4-35 所示。

表 4-35 Apache 基线检查模板

编号	分类	检查选项	风险等级	结果		
				状态	现状描述（可截图）	备注
1.1	版本检查	目前使用的 Apache 是否存在安全风险（根据检查出的版本与存在安全风险的版本进行对比）	I			
2.1	HTTPD. CONF 文件检查	采用非 ROOT、WHELL 用户或组运行子进程	Ⅳ			
2.2		是否禁用版本回显	Ⅱ			
2.3		是否禁止服务器端生成文档的页脚	Ⅱ			
2.4		是否禁用对客户端 IP 的 DNS 查找	Ⅱ			
2.5		是否禁用 HTTP 持久链接	Ⅱ			
2.6		是否禁止接受附带多余路径名信息的请求	Ⅱ			
2.7		是否禁止在内存中缓冲日志（mod_log_config）模块	Ⅱ			
2.8		是否禁止 Apache 调用系统命令	Ⅱ			
2.9		是否禁止目录浏览	Ⅱ			
2.10		是否禁止 includes 功能	Ⅱ			
2.11		禁止 CGI 执行程序	Ⅱ			
2.12		是否禁止 Apache 遵循符号链接	Ⅱ			
2.13		是否禁止对 .htaccess 文件的支持	Ⅱ			
2.14		是否设置目录访问控制	Ⅱ			
2.15		是否禁止不必要的模块	Ⅱ			
2.16		是否启用日志循环功能	Ⅱ			
3.1	其他安全设置	是否采用 CHROOT 环境运行 Apache	Ⅲ			
3.2		是否使用 mod_security 模块来保护 Web 服务器	Ⅳ			
3.3		是否已设置上传目录禁止 PHP 运行	Ⅳ			
3.4		确保 Apache 以其自身的用户账号和组运行	Ⅳ			
3.5		关闭 CGI 执行程序	Ⅳ			
3.6		关闭多重选项	Ⅳ			
3.7		session 时间设置	Ⅳ			

2. Tomcat 基线检查模板

Tomcat 基线检查模板如表 4-36 所示。

表 4-36 Tomcat 基线检查模板

编号	分类	检查选项	风险等级	结果		
				状态	现状描述（可截图）	备注
1.1	版本检查	检查 Tomcat 的版本是否存在安全风险	I			
2.1	身份鉴别	Tomcat Manager 密码是否已设置密码（非空或非用户名与密码一样）	I			
2.2		是否启用安全域验证（BASIC、DIGEST 或 FORM 其中之一）	IV			

（续）

编号	分类	检查选项	风险等级	结果		
				状态	现状描述（可截图）	备注
3.1	访问控制	是否指定 Tomcat Manager 管理 IP 地址	II			
3.2		是否修改远程关闭服务器的命令	I			
3.3		是否在 Tomcat 中禁止浏览目录下的文件，listings 值为 false	II			
4.1	日志审计	是否启用日志功能	III			
4.2		日志是否启用详细记录选项，pattern 值为 combined	IV			
5.1	剩余信息保护	是否禁止把 session 写入文件	IV			
5.2		是否增强 SessiionID 的生成算法和长度，加密算法为 SHA-512，长度为 40	IV			
6.1	其他安全选项	禁用反向查询域名：enableLookups=fales	IV			
6.2		启用压缩传输：compression=on	IV			
6.3		是否删除不需要的管理应用和帮助应用	IV			
6.4		是否使用普通系统账户启动 Tomcat	IV			

4.5.3.5 网络架构基线检查模板

网络架构基线检查模板如表 4-37 所示。

表 4-37 网络架构基线检查模板

编号	检查选项	风险等级	结果			评估操作示例	适用版本
			状态	现状描述（可截图）	备注		
1	采用 VTP 认证或认证强度不够						
2	整个系统设有完整的访问控制方案						
3	采用 OSPF 认证						
4	采用 OSPF 认证加密或强度不够						
5	OSPF 域的边界划分合理						
6	与外部网络连接的端口的 OSPF 广播已经关闭						
7	不存在拨号上网						
8	拨号上网的同时不与内网相连						
9	在关键网段和主机中设置入侵检测系统						
10	对于大量设备的集中身份认证，进行有效管理						
11	有密码管理具体规定						
12	设置通过限定客户端地址的方式来禁止不明来历的访问						
13	配置了 Telnet 访问控制						
14	重要数据异地备份						
15	有系统完整的日志管理计划和功能						

（续）

编号	检 查 选 项	风险等级	结　　果			评估操作示例	适用版本
			状态	现状描述（可截图）	备注		
16	不存在默认的网管字串，如 public 和 private						
17	进行 VLAN 划分						
18	设备不存在单点故障						
19	路由协议的选择和配置合理						
20	有流量管理措施						
21	有安全域的划分						
22	采用 SSH 协议来代替 Telnet 协议进行网管						
23	有安全事件紧急响应措施，如应急预案和应急演练						
24	网络设备的配置有离线备份						
25	网络层次结构分明						
26	采用 VPN 设备来保证传输的机密性和完整性						
27	边缘进行访问控制及防地址欺诈功能						
28	对访问控制和紧急情况有审计功能						
29	定期检查 bug						
30	定期通过产品提供商得到 bug 信息						
31	定期通过漏洞评估工具进行扫描来发现 bug						
32	过滤边界路由器上的 ICMP Redirects						
33	采用 OSPF 认证						
34	VTP 域名够复杂						
35	路由协议采用认证模式						
36	边界接入的路由协议选择合理						
37	设置网络设备的口令或口令强度足够，对口令定期进行维护						
38	对 CONSOLE、AUX 和 VTY 的访问措施明确						
39	禁止直接广播						
40	对设备的配置文件进行有效注释						
41	进行 RPF 检查以防止路由欺骗						
42	禁止源路由						
43	配置访问列表以防止路由欺骗						
44	对重要协议、端口和地址的访问控制						

（续）

编号	检查选项	风险等级	结果			评估操作示例	适用版本
			状态	现状描述（可截图）	备注		
45	必要时的静态路由设置						
46	远程异地灾备						
47	网络设备的 iOS 是最新版本						
48	RAS 接入服务器不是只有简单的基于本地用户名和密码的访问控制						
49	对 MAC 地址绑定防止窃听						
50	与外部系统进行专线连接时，进行访问控制与审计						
51	安装网络管理工具						
52	采用加密传输						
53	有安全防护资料的系统整理要求						
54	有专业安全服务商的技术支持要求						
55	网管字串设置得足够复杂，不容易被破解						
56	有 SNMP 网管工作站的加固要求						
57	有对网络设备的配置文件进行有效注释						
58	关闭不使用的端口						
59	已修改访问协议端口的措施						
60	对 SNMP 服务器地址进行限定						
61	网络设备的配置文件有备份，有专人离线保存						
62	已取消 Finger 服务						
63	已取消 TCP 和 UDP 服务						
64	禁止使用公网地址分配 IP 地址						
65	IP 地址分配根据网络结构划分						
66	采用流量的负载均衡						
67	使用 NTP 来进行网络设备的时间同步						
68	有采用 NTP 认证						
69	NTP 认证加密强度足够						
70	有带外传输						
71	在网络边缘采用防火墙进行网络隔离						
72	已关闭 CDP 协议						
73	有采用蜜罐技术						
74	设置一次性口令认证						
75	已去除 Banner 提示						
76	已取消特定端口的 NTP 服务						
77	已采用 Pvlan 技术防止窃听						
78	采用更安全的 SNMP 版本，v1 以上（v2 v3）						

4.5.4 风险评估工作申请单

4.5.4.1 风险评估项目脆弱性评估申请单

脆弱性评估实施任务表如表 4-38 所示。

表 4-38 实施任务表

项目名称				合同号	
项目经理		联系电话		E-mail	
拟现场实施的时间					
拟参与实施的人员名单	姓名	职责			
主要实施任务	服务目标： 在风险评估中采用 3 种方式，分别是工具评估、人工评估和渗透测试。工具评估是指利用工具扫描的方式对操作系统、网络设备等可能存在的安全漏洞进行逐项检查，根据检查结果提供详细的漏洞描述和修补方案 评估对象： 评估需求：				
实施风险和应对措施					
客户需要的配合和准备工作					
客户意见					

双方认可申请报告，签字确认。

签字： 签字：

日期： 日期：

4.5.4.2 风险评估项目人工评估申请单

人工评估实施任务表如表 4-39 所示。

表 4-39 人工评估实施任务表

项目名称				合同号	
项目经理		联系电话		E-mail	
拟现场实施的时间					

（续）

	姓名	职责
拟参与实施的人员名单		
主要实施任务	服务目标： 工具扫描因为其固定的模板、适用的范围、特定的运行环境，以及它的缺乏智能性等诸多因素，因而有着很大的局限性；而人工评估与工具扫描相结合，可以完成许多工具所无法完成的事情，从而得出全面、客观的评估结果 人工评估主要有下列两方面的内容 （1）例行项检查 例行项检查是根据例行项检查核对表内容，逐项检查系统的各项配置和运行状态。核对表内容根据最新漏洞发现、客户不同的系统和运行环境，以及中心的经验知识库而制定，它主要包括以下几个方面 • 系统补丁 • 系统账号 • 文件系统 • 网络及服务 • 系统配置文件 • NFS 或其他文件系统共享 • 审计及日志 • 系统备份及恢复 • 应用系统 • 网络架构的安全性 • 防火墙策略配置安全性 • 路由器规则配置安全性 • 交换机设置安全性 • 其他 （2）统计分析与风险预见 统计分析与风险预见是中心人工评估的另一项重要内容，是根据收集的各种资料和检查结果，统计和关联分析，描述当前系统的安全现状，并根据这个现状分析外在的和潜在的安全风险及威胁。通常在对每一阶段的结果进行总结分析时，这是一个非常重要的方法，例如，在对系统进行网络全网范围内的评估之后，通过对各地评估结果的统计分析，可以全面了解整个网络系统的安全现状，对全国范围内采取适合自身情况的安全解决方案，具有指导性的意义 服务对象：	
实施风险和应对措施	服务要求：	
客户需要的配合和准备工作		
客户意见		

双方认可申请报告，签字确认。

签字：　　　　　　　　　　　　签字：

日期：　　　　　　　　　　　　日期：

4.5.4.3 风险评估项目渗透测试申请单

渗透测试实施任务表如表 4-40 所示。

表 4-40　渗透测试实施任务表

<table>
<tr><td>项目名称</td><td colspan="3"></td><td>合同号</td><td></td></tr>
<tr><td>项目经理</td><td></td><td>联系电话</td><td></td><td>E-mail</td><td></td></tr>
<tr><td>拟现场
实施的时间</td><td colspan="5"></td></tr>
<tr><td rowspan="5">拟参与实施的
人员名单</td><td>姓名</td><td colspan="4">职责</td></tr>
<tr><td></td><td colspan="4"></td></tr>
<tr><td></td><td colspan="4"></td></tr>
<tr><td></td><td colspan="4"></td></tr>
<tr><td></td><td colspan="4"></td></tr>
<tr><td>主要实施任务</td><td colspan="5">服务目标：
渗透测试（Penetration Testing）是安全评估服务体系中的一个重要组成部分。渗透测试操作人员在客户知情和授权的情况下，站在黑客的角度以入侵者的思维方式，使用黑客会使用的各种方法对目标信息系统进行全面深入的渗透入侵，尝试发现系统安全的最薄弱环节。渗透测试的过程如同网络真实入侵事件的演练。通过专业的渗透测试服务，可以使得信息系统的管理人员了解入侵者可能利用的途径，直观地了解系统真实的安全强度
服务对象：</td></tr>
<tr><td>实施风险和
应对措施</td><td colspan="5">服务要求：</td></tr>
<tr><td>客户需要的配合
和准备工作</td><td colspan="5"></td></tr>
<tr><td>客户意见</td><td colspan="5"></td></tr>
</table>

双方认可申请报告，签字确认。

签字：　　　　　　　　签字：

日期：　　　　　　　　日期：

4.5.5　项目计划及会议纪要

4.5.5.1　项目进度计划

根据风险评估项目的实施内容，项目主要分为以下几个阶段。

1）项目准备阶段：根据项目的实施目标、内容和范围，准备详细的项目实施计划和工具，开启项目启动会，定义双方实施界面，为后期实施做准备。

2）信息资产调查和分析阶段：根据项目范围进行信息资产调查，识别和分析信息资产安全属性和价值。

3）技术和管理脆弱性评估阶段：根据调查的信息资产进行技术和管理的脆弱性评估，评估方式包括工具扫描、人工评估、渗透测试、调查和访谈等。

4）威胁和综合风险分析阶段：对信息资产、脆弱性和威胁进行综合性分析。

5）报告和成果输出阶段：整理前期发现的安全风险，给出安全风险控制措施建议。

6）安全规划阶段：制订安全保障体系建设规划，并完善和落实信息安全管理体系。

人员投入如表 4-41 所示。

表 4-41 人员投入

项目阶段	角色	人/日	主要工作
项目准备阶段	高级	×个人/日	总体工作部署和准备
	中级	×个人/日	
	初级		
信息资产调查和分析	高级	×个人/日	信息资产分析 整理资产信息
	中级		
	初级		
技术脆弱性评估	高级	×个人/日	安全评估和分析 工具扫描和网络评估
	中级	×个人/日	
	初级		
管理脆弱性评估	高级	×个人/日	管理访谈和分析
	中级		
	初级		
安全规划	高级	×个人/日	网络结构安全规划 安全管理体系完善
	中级	×个人/日	
	初级		
报告和成果输出	高级	×个人/日	编写整改建议
	中级	×个人/日	
	初级		
总计		×个人/日	

4.5.5.2 项目会议记录及阶段性文件

项目名称：××信息安全风险评估项目

会议记录：

会议主题：

会议时间：

会议地点：

出席人员：

表 4-42 所示为会议记录及签名。

表 4-42 会议记录及签名

会议内容
备 注

（续）

签名确认	
××单位项目负责人 签　　名：	××单位项目负责人 签　　名：

4.5.5.3　项目周报

表 4-43 所示为项目周报。

表 4-43　项目周报

阶段	项目启动、项目实施		
主要内容： 详细情况如下：			
1. 实施进度 （1）上周工作状况			
（2）本周工作计划及需要的资源			
当前出现的问题及其解决办法			
总结			
备注			
填写	日期	年　月　日	

思考题

- 如果某个企业需要评估网站的安全性，需要用到哪些评估工具？
- 请列出评估一个中型网站的项目进度计划。

第5章 信息安全风险评估案例

日期	修订版本	描述	作者	审核
2016-12-4	V1.0	初始版本	刘达	郭鑫

5.1 概述

5.1.1 评估内容

对某单位的全部应用系统进行评估，包括 HR、Web、PORTAL、合同、财务、邮件的安全评估、安全体系梳理和建设、安全规划、无线安全评估、内网架构、终端抽样评估及内外网渗透测试。

5.1.2 评估依据

- 《信息安全风险评估指南》（GB/T 20984—2007）。
- 《信息安全管理体系要求》（GB/T 22080—2008）。
- 《信息安全等级保护建设整改工作指南》。
- 《信息系统安全保护等级基本要求》（GB/T 22239—2008）。
- 《信息系统等级保护安全设计技术要求》（国标报批稿）。
- 《信息系统安全保护等级实施指南》（国标报批稿）。
- 《信息系统安全等级保护测评要求》（国标报批稿）。
- 《信息系统安全管理要求》（GB/T 20269—2012）。
- 《信息安全管理实用规则》（GB/T 19716—2005）。
- 《信息系统安全工程管理要求》（GB/T 20282—2012）。
- 《网络基础安全技术要求》（GB/T 20270—2012）。
- 《信息系统通用安全技术要求》（GB/T 20271—2012）。
- 《信息技术包过滤防火墙安全技术要求》（GB/T 18019—1999）。
- 《信息技术入侵检测系统技术要求和测试评价方法》（GB/T 20275—2012）。
- 《操作系统安全技术要求》（GB/T 20272—2012）。
- 《数据库管理系统安全技术要求》（GB/T 20273—2012）。

5.2　安全现状分析

5.2.1　系统介绍

某单位系统是国家计算机处理中心的业务承载网，负责各种业务接入 Internet。目前主要分为接入层、汇聚层和核心层，通过核心层接入集团骨干网，主要的网络层集中在汇聚层，汇聚层主要是把接入层的各业务系统汇聚到多台比较高端的交换机上，实现某单位各业务系统骨干网接入 Internet。

5.2.2　资产调查列表

本次项目的依据是系统管理员所提供的内容，调查统计的信息资产列表具体参见附件“项目”中的“1. 资产信息及拓扑”下的《资产调查表 . xls》。

5.2.3　网络现状

5.2.3.1　网络拓扑

某单位的网络拓扑结构如图 5-1 所示。

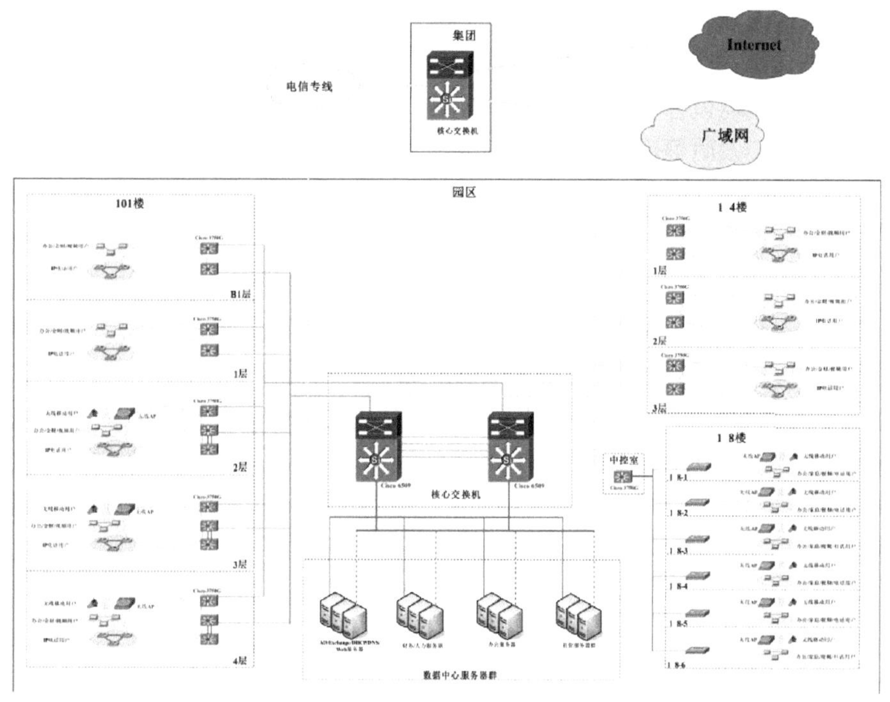

●图 5-1　网络拓扑结构

5.2.3.2 安全措施现状

某单位信息系统已经具备了部分安全设施，例如部署了防病毒系统、WSUS补丁分发系统、AAA认证系统和网站防篡改系统，建立了部分安全管理制度，但整体工作还处于起步阶段。某单位信息系统还需要根据国家等级保护的要求，按照等级保护的原则进行分系统、分等级的区域划分的设计和实施；某单位信息系统还需要根据国家等级保护和安全风险评估的法规及标准要求，进行周期性的安全风险评估；信息安全组织和安全策略都不够健全，安全运维较为薄弱，安全投入和管理水平不够。

某单位信息系统将对外网站系统及内部网络安全状况在被检查期间的安全状态定为：严重状态；某单位信息系统安全保障工作面临着严峻的挑战。

目前，某单位信息系统信息安全保障能力和水平与某单位信息系统信息安全目标有较大差距；与某单位信息系统业务发展对信息安全的要求存在较大差距；与某单位信息系统业务运行水平相比存在较大差距；与某单位信息系统信息化建设和发展水平存在较大差距。

目前，某单位信息系统信息安全保障能力和水平与风险评估标准的要求存在很大差距，相应的安全体系建设方案也需要尽快开展。

5.3 安全风险评估的内容

5.3.1 安全评估综合分析

通过全面的风险评估，发现某单位的信息系统存在着大量高、中风险的安全漏洞，如外网门户的注入漏洞和合同系统的上传漏洞等；从网络层面上看，网络架构存在诸多不完善的地方，如存在单点故障和没有安全防护和网络访问控制设备等；另外从安全管理层面看，安全运行管理制度流程和应急计划都不够健全，人员的安全意识薄弱，导致出现大量弱口令、补丁安装不及时等现象。

5.3.2 威胁评估

本次威胁的评估是以威胁识别的网络状况、安全事件和安全威胁的结果为参考依据，并通过威胁评估方法对重要资产进行威胁评估。

5.3.2.1 威胁识别

威胁识别的任务主要是识别可能的威胁主体（威胁源）、威胁途径和威胁方式。威胁主体是指可能会对信息资产造成威胁的主体对象，威胁方式是指威胁主体利用脆弱性的威胁形式，威胁主体会采用威胁方法利用资产存在的脆弱性对资产进行破坏。

威胁主体：分为人为因素和环境因素。根据威胁的动机，人为因素又可分为恶意和非恶意两种。环境因素包括自然灾害和设施故障。

威胁途径：分为间接接触和直接接触，间接接触主要有网络访问、语音和视频访问等形式，直接接触是指威胁主体可以直接物理接触到信息资产。

威胁方式：主要有传播计算机病毒、传播异常信息（垃圾邮件、反动、色情和敏感信息等）、扫描监听、网络攻击（后门、漏洞、口令和拒绝服务等）、越权或滥用、行为抵赖、滥用网络资源（P2P 下载等）、人为灾害（水、火等）、人为基础设施故障（电力、网络等）、窃取、破坏硬件、软件和数据等。

某单位信息系统威胁识别结果如表 5-1 所示。

表 5-1 某单位信息系统威胁识别结果

<table>
<tr><th>威胁主体</th><th>威胁途径</th><th colspan="2">威胁方式</th></tr>
<tr><td rowspan="4">人员威胁</td><td>互联网用户</td><td>互联网间接接触</td><td>传播计算机病毒、传播异常信息（垃圾邮件、反动、色情和敏感信息等）、扫描监听、网络攻击（后门、漏洞、口令和拒绝服务等）</td></tr>
<tr><td>政务外网人员</td><td>政务外网间接接触</td><td>传播计算机病毒、传播异常信息（垃圾邮件、反动、色情和敏感信息等）、扫描监听、网络攻击（后门、漏洞、口令和拒绝服务等）</td></tr>
<tr><td>某单位
内部人员</td><td>内网接入间接接触，直接接触</td><td>传播计算机病毒；传播异常信息（垃圾邮件、反动、色情和敏感信息等）；扫描监听；网络攻击（后门、漏洞、口令和拒绝服务等）；越权或滥用；行为抵赖、滥用网络资源（P2P 下载等）、人为灾害（水、火等）；人为基础设施故障（电力、网络等）；窃取、破坏硬件、软件和数据等</td></tr>
<tr><td>第三方人员</td><td>内网接入间接接触，直接接触</td><td>传播计算机病毒；传播异常信息（垃圾邮件、反动、色情和敏感信息等）；扫描监听；网络攻击（后门、漏洞、口令和拒绝服务等）；滥用网络资源（P2P 下载等）；人为灾害（水、火等）；人为基础设施故障（电力、网络等）；窃取、破坏硬件、软件和数据等</td></tr>
<tr><td rowspan="2">环境威胁</td><td>自然灾害</td><td>直接作用</td><td>水灾、地震灾害、地质灾害、气象灾害、自然火灾</td></tr>
<tr><td>设施故障</td><td>直接作用</td><td>电力故障、外围网络故障、其他外围保障设施故障、软件自身故障、硬件自身故障</td></tr>
</table>

5.3.2.2 威胁分析

威胁识别工作完成之后，将对资产所对应的威胁进行评估，将威胁的权值分为 1 ～ 5 共 5 个级别，等级越高，威胁发生的可能性越大。

威胁的权值主要是根据多年的经验积累或类似行业客户的历史数据来确定。对于那些没有经验和历史数据的威胁，主要根据资产的吸引力、威胁的技术力量和脆弱性被利用的难易程度等制定了一套标准对应表，以保证威胁等级赋值的有效性和一致性。

根据赋值准则，对威胁发生的可能性用频率来衡量赋值，如表 5-2 所示。

表 5-2 用频率衡量威胁发生的可能性

等级	标识	定义
5	很高	出现的频率很高（或≥1 次/周）；或在大多数情况下几乎不可避免；或可以证实经常发生过
4	高	出现的频率较高（或≥1 次/月）；或在大多数情况下很有可能会发生；或可以证实多次发生过
3	中	出现的频率中等（或>1 次/半年）；或在某种情况下可能会发生；或被证实曾经发生过
2	低	出现的频率较小；或一般不太可能发生；或没有被证实发生过
1	很低	威胁几乎不可能发生，仅可能在非常罕见和例外的情况下发生

1. 人员威胁

人员威胁分析如表 5-3 所示。

表 5-3　人员威胁分析

威胁主体	威胁意向	威胁途径	威胁方式	事件	威胁等级	标识
互联网用户	恶意	互联网接入	传播计算机病毒	/	2	低
			传播异常信息（垃圾邮件、反动、色情和敏感信息等）	/	2	低
			扫描监听	/	2	低
			网络攻击（后门、漏洞、口令和拒绝服务等）	防火墙日志中存在很多蠕虫攻击记录	5	很高
			越权或滥用	/	2	低
			行为抵赖	/	2	低
	无意	互联网接入	传播计算机病毒	/	3	中
			传播异常信息（垃圾邮件、反动、色情和敏感信息等）	/	2	低
			扫描监听	/	2	低
			网络攻击（后门、漏洞、口令和拒绝服务等）	/	2	低
政务外网人员	恶意	政务外网接入	传播计算机病毒	/	2	低
			传播异常信息（垃圾邮件、反动、色情和敏感信息等）	/	2	低
			扫描监听	/	2	低
			网络攻击（后门、漏洞、口令和拒绝服务等）	/	2	低
			越权或滥用	/	2	低
			行为抵赖	/	2	低
	无意	政务外网接入	传播计算机病毒	/	2	低
			传播异常信息（垃圾邮件、反动、色情和敏感信息等）	/	2	低
			扫描监听	/	2	低
			网络攻击（后门、漏洞、口令和拒绝服务等）	/	2	低
北京某单位内部人员	恶意	内网接入，直接接触	传播计算机病毒	/	2	低
			传播异常信息（垃圾邮件、反动、色情和敏感信息等）	/	2	低
			扫描监听	/	2	低
			网络攻击（后门、漏洞、口令和拒绝服务等）	×××服务器日志中存在内网用户暴力破解攻击记录	5	很高
			越权或滥用	/	2	低
			行为抵赖	/	2	低

（续）

威胁主体	威胁意向	威胁途径	威胁方式	事件	威胁等级	标识
北京某单位内部人员	无意	内网接入，直接接触	滥用网络资源（P2P 下载等）	/	2	低
			人为灾害（水、火等）	/	2	低
			人为基础设施故障（电力、网络等）	/	2	低
			窃取或破坏硬件、软件和数据	/	2	低
			传播计算机病毒	/	2	很高
			传播异常信息（垃圾邮件、反动、色情和敏感信息等）	/	2	低
			扫描监听	/	2	低
			网络攻击（后门、漏洞、口令和拒绝服务等）	/	2	低
第三方人员	恶意	内网接入，直接接触	人为灾害（水、火等）	/	2	低
			人为基础设施故障（电力、网络等）	/	2	低
			遗失（硬件、软件和数据等）	/	2	低
			破坏硬件、软件及数据	/	2	低
			滥用网络资源	/	2	低
			人为灾害（水、火等）	/	2	低
			人为基础设施故障（电力、网络等）	/	2	低
			窃取或破坏硬件、软件和数据	/	2	低
			传播计算机病毒	/	2	低
			传播异常信息（垃圾邮件、反动、色情和敏感信息等）	/	2	低
			扫描监听	/	2	低
			网络攻击（后门、漏洞、口令和拒绝服务等）	/	2	低
第三方人员	无意	内网接入，直接接触	人为灾害（水、火等）	/	2	低
			人为基础设施故障（电力、网络等）	/	2	低
			遗失（硬件、软件和数据等）	/	2	低
			破坏硬件、软件及数据	/	2	低
			滥用网络资源	/	2	低

2. 环境威胁

环境威胁分析如表 5-4 所示。

表 5-4　环境威胁分析

威胁主体	威胁途径	威 胁 方 式	事　　件	威胁等级	标识
自然灾害	直接作用	水灾	/	1	很低
		地震灾害	/	1	很低
		地质灾害	/	1	很低
		气象灾害	/	1	很低
		自然火灾	/	1	很低

（续）

威胁主体	威胁途径	威 胁 方 式	事　　件	威胁等级	标识
设施故障	直接作用	电力故障	/	2	低
		外围网络故障	/	2	低
		其他外围保障设施故障	/	2	低
		软件自身故障	/	2	低
		硬件自身故障	×××服务器 SCSI 控制器故障	3	中

5.3.3 网络设备安全评估

5.3.3.1 网络设备安全评估对象及方法

系统网络设备安全评估主要采用人工安全检查及访谈的方式进行，检查的依据是根据业界经验和安全专家提炼的各种设备的 CheckList。

评估的对象范围如下。

某单位信息系统的网络设备如表 5-5 所示。

表 5-5 某单位信息系统的网络设备

名　　称	IP 地址	负责人	操作系统	设备所在地
DTS101_C3750G_2FS1_2	10.211.1.2	刘帅	Cisco ios12.2	某单位 11 楼二层 IT 机房
SHDTS_BQJ_6509_252	10.211.1.252	刘帅	Cisco ios12.2	某单位 11 楼二层 IT 机房

注：由于某单位所有的核心交换机均采用同样的配置，所有接入层交换机也采用同样的配置，所以只对核心层和接入层的一台交换机进行安全评估。

5.3.3.2 网络拓扑情况

某单位的网络拓扑情况如图 5-2 所示。

5.3.3.3 网络设备人工安全综合分析

系统网络设备安全评估的目标是找到网络设备存在的安全弱点，通过安全配置或补丁加载的手段，降低安全风险，提高安全水平。

根据人工评估数据分析，低碳系统网络设备的主要问题及解决建议如表 5-6 ～表 5-18 所示。

表 5-6 低碳系统网络设备的主要问题及解决建议（1）

编　　号	CISCO-01001
名称	检查系统是否禁止 CDP
检测方法	Show run
检测结果	未禁用
结果分析	开启 CDP 协议可能泄漏大量设备信息
影响主机	所有核心和接入交换机

（续）

编　　号	CISCO-01001
解决方法	方法 1：全局关闭 CDP。全局模式配置如下命令 Router(Config)#no cdp run 方法 2：所有端口关闭 CDP。接口模式下配置如下命令 Router(Config)#interface interface_name Router(Config-if)# no cdp enable

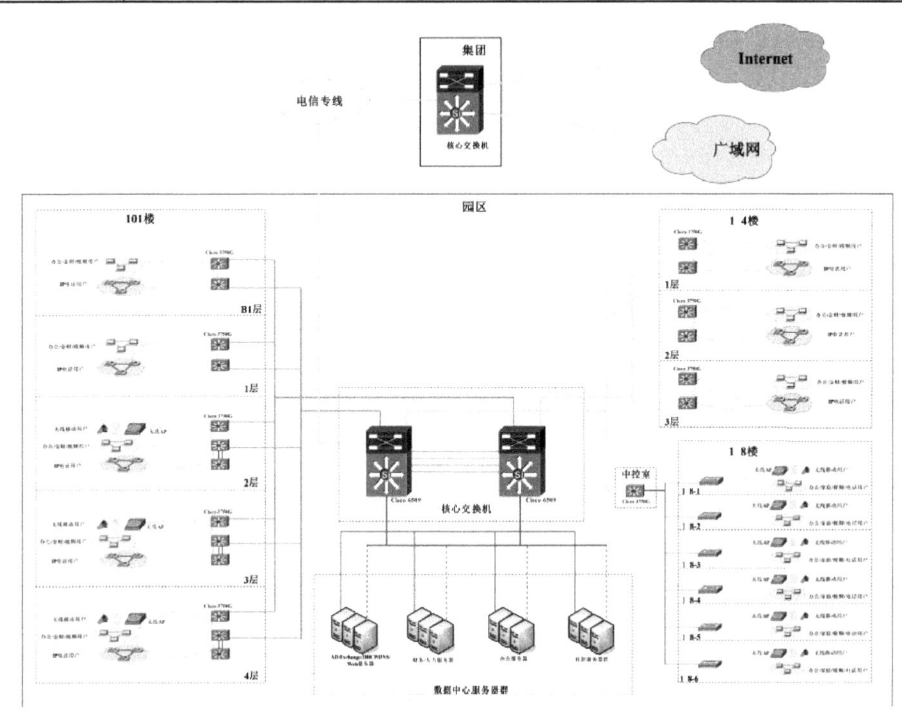

●图 5-2　网络拓扑情况

表 5-7　低碳系统网络设备的主要问题及解决建议（2）

编　　号	CISCO-01002
名称	检查系统是否禁止 TCP 和 UDP Small 服务
检测方法	Show run
检测结果	未禁用
结果分析	开启不必要的服务可能增大系统受攻击面
影响主机	所有核心和接入交换机
解决方法	全局模式下执行如下命令。 Router(Config)# no servicetcp-small-servers Router(Config)# no service udp-samll-servers

表 5-8　低碳系统网络设备的主要问题及解决建议（3）

编　　号	CISCO-01003
名称	检查系统是否禁止 Finger 服务
检测方法	Show run

（续）

编　　号	CISCO-01003
检测结果	未禁用
结果分析	开启 Finger 服务可能泄漏用户信息
影响主机	所有核心和接入交换机
解决方法	全局模式下执行如下命令 Router(Config)# no ip finger

表 5-9　低碳系统网络设备的主要问题及解决建议（4）

编　　号	CISCO-01004
名称	禁止 BOOTp 服务
检测方法	Show run
检测结果	未禁用
结果分析	开启不必要的服务可能增大系统受攻击面
影响主机	所有核心和接入交换机
解决方法	全局模式下执行如下命令 Router(Config)#no ipbootp server

表 5-10　低碳系统网络设备的主要问题及解决建议（5）

编　　号	CISCO-01005
名称	检查系统是否禁止 WINS 和 DNS 服务
检测方法	Show run
检测结果	未禁用
结果分析	开启不必要的服务可能增大系统受攻击面
影响主机	所有核心交换机
解决方法	全局模式下执行如下命令 Router(Config)# no ip domain-lookup 或 Router(Config)# no ip domain lookup

表 5-11　低碳系统网络设备的主要问题及解决建议（6）

编　　号	CISCO-02001
名称	采用访问控制措施，限制可登录的源地址
检测方法	Show run
检测结果	未对可登录源地址进行限制
结果分析	可能导致非授权的登录，或者登录口令被破解
影响主机	所有核心和接入交换机
解决方法	在远程访问接口（vty、aux）下配置如下命令 Router(Config)# access-list 22 permit IP-address（允许登录的 IP） Router(Config)# access-list 22 deny any Router(Config)# linevty 0 4 Router(Config-line)# access-class 22 in

表 5-12 低碳系统网络设备的主要问题及解决建议（7）

编 号	CISCO-02002
名称	关闭 AUX
检测方法	Show run
检测结果	未关闭
结果分析	可能导致非授权的登录
影响主机	所有核心和接入交换机
解决方法	在 AUX 接口下配置如下命令 Router(Config)# line aux 0 Router(Config-aux)# no exec Router(Config-aux)# transport input none

表 5-13 低碳系统网络设备的主要问题及解决建议（8）

编 号	CISCO-02003
名称	远程登录采用加密传输（SSH）
检测方法	Show run
检测结果	使用 Telnet，未使用 SSH
结果分析	Telnet 协议为明文传输，使用 Telnet 登录，可能导致用户名、密码被窃取
影响主机	所有核心和接入交换机
解决方法	配置如下命令 Router(Config)#crypto key generate rsa modulus 2048 Router(Config)#linevty 0 4 Router(Config-line)#transport input SSH //只允许用 SSH 登录

表 5-14 低碳系统网络设备的主要问题及解决建议（9）

编 号	CISCO-02004
名称	关闭 HTTP
检测方法	Show run
检测结果	开启 HTTP
结果分析	使用 HTTP 协议进行登录，可能导致用户名和密码被窃取
影响主机	所有核心和接入交换机
解决方法	全局模式下执行如下命令 Router(Config)#no ip http server

表 5-15 低碳系统网络设备的主要问题及解决建议（10）

编 号	CISCO-03001
名称	更改 SNMP 协议端口
检测方法	Show run
检测结果	未更改
结果分析	更改 SNMP 端口可防止针对 snmp 的攻击和暴力破解

（续）

编 号	CISCO-03001
影响主机	所有核心和接入交换机
解决方法	全局模式下启用如下命令 Router(Config)# SNMP-server host 10.0.0.1 traps version udp-port 1661

表 5-16 低碳系统网络设备的主要问题及解决建议（11）

编 号	CISCO-03002
名称	限制 SNMP 发起连接源地址
检测方法	Show run
检测结果	未限制
结果分析	限制 SNMP 源地址，防止非授权使用 SNMP 对设备进行管理
影响主机	所有核心和接入交换机
解决方法	全局模式下启用如下命令 Router(Config)# access-list 10 permit 192.168.0.1 Router(Config)# access-list 10 deny any Router(Config)# SNMP-server communityxxxxxxxxx Ro 10

表 5-17 低碳系统网络设备的主要问题及解决建议（12）

编 号	CISCO-04001
名称	禁止从网络启动和自动从网络下载初始配置文件
检测方法	Show run
检测结果	未禁止
结果分析	可能导致配置文件被恶意修改
影响主机	所有核心和接入交换机
解决方法	全局模式下启用如下命令 Router(Config)# no boot network Router(Config)# no service config

表 5-18 低碳系统网络设备的主要问题及解决建议（13）

编 号	CISCO-04002
名称	禁用源路由
检测方法	Show run
检测结果	未禁用
结果分析	可能导致网络结构信息泄漏
影响主机	所有核心和接入交换机
解决方法	全局模式下启用如下命令 Router(Config)#no ip source-route

5.3.3.4 网络人工安全评估详细内容

具体参见附件“项目\脆弱性评估”中“网络设备评估”的各设备的人工评估结果。

5.3.4 主机人工安全评估

5.3.4.1 主机人工安全评估对象及方法

系统的主机安全评估主要采用人工安全检查的方式进行，检查的依据是根据业界经验和安全专家提炼的各操作系统的 CheckList。

评估的对象范围如下。

某单位系统的服务器如表 5-19 所示。

表 5-19 某单位系统的服务器

名　称	IP 地址	业务类型	负责人	操作系统	设备所在地
NICE-FILE-01	10.211.128.16	File Server（文件服务器）	高新	Windows 2008 R2	某单位 11 楼二层 IT 机房
NICE-RSA-01	10.211.128.18	VPN	高新	Windows 2008 R2	某单位 11 楼二层 IT 机房
NICE-HR-01	10.211.128.19	HR（人力）	高新	Windows 2008 R2	某单位 11 楼二层 IT 机房
NICE-HR-02	10.211.128.20	HR（人力）	高新	Windows 2008 R2	某单位 11 楼二层 IT 机房
NICE-CS-01	10.211.128.26	CS（合同）	高新	Windows 2008 R2	某单位 11 楼二层 IT 机房
NICE-HR-03	10.211.128.32	HR（人力）	高新	Windows 2008 R2	某单位 11 楼二层 IT 机房
NICE-CS-02	10.211.128.35	CS（合同）	高新	Windows 2008 R2	某单位 11 楼二层 IT 机房
NICE-DC-02	10.211.128.2	邮件	朱强	Windows 2008 R2	某单位 11 楼二层 IT 机房
NICE-DC-03	10.211.128.3	邮件	朱强	Windows 2008 R2	某单位 11 楼二层 IT 机房
NICE-DC-01	10.211.128.4	邮件	朱强	Windows 2008 R2	某单位 11 楼二层 IT 机房
NICE-CAS-02	10.211.128.6	邮件	朱强	Windows 2008 R2	某单位 11 楼二层 IT 机房
NICE-EX-01	10.211.128.8	邮件	朱强	Windows 2008 R2	某单位 11 楼二层 IT 机房
NICE-EX-02	10.211.128.9	邮件	朱强	Windows 2008 R2	某单位 11 楼二层 IT 机房
NICE-VM-01	10.211.128.236	VM	朱强	Windows 2008 R2	某单位 11 楼二层 IT 机房
NICE-VM-02	10.211.128.238	VM	朱强	Windows 2008 R2	某单位 11 楼二层 IT 机房
NICE-WEB-01	10.211.128.14	外网门户	王海	Windows 2008 R2	某单位 11 楼二层 IT 机房
NICE-PORTAL-01	10.211.128.21	内网门户	王海	Windows 2008 R2	某单位 11 楼二层 IT 机房
NICE-WEB-02	10.211.128.33	外网门户	王海	Windows 2008 R2	某单位 11 楼二层 IT 机房
NICE-BLKBEY-01	10.211.128.101	黑莓系统	王艳	Windows 2008 R2	某单位 11 楼二层 IT 机房
NICE-EPM-DB	10.211.128.30	财务系统	王艳	Windows 2008 R2	某单位 11 楼二层 IT 机房
NICE-EPM-APP	10.211.128.31	财务系统	王艳	Windows 2008 R2	某单位 11 楼二层 IT 机房
NICE-FNA-TEST	10.211.128.23	财务系统	王艳	Windows 2008 R2	某单位 11 楼二层 IT 机房
--	10.211.128.240	财务系统	王艳	Windows 2008 R2	某单位 11 楼二层 IT 机房
NICE-SYM-01	10.211.128.15	SYMANTEC	张强	Windows 2008 R2	某单位 11 楼二层 IT 机房
NICE-WSUS-01	10.211.128.34	WSUS	张强	Windows 2008 R2	某单位 11 楼二层 IT 机房
NICE-AAA-01	10.211.128.36	AAA	张强	Windows 2008 R2	某单位 11 楼二层 IT 机房
NICE-DHCP-01	10.211.128.37	DHCP	张强	Windows 2008 R2	某单位 11 楼二层 IT 机房

5.3.4.2　主机人工安全综合分析

系统主机安全评估的目标是找到系统所在主机操作系统存在的安全弱点，通过安全配置或补丁加载的手段，降低安全风险，提高安全水平。

根据人工评估数据分析，低碳系统的主要问题如下。

1. Windows操作系统人工安全评估风险及加固建议

在主机操作系统人工安全评估中，主要暴露的问题及解决建议如表5-20～表5-58所示。

表5-20　Windows操作系统人工安全评估中主要暴露的问题及解决建议（1）

编　　号	Windows-01001
名称	检查系统是否已经安装最新的Service Pack
检测方法	Systeminfo
检测结果	系统没有打最新的Service Pack补丁
结果分析	如果没有打最新的Service Pack补丁，可能会对系统的安全性造成危害
影响主机	10.211.128.16 10.211.128.18 10.211.128.19 10.211.128.20 10.211.128.26 10.211.128.32 10.211.128.35 10.211.128.3 10.211.128.4 10.211.128.6 10.211.128.8 10.211.128.238 10.211.128.101 10.211.128.30 10.211.128.3 10.211.12.23、10.211.128.240
解决方法	安装最新的Service Pack补丁

表5-21　Windows操作系统人工安全评估中主要暴露的问题及解决建议（2）

编　　号	Windows-01002
名称	检查系统安装的补丁及Hotfix
检测方法	Systeminfo
检测结果	系统没有打最新、最全的补丁
结果分析	针对使用的、有安全问题的应用程序和服务，如果没有打相应的补丁，可能会对系统的安全性造成危害
影响主机	10.211.128.16 10.211.128.18 10.211.128.19 10.211.128.20 10.211.128.26 10.211.128.32 10.211.128.35 10.211.128.2 10.211.128.101 10.211.128.30 10.211.128.23 10.211.128.240 10.211.128.31
解决方法	安装最新的补丁

表5-22　Windows操作系统人工安全评估中主要暴露的问题及解决建议（3）

编　　号	Windows-02001
名称	密码最长使用期限（90天）
检测方法	单击“开始”按钮，选择“设置”→“控制面板”命令，然后双击“管理工具”选项，最后双击“本地安全策略”选项，开始进行检查
检测结果	系统默认设置
结果分析	未设置密码最长使用期限，用户可能通过长时间内多次更改密码来突破密码历史个数限制
影响主机	10.211.128.2 10.211.128.9 10.211.128.236
解决方法	单击“开始”按钮，选择“设置”→“控制面板”命令，双击“管理工具”选项，打开“本地安全策略”，选择密码，选择最长使用期限，将此项设置为小于7天

表 5-23 Windows 操作系统人工安全评估中主要暴露的问题及解决建议（4）

编 号	Windows-01001
名称	密码必须符合复杂性要求（启用）
检测方法	单击“开始”按钮，选择“设置”→“控制面板”命令，然后双击“管理工具”选项，最后双击“本地安全策略”选项，开始进行检查
检测结果	已经禁用
结果分析	防止破解
影响主机	10. 211. 128. 36
解决方法	单击“开始”按钮，选择“设置”→“控制面板”命令，双击“管理工具”选项，打开“本地安全策略”，选择密码必须符合复杂性，将此项设置为启用

表 5-24 Windows 操作系统人工安全评估中主要暴露的问题及解决建议（5）

编 号	Windows-02001
名称	密码长度最小值（8）
检测方法	单击“开始”按钮，选择“设置”→“控制面板”命令，然后双击“管理工具”选项，最后双击“本地安全策略”选项，开始进行检查
检测结果	系统默认设置
结果分析	未设置密码长度最小值，用户密码设置可能没有达到足够的强度
影响主机	10. 211. 128. 16 10. 211. 128. 18 10. 211. 128. 19 10. 211. 128. 20 10.211.128.32 10.211.128.14 10.211.128.33 10.211.128.101、10.211.128.30、10.211.128.31、10. 211.128.23、10.211.128.240 10.211.128. 36
解决方法	单击“开始”按钮，选择“设置”→“控制面板”命令，双击“管理工具”选项，打开“本地安全策略”，选择密码，选择长度最小值，将此项设置为 8

表 5-25 Windows 操作系统人工安全评估中主要暴露的问题及解决建议（6）

编 号	Windows-02002
名称	密码最短使用期限（1 天）
检测方法	单击“开始”按钮，选择“设置”→“控制面板”命令，然后双击“管理工具”选项，最后双击“本地安全策略”选项，开始进行检查
检测结果	系统默认设置
结果分析	未设置密码最短使用期限，用户可能通过短时间内多次更改密码来突破密码历史个数限制
影响主机	10.211.128.16 10.211.128.18 10.211.128.19 10.211.128.20 10.211.128.26 10.211.128.32 10.211.128.35 10.211.128.2 10.211.128.3 10.211.128.4 10.211.128.6 10.211.128.8 10.211.128.9 10.211.128.236 10.211.128.238 10.211.128.14 10.211.128.33 10.211.128.101、10.211.128.30、10.211.128.31、10.211.128.23、10. 211.128.240 10.211.128.15 10.211.128.34 10.211.128.36 10.211.128. 37
解决方法	单击“开始”按钮，选择“设置”→“控制面板”命令，双击“管理工具”选项，打开“本地安全策略”，选择密码，选择最短使用期限，将此项设置为 1

表 5-26 Windows 操作系统人工安全评估中主要暴露的问题及解决建议（7）

编号	Windows-02003
名称	强制密码历史（24）
检测方法	单击“开始”按钮，选择“设置”→“控制面板”命令，然后双击“管理工具”选项，最后双击“本地安全策略”选项，开始进行检查
检测结果	系统默认设置
结果分析	未设置强制密码历史，用户可能改成最近使用过的密码
影响主机	10.211.128.16 10.211.128.18 10.211.128.19 10.211.128.20 10.211.128.26 10.211.128.32 10.211.128.35 10.211.128.2 10.211.128.3 10.211.128.4 10.211.128.6 10.211.128.8 10.211.128.9 10.211.128.236 10.211.128.238 10.211.128.14 10.211.128.33 10.211.128.101、10.211.128.30、10.211.128.31、10.211.128.23、10.211.128.240 10.211.128.15 10.211.128.34 10.211.128.36 10.211.128. 37
解决方法	单击“开始”按钮，选择“设置”→“控制面板”命令，双击“管理工具”选项，打开“本地安全策略”，选择强制密码历史，将此项设置为 24

表 5-27 Windows 操作系统人工安全评估中主要暴露的问题及解决建议（8）

编号	Windows-02004
名称	复位账户锁定计数器（15 分钟之后）
检测方法	单击“开始”按钮，选择“设置”→“控制面板”命令，然后双击“管理工具”选项，最后双击“本地安全策略”选项，开始进行检查
检测结果	系统默认设置
结果分析	如果遭遇黑客入侵，没有因为设置该选项导致黑客猜出用户名和密码
影响主机	10.211.128.16 10.211.128.18 10.211.128.19 10.211.128.20 10.211.128.32 10.211.128.35 10.211.128.9 10.211.128.236 10.211.128.14 10.211.128.33 10.211.128.101、10.211.128.30、10.211.128.31、10.211.128.23、10.211.128.240 10.211.128.15 10.211.128.34 10.211.128.36 10.211.128.37
解决方法	单击“开始”按钮，选择“设置”→“控制面板”命令，双击“管理工具”选项，打开“本地安全策略”，选择复位账户锁定计数器，设置此项为 15 分钟

表 5-28 Windows 操作系统人工安全评估中主要暴露的问题及解决建议（9）

编号	Windows-02005
名称	账户锁定阈值（3 次无效登录）
检测方法	单击“开始”按钮，选择“设置”→“控制面板”命令，然后双击“管理工具”选项，最后双击“本地安全策略”选项，开始进行检查
检测结果	设置为 20 次
结果分析	阈值应该设置得较小，防止黑客猜出用户名和密码
影响主机	10.211.128.16 10.211.128.18 10.211.128.19 10.211.128.20 10.211.128.32 10.211.128.35 10.211.128.2 10.211.128.9 10.211.128.236 10.211.128.14 10.211.128.101 10.211.128.30、10.211.128.31、10.211.128.23 10.211.128.240 10.211.128.15 10.211.128.34 10.211.128.36 10.211. 128. 37
解决方法	单击“开始”按钮，选择“设置”→“控制面板”命令，双击“管理工具”选项，打开“本地安全策略”，选择账户锁定阈值，设置此项为 3 次

表5-29　Windows操作系统人工安全评估中主要暴露的问题及解决建议（10）

编　　号	Windows-02006
名称	账户锁定时间（15分钟）
检测方法	单击“开始”按钮，选择“设置”→“控制面板”命令，然后双击“管理工具”选项，最后双击“本地安全策略”选项，开始进行检查
检测结果	系统默认设置为0
结果分析	防止管理员离开，导致被其他人非授权操作
影响主机	10.211.128.16 10.211.128.18 10.211.128.19 10.211.128.20 10.211.128.32 10.211.128.35 10.211.128.2 10.211.128.9 10.211.128.236 10.211.128.14　10.211.128.33 10.211.128.15 10.211.128.34 10.211.128.36 10.211.128. 37
解决方法	单击“开始”按钮，选择“设置”→“控制面板”命令，双击“管理工具”选项，打开“本地安全策略”，选择账户锁定事件，设置此项为15分钟

表5-30　Windows操作系统人工安全评估中主要暴露的问题及解决建议（11）

编　　号	Windows-02007
名称	审核策略更改（成功和失败）
检测方法	单击“开始”按钮，选择“设置”→“控制面板”命令，然后双击“管理工具”选项，最后双击“本地安全策略”选项，开始进行检查
检测结果	无审核
结果分析	未开启此项审核，则此类操作不会记录日志
影响主机	10.211.128.16　10.211.128.19 10.211.128.20 10.211.128.32　10.211.128.14　10.211.128.33 10.211.128.101、10.211.128.30、10.211.128.31、10.211.128.23、10.211.128.240 10.211.128.36 10.211.128. 37
解决方法	单击“开始”按钮，选择“设置”→“控制面板”命令，双击“管理工具”选项，打开“本地安全策略”，选择审核，选择审核策略更改，选择成功、失败，单击“确定”按钮

表5-31　Windows操作系统人工安全评估中主要暴露的问题及解决建议（12）

编　　号	Windows-02008
名称	审核登录事件（成功和失败）
检测方法	单击“开始”按钮，选择“设置”→“控制面板”命令，然后双击“管理工具”选项，最后双击“本地安全策略”选项，开始进行检查
检测结果	无审核
结果分析	未开启此项审核，则此类操作不会记录日志
影响主机	10.211.128.16　10.211.128.19 10.211.128.20 10.211.128.32　10.211.128.14　10.211.128.33 10.211.128.101、10.211.128.30、10.211.128.31、10.211.128.23、10.211.128.240
解决方法	单击“开始”按钮，选择“设置”→“控制面板”命令，双击“管理工具”选项，打开“本地安全策略”，选择审核，选择审核登录事件，选择成功、失败，单击“确定”按钮

表5-32　Windows操作系统人工安全评估中主要暴露的问题及解决建议（13）

编　　号	Windows-02009
名称	审核对象访问（失败）
检测方法	单击“开始”按钮，选择“设置”→“控制面板”命令，然后双击“管理工具”选项，最后双击“本地安全策略”选项，开始进行检查

（续）

编　　号	Windows-02009
检测结果	无审核
结果分析	未开启此项审核，则此类操作不会记录日志
影响主机	10.211.128.16　10.211.128.19 10.211.128.20 10.211.128.14 10.211.128.33 10.211.128.32　10.211.128.2　10.211.128.9 10.211.128.236 10.211.128.101、10.211.128.30、10.211.128.31、10.211.128.23、10.211.128.240　10.211.128.34 10.211.128.37
解决方法	单击“开始”按钮，选择“设置”→“控制面板”命令，双击“管理工具”选项，打开“本地安全策略”，选择审核，选择审核对象访问，选择成功、失败，单击“确定”按钮

表 5-33　Windows 操作系统人工安全评估中主要暴露的问题及解决建议（14）

编　　号	Windows-02010
名称	审核目录服务访问（未定义）
检测方法	单击“开始”按钮，选择“设置”→“控制面板”命令，然后双击“管理工具”选项，最后双击“本地安全策略”选项，开始进行检查
检测结果	无审核
结果分析	未开启此项审核，则此类操作不会记录日志
影响主机	10.211.128.16　10.211.128.19 10.211.128.20 10.211.128.14 10.211.128.33 10.211.128.32　10.211.128.101、10.211.128.30、10.211.128.31、10.211.128.23、10.211.128. 240
解决方法	单击“开始”按钮，选择“设置”→“控制面板”命令，双击“管理工具”选项，打开“本地安全策略”，选择审核，选择审核目录服务访问，选择成功、失败，单击“确定”按钮

表 5-34　Windows 操作系统人工安全评估中主要暴露的问题及解决建议（15）

编　　号	Windows-02011
名称	审核特权使用（失败）
检测方法	单击“开始”按钮，选择“设置”→“控制面板”命令，然后双击“管理工具”选项，最后双击“本地安全策略”选项，开始进行检查
检测结果	无审核（应设定“设置”→“控制面板”命令，然后双击“管理工具”选择，最后双击“本地安全策略”选项，开始进行检查）（失败）
结果分析	未开启此项审核，则此类操作不会记录日志
影响主机	10.211.128.16　10.211.128.19 10.211.128.20 10.211.128.14 10.211.128.21 10.211.128.33 10.211.128.101、10.211.128.30、10.211.128.31、10.211.128.23、10.211.128.240 10.211.128.34 10.211.128.36 10.211.128.37 10.211.128.32 10.211.128.35 10.211.128.2 10.211.128.9 10.211.128. 236
解决方法	单击“开始”按钮，选择“设置”→“控制面板”命令，双击“管理工具”选项，打开“本地安全策略”选项，选择审核，选择审核特权使用，选择成功、失败，单击“确定”按钮

表 5-35　Windows 操作系统人工安全评估中主要暴露的问题及解决建议（16）

编　　号	Windows-02012
名称	审核系统事件（成功和失败）
检测方法	单击“开始”按钮，选择“设置”→“控制面板”命令，然后双击“管理工具”选项，最后双击“本地安全策略”选项，开始进行检查
检测结果	无审核

（续）

编　　号	Windows-02012
结果分析	未开启此项审核，则此类操作不会记录日志
影响主机	10.211.128.16 10.211.128.18 10.211.128.19 10.211.128.20 10.211.128.26 10.211.128.32 10.211.128.35 10.211.128.3 10.211.128.4 10.211.128.6 10.211.128.8 10.211.128.238 10.211.128.14 10.211.128.21 10.211.128.33 10.211.128.101、10.211.128.30、10.211.128.31、10.211.128.23、10.211.128.240 10.211.128.36 10.211.128. 37
解决方法	单击“开始”按钮，选择“设置”→“控制面板”命令，双击“管理工具”选项，打开“本地安全策略”，选择审核，选择系统事件，选择成功、失败，单击“确定”按钮

表5-36　Windows操作系统人工安全评估中主要暴露的问题及解决建议（17）

编　　号	Windows-02013
名称	审核账户管理（成功和失败）
检测方法	单击“开始”按钮，选择“设置”→“控制面板”命令，然后双击“管理工具”选项，最后双击“本地安全策略”选项，开始进行检查
检测结果	无审核
结果分析	未开启此项审核，则此类操作不会记录日志
影响主机	10.211.128.16 10.211.128.18 10.211.128.19 10.211.128.20 10.211.128.32 10.211.128.2　10.211.128.14　10.211.128.33 10.211.128.101、10.211.128.30、10.211.128.31、10.211.128.23、10.211.128.240 10.211.128.36 10.211.128.37
解决方法	单击“开始”按钮，选择“设置”→“控制面板”命令，双击“管理工具”选项，打开“本地安全策略”，选择审核，选择账户管理，选择成功、失败，单击“确定”按钮

表5-37　Windows操作系统人工安全评估中主要暴露的问题及解决建议（18）

编　　号	Windows-02014
名称	审核账户登录事件（成功和失败）
检测方法	单击“开始”按钮，选择“设置”→“控制面板”命令，然后双击“管理工具”选项，最后双击“本地安全策略”选项，开始进行检查
检测结果	无审核
结果分析	未开启此项审核，则此类操作不会记录日志
影响主机	10.211.128.16 10.211.128.18 10.211.128.19 10.211.128.20 10.211.128.32 10.211.128.2　10.211.128.8 10.211.128.14 10.211.128.33
解决方法	单击“开始”按钮，选择“设置”→“控制面板”命令，双击“管理工具”选项，打开“本地安全策略”，选择审核，选择“账户登录事件”，选择成功、失败，单击“确定”按钮

表5-38　Windows操作系统人工安全评估中主要暴露的问题及解决建议（19）

编　　号	Windows-03001
名称	关机：清除虚拟内存页面文件（启用）
检测方法	单击“开始”按钮，选择“设置”→“控制面板”命令，然后双击“管理工具”选项，最后双击“本地安全策略”选项，选择安全选项进行检查
检测结果	已经禁用
结果分析	用户的敏感信息可能保存在虚拟内存页面中，建议关机时清除

（续）

编　　号	Windows-03001
影响主机	10.211.128.16 10.211.128.18 10.211.128.19 10.211.128.20 10.211.128.26 10.211.128.32 10.211.128.35 10.211.128.2 10.211.128.3 10.211.128.4 10.211.128.6 10.211.128.8 10.211.128.9 10.211.128.236 10.211.128.238 10.211.128.14 10.211.128.21 10.211.128.33 10.211.128.101、10.211.128.30、10.211.128.31、10.211.128.23、10.211.128.240 10.211.128.34 10.211.128.36 10.211.128.37
解决方法	单击“开始”按钮，选择“设置”→“控制面板”选项，双击“管理工具”选项，打开“本地安全策略”，选择安全选项，设置“关机：清除虚拟内存页面文件”为启用

表 5-39　Windows 操作系统人工安全评估中主要暴露的问题及解决建议（20）

编　　号	Windows-03002
名称	交互式登录：不显示上次的用户名（启用）
检测方法	单击“开始”按钮，选择“设置”→“控制面板”命令，然后双击“管理工具”选项，最后双击“本地安全策略”选项，选择安全选项进行检查
检测结果	已经禁用
结果分析	攻击者从登录提示框可以看到系统的用户名，从而破解密码
影响主机	10.211.128.16 10.211.128.18 10.211.128.19 10.211.128.20 10.211.128.26 10.211.128.32 10.211.128.35 10.211.128.2 10.211.128.3 10.211.128.4 10.211.128.6 10.211.128.8 10.211.128.9 10.211.128.236 10.211.128.238 10.211.128.14 10.211.128.21 10.211.128.33 10.211.128.101、10.211.128.30、10.211.128.31、10.211.128.23、10.211.128.240 10.211.128.34 10.211.128.36 10.211.128.37
解决方法	单击“开始”按钮，选择“设置”→“控制面板”命令，双击“管理工具”选项，打开“本地安全策略”，选择安全选项，选择交互式登录，设置“不显示上次的用户名”为启用

表 5-40　Windows 操作系统人工安全评估中主要暴露的问题及解决建议（21）

编　　号	Windows-03003
名称	交互式登录：可被缓存的前次登录个数（在域控制器不可用的情况下）（0）
检测方法	单击“开始”按钮，选择“设置”→“控制面板”命令，然后双击“管理工具”选项，最后双击“本地安全策略”选项，选择安全选项进行检查
检测结果	10 次
结果分析	前次登录的账号信息缓存在本地可能被泄露，建议设置为 0
影响主机	10.211.128.16 10.211.128.18 10.211.128.19 10.211.128.20 10.211.128.26 10.211.128.32 10.211.128.35 10.211.128.2 10.211.128.3 10.211.128.4 10.211.128.6 10.211.128.8 10.211.128.9 10.211.128.236 10.211.128.238 10.211.128.14 10.211.128.21 10.211.128.33 10.211.128.101、10.211.128.30、10.211.128.31、10.211.128.23、10.211.128.240 10.211.128.34 10.211.128.36 10.211.128.37
解决方法	单击“开始”按钮，选择“设置”→“控制面板”命令，双击“管理工具”选项，打开“本地安全策略”，选择安全选项，选择交互式登录，设置“可被缓存的前次登录个数”为 0

表 5-41　Windows 操作系统人工安全评估中主要暴露的问题及解决建议（22）

编　　号	Windows-03004
名称	账户：重命名系统管理员账户（除了 Administrator 的其他名称）
检测方法	单击“开始”按钮，选择“设置”→“控制面板”命令，然后双击“管理工具”选项，最后双击“本地安全策略”选项，选择安全选项进行检查

（续）

编　　号	Windows-03004
检测结果	只有 Administrator
结果分析	防止攻击者对管理员账号口令进行猜测
影响主机	10.211.128.16 10.211.128.18 10.211.128.19 10.211.128.20 10.211.128.26 10.211.128.32 10.211.128.35 10.211.128.2 10.211.128.4 10.211.128.9 10.211.128.14 10.211.128.21 10.211.128.33 10.211.128.101、10.211.128.30、10.211.128.31、10.211.128.23、10.211.128. 240
解决方法	打开“控制面板”窗口，双击“管理工具”，最后双击“本地安全策略”，选择安全选项，选择账户，选择重命名系统管理员账户，将 Administrator 改换成其他用户名

表 5-42　Windows 操作系统人工安全评估中主要暴露的问题及解决建议（23）

编　　号	Windows-03005
名称	网络访问：不允许 SAM 账户和共享的匿名枚举（启用）
检测方法	单击“开始”按钮，选择“设置”→“控制面板”命令，然后双击“管理工具”选项，最后双击“本地安全策略”选项，选择安全选项进行检查
检测结果	已经禁用
结果分析	防止账号和共享信息泄漏
影响主机	10.211.128.16 10.211.128.18 10.211.128.19 10.211.128.20 10.211.128.26 10.211.128.32 10.211.128.35 10.211.128.2 10.211.128.3 10.211.128.4 10.211.128.6 10.211.128.8 10.211.128.9 10.211.128.236 10.211.128.238 10.211.128.14 10.211.128.21 10.211.128.33 10.211.128.101、10.211.128.30、10.211.128.31、10.211.128.23、10.211.128.240 10.211.128.34 10.211.128.36 10.211.128. 37
解决方法	单击“开始”按钮，选择“设置”→“控制面板”命令，双击“管理工具”选项，打开“本地安全策略”，选择安全选项，设置“网络访问：不允许 SAM 账户和共享的匿名枚举”为启用

表 5-43　Windows 操作系统人工安全评估中主要暴露的问题及解决建议（24）

编　　号	Windows-03006
名称	网络访问：不允许为网络身份验证存储凭证（启用）
检测方法	单击“开始”按钮，选择“设置”→“控制面板”命令，然后双击“管理工具”选项，最后双击“本地安全策略”选项，选择安全选项进行检查
检测结果	已经禁用
结果分析	可能造成未授权的访问
影响主机	10.211.128.16 10.211.128.18 10.211.128.19 10.211.128.20 10.211.128.26 10.211.128.32 10.211.128.35 10.211.128.2 10.211.128.3 10.211.128.4 10.211.128.6 10.211.128.8 10.211.128.9 10.211.128.236 10.211.128.238 10.211.128.14 10.211.128.21 10.211.128.33 10.211.128.101、10.211.128.30、10.211.128.31、10.211.128.23、10.211.128.240 10.211.128.34 10.211.128.36 10.211.128.37
解决方法	单击“开始”按钮，选择“设置”→“控制面板”命令，双击“管理工具”选项，打开“本地安全策略”，选择安全选项，设置“网络访问：不允许为网络身份验证存储凭证”为启用

表 5-44 Windows 操作系统人工安全评估中主要暴露的问题及解决建议（25）

编　　号	Windows-03007
名称	审核：如果无法记录安全审核，则立即关闭系统（启用）
检测方法	单击“开始”按钮，选择“设置”→“控制面板”命令，然后双击“管理工具”选项，最后双击“本地安全策略”选项，选择安全选项进行检查
检测结果	已经禁用
结果分析	保证审核日志的完整性，禁用可能导致日志记录不完整
影响主机	10.211.128.16 10.211.128.18 10.211.128.19 10.211.128.20 10.211.128.26 10.211.128.32 10.211.128.35 10.211.128.2 10.211.128.3 10.211.128.4 10.211.128.6 10.211.128.8 10.211.128.9 10.211.128.236 10.211.128.238 10.211.128.14 10.211.128.21 10.211.128.33 10.211.128.101、10.211.128.30、10.211.128.31、10.211.128.23、10.211.128.240 10.211.128.34 10.211.128.36 10.211.128.37
解决方法	单击“开始”按钮，选择“设置”→“控制面板”命令，双击“管理工具”选项，打开“本地安全策略”，选择安全选项，设置“审核：如果无法记录安全审核则立即关闭系统”为启用

表 5-45 Windows 操作系统人工安全评估中主要暴露的问题及解决建议（26）

编　　号	Windows-03008
名称	审核：对全局系统对象的访问进行审核（启用）
检测方法	单击“开始”按钮，选择“设置”→“控制面板”命令，然后双击“管理工具”选项，最后双击“本地安全策略”，选择安全选项进行检查
检测结果	已经禁用
结果分析	保证审核日志的完整性，禁用可能导致日志记录不完整
影响主机	10.211.128.16 10.211.128.18 10.211.128.19 10.211.128.20 10.211.128.26 10.211.128.32 10.211.128.35 10.211.128.2 10.211.128.3 10.211.128.4 10.211.128.6 10.211.128.8 10.211.128.9 10.211.128.236 10.211.128.238 10.211.128.14 10.211.128.21 10.211.128.33 10.211.128.101、10.211.128.30、10.211.128.31、10.211.128.23、10.211.128.240 10.211.128.34 10.211.128.36 10.211.128.37
解决方法	单击“开始”按钮，选择“设置”→“控制面板”命令，双击“管理工具”选项，打开本地安全策略，选择安全选项，设置“审核：对全局系统对象的访问进行审核”为启用

表 5-46 Windows 操作系统人工安全评估中主要暴露的问题及解决建议（27）

编　　号	Windows-03009
名称	审核：对备份和还原权限的使用进行审核（启用）
检测方法	单击“开始”按钮，选择“设置”→“控制面板”命令，然后双击“管理工具”选项，打开“本地安全策略”，选择安全选项，进行检查
检测结果	已经禁用
结果分析	保证审核日志的完整性，禁用可能导致日志记录不完整
影响主机	10.211.128.16 10.211.128.18 10.211.128.19 10.211.128.20 10.211.128.26 10.211.128.32 10.211.128.35 10.211.128.2 10.211.128.3 10.211.128.4 10.211.128.6 10.211.128.8 10.211.128.9 10.211.128.236 10.211.128.238 10.211.128.14 10.211.128.21 10.211.128.33 10.211.128.101、10.211.128.30、10.211.128.31、10.211.128.23、10.211.128.240 10.211.128.34 10.211.128.36 10.211.128.37
解决方法	单击“开始”按钮，选择“设置”→“控制面板”命令，双击“管理工具”选项，打开“本地安全策略”，选择安全选项，设置“审核：对备份和还原权限的使用进行审核”为启用

表 5-47　Windows 操作系统人工安全评估中主要暴露的问题及解决建议（28）

编　号	Windows-03010
名称	关闭系统：只有 Administrators 组
检测方法	单击“开始”按钮，选择“设置”→“控制面板”命令，双击“管理工具”选项，打开“本地安全策略”，选择用户权限分配，进行检查
检测结果	还有 BACKUP OPERATORS
结果分析	防止系统被非授权关闭
影响主机	10.211.128.16 10.211.128.18 10.211.128.19 10.211.128.20 10.211.128.26 10.211.128.32 10.211.128.35 10.211.128.2 10.211.128.3 10.211.128.4 10.211.128.6 10.211.128.8 10.211.128.9 10.211.128.236 10.211.128.238 10.211.128.14 10.211.128.21 10.211.128.33 10.211.128.101、10.211.128.30、10.211.128.31、10.211.128.23、10.211.128.240 10.211.128.34 10.211.128.36 10.211.128.37
解决方法	单击“开始”按钮，选择“设置”→“控制面板”命令，双击“管理工具”选项，打开“本地安全策略”，选择用户权限分配，设置“关闭系统”将除 Administrators 组之外的其他组删掉

表 5-48　Windows 操作系统人工安全评估中主要暴露的问题及解决建议（29）

编　号	Windows-03011
名称	通过终端服务拒绝登录：加入 Guests、User 组
检测方法	单击“开始”按钮，选择“设置”→“控制面板”命令，双击“管理工具”选项，打开“本地安全策略”，选择用户权限分配，进行检查
检测结果	为空
结果分析	防止未授权访问
影响主机	10.211.128.16 10.211.128.18 10.211.128.19 10.211.128.20 10.211.128.26 10.211.128.32 10.211.128.35 10.211.128.2 10.211.128.3 10.211.128.4 10.211.128.6 10.211.128.8 10.211.128.9 10.211.128.236 10.211.128.238 10.211.128.14 10.211.128.21 10.211.128.33 10.211.128.101、10.211.128.30、10.211.128.31、10.211.128.23、10.211.128.240 10.211.128.15 10.211.128.34 10.211.128.36 10.211.128.37
解决方法	单击“开始”按钮，选择“设置”→“控制面板”命令，双击“管理工具”选项，打开“本地安全策略”，选择用户权限分配，设置“通过终端服务拒绝登录”，加入 Guests、User 组

表 5-49　Windows 操作系统人工安全评估中主要暴露的问题及解决建议（30）

编　号	Windows-03012
名称	通过终端服务允许登录：只加入 Administrators 组
检测方法	单击“开始”按钮，选择“设置”→“控制面板”命令，然后双击“管理工具”选项，打开“本地安全策略”，选择用户权限分配，进行检查
检测结果	还有 DEMOTE DESKOP USERS
结果分析	防止未授权访问
影响主机	10.211.128.16 10.211.128.18 10.211.128.19 10.211.128.20 10.211.128.26 10.211.128.32 10.211.128.35 10.211.128.2 10.211.128.3 10.211.128.4 10.211.128.6 10.211.128.8 10.211.128.9 10.211.128.236 10.211.128.238 10.211.128.14 10.211.128.21 10.211.128.33 10.211.128.101、10.211.128.30、10.211.128.31、10.211.128.23、10.211.128.240 10.211.128.15 10.211.128.34 10.211.128.36 10.211.128.37
解决方法	单击“开始”按钮，选择“设置”→“控制面板”命令，双击“管理工具”选项，打开“本地安全策略”，选择用户权限分配，将除 Administrators 之外的组删掉

表 5-50　Windows 操作系统人工安全评估中主要暴露的问题及解决建议（31）

编　　号	Windows-04001
名称	禁止 CD 自动运行
检测方法	运行 regedit，然后检查相应的项
检测结果	值为 1
结果分析	可能导致 CD 中携带的病毒木马等自动允许破坏系统
影响主机	10.211.128.16 10.211.128.18 10.211.128.19 10.211.128.20 10.211.128.26 10.211.128.32 10.211.128.2 10.211.128.3 10.211.128.4 10.211.128.6 10.211.128.8 10.211.128.9 10.211.128.236 10.211.128.238 10.211.128.14 10.211.128.33 10.211.128.101、10.211.128.30、10.211.128.31、10.211.128.23、10.211.128.240 10.211.128.34　10.211.128.37
解决方法	修改注册表： HKLM\System\CurrentControlSet\Services\CDrom\Autorun（REG_DWORD）为 0

表 5-51　Windows 操作系统人工安全评估中主要暴露的问题及解决建议（32）

编　　号	Windows-04002
名称	删除服务器上的管理员共享
检测方法	运行 regedit，然后检查相应的项
检测结果	值为 1
结果分析	可能导致重要数据泄漏
影响主机	10.211.128.16 10.211.128.18 10.211.128.19　10.211.128.26 10.211.128.32 10.211.128.3 10.211.128.4 10.211.128.6 10.211.128.8 10.211.128.9　10.211.128.238 10.211.128.33
解决方法	修改注册表： HKLM\System\CurrentControlSet\Services\LanmanServer\Parameters\AutoShareServer

表 5-52　Windows 操作系统人工安全评估中主要暴露的问题及解决建议（33）

编　　号	Windows-04003
名称	源路由欺骗保护
检测方法	运行 regedit，然后检查相应的项
检测结果	无 DisableIPSourceRouting
结果分析	设置此参数可以对源路由欺骗攻击进行防御
影响主机	10.211.128.16 10.211.128.18 10.211.128.19 10.211.128.20 10.211.128.26 10.211.128.2 10.211.128.3 10.211.128.4 10.211.128.6 10.211.128.8　10.211.128.9 10.211.128.236 10.211.128.238 10.211.128.32　10.211.128.14　10.211.128.33 10.211.128.101、10.211.128.30、10.211.128.31、10.211.128.23、10.211.128.240 10.211.128.34 10.211.128.37
解决方法	修改注册表： HKLM\System\CurrentControlSet\Services\Tcpip\Parameters\DisableIPSourceRouting（REG_DWORD）2

表 5-53　Windows 操作系统人工安全评估中主要暴露的问题及解决建议（34）

编　　号	Windows-04004
名称	帮助防止碎片包攻击
检测方法	运行 regedit，然后检查相应的项

（续）

编　　号	Windows-04004
检测结果	DisableIPSourceRouting
结果分析	设置此参数可以对一定强度的碎片包攻击进行防御
影响主机	10.211.128.16 10.211.128.18 10.211.128.19 10.211.128.26 10.211.128.32 10.211.128.3 10.211.128.4 10.211.128.6 10.211.128.8 10.211.128.9 10.211.128.238 10.211.128.14 10.211.128.33 10.211.128.101、10.211.128.30、10.211.128.31、10.211.128.23、10.211.128.240
解决方法	修改注册表： HKLM\System\CurrentControlSet\Services\Tcpip\Parameters\DisableIPSourceRouting（REG_DWORD）1 设置该参数

表 5-54　Windows 操作系统人工安全评估中主要暴露的问题及解决建议（35）

编　　号	Windows-04005
名称	防止 SYN Flood 攻击
检测方法	运行 regedit，然后检查相应的项
检测结果	无 SynAttackProtect
结果分析	设置此参数可以对一定强度的 syn-flood 攻击进行防御
影响主机	10.211.128.16 10.211.128.18 10.211.128.19 10.211.128.26 10.211.128.32 10.211.128.3 10.211.128.4 10.211.128.6 10.211.128.8 10.211.128.9 10.211.128.238 10.211.128.14 10.211.128.33 10.211.128.101、10.211.128.30、10.211.128.31、10.211.128.23、10.211.128.240
解决方法	修改注册表： HKLM\System\CurrentControlSet\Services\Tcpip\Parameters\SynAttackProtect（REG_DWORD）2 设置该参数

表 5-55　Windows 操作系统人工安全评估中主要暴露的问题及解决建议（36）

编　　号	Windows-04006
名称	SYN 攻击保护-管理 TCP 半开 sockets 的最大数目
检测方法	运行 regedit，然后检查相应的项
检测结果	无 TcpMaxHalfOpen
结果分析	设置此参数可以对一定强度的 syn-flood 攻击进行防御
影响主机	10.211.128.16 10.211.128.18 10.211.128.19 10.211.128.26 10.211.128.32 10.211.128.2 10.211.128.3 10.211.128.4 10.211.128.6 10.211.128.8 10.211.128.9 10.211.128.238 10.211.128.14 10.211.128.33 10.211.128.101、10.211.128.30、10.211.128.31、10.211.128.23、10.211.128.240
解决方法	修改注册表： HKLM\System\CurrentControlSet\Services\Tcpip\Parameters\TcpMaxHalfOpen（REG_DWORD）100 或 500，设置 TcpMaxHalfOpen 参数

表 5-56　Windows 操作系统人工安全评估中主要暴露的问题及解决建议（37）

编　　号	Windows-05001
名称	World Wide Web Publishing Service-禁止
检测方法	单击“开始”按钮，选择“设置”→“控制面板”命令，然后双击“管理工具”选项，打开服务，进行检查
检测结果	已开启
结果分析	开启不必要但存在风险的服务会增大系统受攻击的可能，建议禁止
影响主机	10.211.128.19 10.211.128.20 10.211.128.9 10.211.128.21 10.211.128.33 10.211.128.240 10.211.128.34 10.211.128.36 10.211.128.37
解决方法	单击“开始”按钮，选择“设置”→“控制面板”命令，然后双击“管理工具”选项，打开服务，停用并禁止 World Wide Web Publishing Service

表 5-57　Windows 操作系统人工安全评估中主要暴露的问题及解决建议（38）

编　　号	Windows-05002
名称	Remote Registry Service-禁止
检测方法	单击“开始”按钮，选择“设置”→“控制面板”命令，然后双击“管理工具”选项，打开服务，进行检查
检测结果	已开启
结果分析	Remote Registry Service 开启，可能导致注册表信息泄漏
影响主机	10.211.128.3 10.211.128.4 10.211.128.6 10.211.128.8 10.211.128.9　10.211.128.33 10.211.128.101、10.211.128.30、10.211.128.31、10.211.128.23、10.211.128.240
解决方法	单击“开始”按钮，选择“设置”→“控制面板”命令，然后双击“管理工具”选项，打开服务，停用并禁止 Remote Registry Service

表 5-58　Windows 操作系统人工安全评估中主要暴露的问题及解决建议（39）

编　　号	Windows-06001
名称	是否安装第三方个人版防火墙
检测方法	检查有没有第三方防火墙进程
检测结果	没有
结果分析	系统遭受攻击的可能性增大
影响主机	10.211.128.240
解决方法	安装防火墙并及时更新

5.3.5　应用安全评估

5.3.5.1　应用人工安全评估对象及方法

某单位系统的 Oracle 数据库安全评估主要采用人工安全检查的方式进行，检查的依据是根据业界经验和安全专家提炼的各操作系统的 CheckList。

评估的对象范围如下。

某单位系统的服务器如表 5-59 所示。

表 5-59　某单位系统的服务器

名称	IP 地址	业务类型	主要应用	负责人	操作系统	设备所在地
NICE-FILE-01	10.211.128.16	File Server（文件服务器）		高新	Windows 2008 R2	某单位 11 楼二层 IT 机房
NICE-RSA-01	10.211.128.18	VPN		高新	Windows 2008 R2	某单位 11 楼二层 IT 机房
NICE-HR-01	10.211.128.19	HR（人力）	oracle	高新	Windows 2008 R2	某单位 11 楼二层 IT 机房
NICE-HR-02	10.211.128.20	HR（人力）	oracle	高新	Windows 2008 R2	某单位 11 楼二层 IT 机房
NICE-CS-01	10.211.128.26	CS（合同）	oracle	高新	Windows 2008 R2	某单位 11 楼二层 IT 机房
NICE-HR-03	10.211.128.32	HR（人力）	oracle	高新	Windows 2008 R2	某单位 11 楼二层 IT 机房
NICE-CS-02	10.211.128.35	CS（合同）	oracle	高新	Windows 2008 R2	某单位 11 楼二层 IT 机房
NICE-FNA-TEST	10.211.128.23	EPM（财务）	oracle	王艳	Windows 2008 R2	某单位 11 楼二层 IT 机房
NICE-EPM-DB	10.211.128.30	EPM（财务）	oracle	王艳	Windows 2008 R2	某单位 11 楼二层 IT 机房
NICE-BLKBEY-01	10.211.128.101	BB（黑莓）	Sqlserver 2008	王艳	Windows 2008 R2	某单位 11 楼二层 IT 机房
NICE-VM-01	10.211.128.240	VM	Sqlserver 2008	王艳	Windows 2008 R2	某单位 11 楼二层 IT 机房
NICE-WEB-01	10.211.128.14	外网门户	apache	王峰	Windows 2008 R2	某单位 11 楼二层 IT 机房
NICE-PORTAL-01	10.211.128.21	内网门户	Sqlserver 2008	王峰	Windows 2008 R2	某单位 11 楼二层 IT 机房
NICE-WEB-02	10.211.128.33	外网门户	mysql	王峰	Windows 2008 R2	某单位 11 楼二层 IT 机房

5.3.5.2　应用人工安全综合分析

某单位系统应用安全评估的目标是找到应用层面存在的安全弱点，通过安全配置或补丁加载的手段，降低安全风险，提高安全水平。

根据应用评估数据分析，低碳系统的主要问题如下。

1. Oracle 数据库人工安全评估风险及加固建议

在 Oracle 系统人工安全评估中，主要暴露的问题及解决建议如表 5-60 ～表 5-76 所示。

表 5-60　Oracle 系统人工安全评估中主要暴露的问题及解决建议（1）

编　号	Oracle-01001
名称	系统已安装最新安全补丁
检查方法	1. 以 sqlplus '/as sysdba'登录到 sqlplus 环境中 2. Select * from v$version;

（续）

编　　号	Oracle-01001
检查结果	Oracle Database 10g Enterprise Edition Release10.2.0.3.0-Prod PL/SQL Release10.2.0.3.0-Production CORE10.2.0.3.0　　　Production TNS for 32-bit Windows：Version10.2.0.3.0-Production NLSRTL Version10.2.0.3.0-Production
结果分析	未安装最新补丁可能因存在安全漏洞而遭受攻击
影响主机	10.211.128.19 10.211.128.20 10.211.128.26 10.211.128.32 10.211.128.35 10.211.128.30
解决建议	在网站 www.metalink.oracle.com 下载补丁并安装

表 5-61　Oracle 系统人工安全评估中主要暴露的问题及解决建议（2）

编　　号	Oracle-02001
名称	锁定或删除不需要的账号
检查方法	1. 以 sqlplus '/as sysdba'登录到 sqlplus 环境中 2. 执行查询:SELECT username, password, account_status FROM dba_users; 3. 分析返回结果
检查结果	PSOFT　BB23969F53EA481E　OPEN OUTLN　4A3BA55E08595C81　OPEN DBSNMP　E066D214D5421CCC　OPEN PEOPLE　613459773123B38A　OPEN PS　0AE52ADF439D30BD　OPEN SYS　D4C5016086B2DC6A　OPEN SYSTEM　D4DF7931AB130E37　OPEN
结果分析	未删除多余的账号，防止未授权的访问
影响主机	10.211.128.20 10.211.128.35 10.211.128.23 10.211.128.30
解决建议	首先锁定不需要的用户，在经过一段时间后，在确认该用户对业务确无影响的情况下，可以删除 ALTER USER " BI" ACCOUNT LOCK 锁定账号 drop user username BI；删除账号

表 5-62　Oracle 系统人工安全评估主要暴露的问题及解决建议（3）

编　　号	Oracle-02002
名称	限制具备数据库超级管理员（SYSDBA）权限的用户远程管理登录
检查方法	1. 以 Oracle 用户登录到系统中 2. 以 sqlplus '/as sysdba'登录到 sqlplus 环境中 3. Show parameter REMOTE_LOGIN_PASSWORDFILE 是否设置为 NONE
检查结果	是 EXCLUSIVE
结果分析	可能因 SYSDBA 权限的用户密码泄漏，导致数据库被远程恶意操作
影响主机	10.211.128.19 10.211.128.20 10.211.128.26 10.211.128.32 10.211.128.35 10.211.128.23 10.211.128.30
解决建议	1. 在 spfile 中设置 REMOTE_LOGIN_PASSWORDFILE=NONE 来禁止 SYSDBA 用户从远程登录 alter system set remote_login_passwordfile='NONE' scope=spfile; 2. 重起数据库后生效

表 5-63　Oracle 系统人工安全评估中主要暴露的问题及解决建议（4）

编　　号	Oracle-02003
名称	禁用 SYSDBA 角色的自动登录
检查方法	1. cat$ORACLE_HOME/network/admin/sqlnet.ora	grep SQLNET.AUTHENTICATION_SERVICES 2. 检查 SQLNET.AUTHENTICATION_SERVICES 的值
检查结果	SQLNET.AUTHENTICATION_SERVICES=(NTS) NAMES.DIRECTORY_PATH=(TNSNAMES, EZCONNECT)
结果分析	未对 SYSDBA 身份数据库登录进行认证，防止非授权的访问
影响主机	10.211.128.19 10.211.128.20　10.211.128.26 10.211.128.32 10.211.128.35 10.211.128.23　10.211.128.30
解决建议	修改文件： $ORACLE_HOME/network/admin/sqlnet.ora 添加 SQLNET.AUTHENTICATION_SERVICES=(NONE)

表 5-64　Oracle 系统人工安全评估中主要暴露的问题及解决建议（5）

编　　号	Oracle-02004
名称	使用数据库角色（ROLE）来管理对象的权限
检查方法	1. 以 DBA 用户登录到 sqlplus 中 2. 通过查询 dba_role_privs、dba_sys_privs 和 dba_tab_privs 等视图来检查是否使用 ROLE 来管理对象权限
检查结果	SQL>　select　*　from DBA_ROLE_PRIVS where GRANTED_ROLE='DBA'; GRANTEE　GRANTED_ROLE　ADMIN_OPTION DEFAULT_ROLE SYS　DBA　YES　YES SYSMAN　DBA　NO　YES CHCNLAW　DBA　YES　YES SYSTEM　DBA　YES　YES
结果分析	对不同用户设置不同的角色，便于进行权限划分和管理
影响主机	10.211.128.26
解决建议	1. 使用 Create Role 命令创建角色 2. 使用 Grant 命令将相应的系统、对象或 Role 的权限赋予应用用户

表 5-65　Oracle 系统人工安全评估中主要暴露的问题及解决建议（6）

编　　号	Oracle-02005
名称	对用户的属性进行控制，包括密码策略、资源限制等
检查方法	1. 以 DBA 用户登录到 sqlplus 中 2. 查询视图 dba_ profiles 和 dba_ users 来检查 profile 是否创建
检查结果	DEFAULT　COMPOSITE_LIMIT　KERNEL DEFAULT　SESSIONS_PER_USER　KERNEL DEFAULT　CPU_PER_SESSION　KERNEL DEFAULT　CPU_PER_CALL　KERNEL DEFAULT　LOGICAL_READS_PER_SESSION　KERNEL DEFAULT　LOGICAL_READS_PER_CALL　KERNEL DEFAULT　IDLE_TIME　KERNEL DEFAULT　CONNECT_TIME　KERNEL DEFAULT　PRIVATE_SGA　KERNEL

（续）

编　　号	Oracle-02005
检查结果	DEFAULT　　FAILED_LOGIN_ATTEMPTS　　PASSWORD DEFAULT　　PASSWORD_LIFE_TIME　　PASSWORD PROFILE　　RESOURCE_NAME　　RESOURCE_TYPE DEFAULT　　PASSWORD_REUSE_TIME　　PASSWORD DEFAULT　　PASSWORD_REUSE_MAX　　PASSWORD DEFAULT　　PASSWORD_VERIFY_FUNCTION　　PASSWORD DEFAULT　　PASSWORD_LOCK_TIME　　PASSWORD DEFAULT　　PASSWORD_GRACE_TIME　　PASSWORD
结果分析	设置密码策略和资源限制可以增强系统的安全性
影响主机	10.211.128.19 10.211.128.20 10.211.128.26 10.211.128.32 10.211.128.35 10.211.128.23　10.211.128.30
解决建议	可通过下面的命令来创建 profile，并把它赋予一个用户 CREATE PROFILE "pro" LIMIT PASSWORD_LIFE_TIME 90 PASSWORD_GRACE_TIME 6 PASSWORD_REUSE_MAX 5 PASSWORD_REUSE_TIME UNLIMITED PASSWORD_LOCK_TIME 1 FAILED_LOGIN_ATTEMPTS 6 PASSWORD_VERIFY_FUNCTION DEFAULT ALTER USERuser1 PROFILE pro;

表 5-66　Oracle 系统人工安全评估中主要暴露的问题及解决建议（7）

编　　号	Oracle-03001
名称	对于采用静态口令进行认证的数据库，口令长度至少为 6 位，并至少包括数字、小写字母、大写字母和特殊符号 4 类中的 2 类
检查方法	select * from dba_profiles，调整 PASSWORD_VERIFY_FUNCTION，指定密码复杂度
检查结果	DEFAULT　　PASSWORD_VERIFY_FUNCTION　　PASSWORD
结果分析	未设置密码复杂度要求，以增强口令强度，防止破解
影响主机	10.211.128.19 10.211.128.20 10.211.128.26 10.211.128.32 10.211.128.35 10.211.128.23 10.211.128.30
解决建议	为用户创建 profile，调整 PASSWORD_VERIFY_FUNCTION，指定密码复杂度

表 5-67　Oracle 系统人工安全评估中暴露的问题及解决建议（8）

编　　号	Oracle-03002
名称	对于采用静态口令认证技术的数据库，账户口令的生存期不长于 90 天
检查方法	为用户创建相关 profile，指定 PASSWORD_GRACE_TIME 为 90 天
检查结果	DEFAULT　　PASSWORD_GRACE_TIME　　PASSWORD
结果分析	设置口令生存期可以强制用户定期更改密码，防止因密码泄漏造成的危害
影响主机	10.211.128.19 10.211.128.20　10.211.128.26 10.211.128.32 10.211.128.35 10.211.128.23 10.211.128.30
解决建议	为用户创建相关 profile，指定 PASSWORD_GRACE_TIME 为 90 天

表 5-68 Oracle 系统人工安全评估中暴露的问题及解决建议（9）

编　　号	Oracle-03003
名称	对于采用静态口令认证技术的数据库，应配置数据库，使用户不能重复使用最近 5 次（含 5 次）内已使用的口令
检查方法	用户创建 profile，指定 PASSWORD_REUSE_MAX 为 5
检查结果	DEFAULT　　PASSWORD_REUSE_MAX　　PASSWORD
结果分析	避免更改后的密码为最近使用过的密码，防止因密码泄漏造成的危害
影响主机	10.211.128.19 10.211.128.20　10.211.128.26 10.211.128.32 10.211.128.35　10.211.128.23 10.211.128.30
解决建议	用户创建 profile，指定 PASSWORD_REUSE_MAX 为 5

表 5-69 Oracle 系统人工安全评估中暴露的问题及解决建议（10）

编　　号	Oracle-04001
名称	数据库应配置日志功能，对用户登录进行记录，记录内容包括用户登录使用的账号、登录是否成功、登录时间，以及远程登录时用户使用的 IP 地址
检查方法	show parameter audit_trail;
检查结果	SQL>show parameter audit_trail; NAME　　TYPE　　VALUE -- audit_trail　　string　　NONE SQL> SQL>select * from dba_audit_trail; rows will be truncated SQL>select * from dba_audit_trail; rows will be truncated no rows selected SQL>show parameter Audit_sys_operations; NAME　　TYPE　　VALUE -- audit_sys_operations　　boolean　　FALSE SQL>
结果分析	未开启日志审计，数据库发生安全问题后，查找原因困难，无法追溯
影响主机	10.211.128.19 10.211.128.26 10.211.128.32 10.211.128.35 10.211.128.23

解决建议	创建 ORACLE 登录触发器，记录相关信息，但对 IP 地址的记录会有困难
	1. 建表 LOGON_TABLE
	2. 建触发器
	CREATE TRIGGER TRI_LOGON
	　AFTER LOGON ON DATABASE
	BEGIN
	　INSERT INTO LOGON_TABLE VALUES (SYS_CONTEXT('USERENV', 'SESSION_USER'), SYSDATE);
	END;

表 5-70 Oracle 系统人工安全评估中主要暴露的问题及解决建议（11）

<table>
<tr><td>编　　号</td><td>Oracle-04002</td></tr>
<tr><td>名称</td><td>数据库应配置日志功能，记录用户对数据库的操作，包括但不限于以下内容：账号创建、删除和权限修改、口令修改、读取和修改数据库配置、读取和修改业务用户的话费数据、身份数据、涉及通信隐私数据。记录需要包含用户账号、操作时间、操作内容及操作结果</td></tr>
<tr><td>检查方法</td><td>show parameter audit_trail;</td></tr>
<tr><td>检查结果</td><td>SQL>show parameter audit_trail;
NAME　　TYPE　　VALUE
----
audit_trail　　string　　NONE
SQL>
SQL>select * from dba_audit_trail;
rows will be truncated
SQL>select * from dba_audit_trail;
rows will be truncated

no rows selected
SQL>show parameter Audit_sys_operations;

NAME　　TYPE　　VALUE
----
audit_sys_operations　　boolean　　FALSE
SQL></td></tr>
<tr><td>结果分析</td><td>未开启日志审计，数据库发生安全问题后，查找原因困难，无法追溯</td></tr>
<tr><td>影响主机</td><td>10.211.128.26 10.211.128.32 10.211.128.23</td></tr>
<tr><td>解决建议</td><td>创建 ORACLE 登录触发器，记录相关信息
1. 创建表 LOGON_TABLE
2. 创建触发器
CREATE TRIGGER TRI_LOGON
　AFTER LOGON ON DATABASE
BEGIN
　INSERT INTO LOGON_TABLE VALUES (SYS_CONTEXT('USERENV','SESSION_USER'),
SYSDATE);
END</td></tr>
</table>

表 5-71 Oracle 系统人工安全评估中主要暴露的问题及解决建议（12）

<table>
<tr><td>编　　号</td><td>Oracle-04003</td></tr>
<tr><td>名称</td><td>数据库应配置日志功能，记录对与数据库相关的安全事件</td></tr>
<tr><td>检查方法</td><td>show parameter audit_trail;</td></tr>
<tr><td>检查结果</td><td>SQL>show parameter audit_trail;
NAME　　TYPE　　VALUE
----
audit_trail　　string　　NONE
SQL>
SQL>select * from dba_audit_trail;
rows will be truncated
SQL>select * from dba_audit_trail;
rows will be truncated</td></tr>
</table>

（续）

<table>
<tr><td>编　号</td><td>Oracle-04003</td></tr>
<tr><td>检查结果</td><td>no rows selected
SQL>show parameter Audit_sys_operations;
NAME　　　　TYPE　　　　VALUE
----
audit_sys_operations　　　　boolean　　　　FALSE
SQL></td></tr>
<tr><td>结果分析</td><td>未开启日志审计，数据库发生安全问题后，查找原因困难，无法追溯</td></tr>
<tr><td>影响主机</td><td>10.211.128.26 10.211.128.32 10.211.128.23</td></tr>
<tr><td>解决建议</td><td>创建 ORACLE 登录触发器，记录相关信息
1. 创建表 LOGON_TABLE
2. 创建触发器
CREATE TRIGGER TRI_LOGON
　AFTER LOGON ON DATABASE
BEGIN
　INSERT INTO LOGON_TABLE VALUES (SYS_CONTEXT('USERENV', 'SESSION_USER'), SYSDATE);
END;</td></tr>
</table>

表 5-72　Oracle 系统人工安全评估中主要暴露的问题及解决建议（13）

<table>
<tr><td>编　号</td><td>Oracle-04004</td></tr>
<tr><td>名称</td><td>根据业务要求制定数据库审计策略</td></tr>
<tr><td>检查方法</td><td>1. 检查初始化参数 audit_trail 是否设置。Show parameter audit_trail;
2. 检查 dba_audit_trail 视图中或 $ORACLE_BASE/admin/adump 目录下是否有数据</td></tr>
<tr><td>检查结果</td><td>audit_trail　string　NONE　audit_sys_operations　boolean　FALSE</td></tr>
<tr><td>结果分析</td><td>未开启日志审计，数据库发生安全问题后，查找原因困难，无法追溯</td></tr>
<tr><td>影响主机</td><td>10.211.128.32 10.211.128.35 10.211.128.23</td></tr>
<tr><td>解决建议</td><td>1. 通过设置参数 audit_trail=db 或 os 来打开数据库审计
2. 可使用 Audit 命令对相应的对象进行审计设置。alter system set audit_trail=os scope=spfile</td></tr>
</table>

表 5-73　Oracle 系统人工安全评估中主要暴露的问题及解决建议（14）

<table>
<tr><td>编　号</td><td>Oracle-05001</td></tr>
<tr><td>名称</td><td>为数据库监听器（LISTENER）的关闭和启动设置密码</td></tr>
<tr><td>检查方法</td><td>检查 $ORACLE_HOME/network/admin/listener.ora 文件中是否设置参数 PASSWORDS_LISTENER</td></tr>
<tr><td>检查结果</td><td>SID_LIST_LISTENER=
　(SID_LIST=
　　(SID_DESC=
　　　(SID_NAME=PLSExtProc)
　　　(ORACLE_HOME=d:\oracle\product\10.2.0\db_1)
　　　(PROGRAM=extproc)
　　)
　)

LISTENER=
　(DESCRIPTION_LIST=
　　(DESCRIPTION=
　　　(ADDRESS=(PROTOCOL=IPC)(KEY=EXTPROC1))
　　　(ADDRESS=(PROTOCOL=TCP)(HOST=NICE-CS-TEST.nicenergy.com) (PORT=1521))
　　)
　)</td></tr>
</table>

（续）

编　　号	Oracle-05001
结果分析	未设置监听器密码可能导致数据库监听器被恶意关闭，造成数据库无法访问
影响主机	10.211.128.19 10.211.128.26　10.211.128.32 10.211.128.35 10.211.128.23 10.211.128.30
解决建议	1. 检查 $ORACLE_HOME/network/admin/listener.ora 文件中的参数 PASSWORDS_LISTENER 2. 通过下列命令设置密码 $lsnrctl LSNRCTL>change_ password Old password：<OldPassword>Not displayed New password：<NewPassword>Not displayed Reenter new password：<NewPassword>Not displayed Connecting to（DESCRIPTION=（ADDRESS=（PROTOCOL=TCP）（HOST=prolin1）（PORT=1521）（IP=FIRST））） Password changed for LISTENER The command completed successfully LSNRCTL>save_config

表 5-74　Oracle 系统人工安全评估中主要暴露的问题及解决建议（15）

编　　号	Oracle-05002
名称	设置只有信任的 IP 地址才能通过监听器访问数据库
检查方法	检查 $ORACLE_HOME/network/admin/sqlnet.ora 文件中是否设置参数 tcp.validnode_checking 和 tcp.invited_ nodes
检查结果	SQLNET.AUTHENTICATION_SERVICES=(NTS) NAMES.DIRECTORY_PATH=(TNSNAMES，EZCONNECT)
结果分析	对数据库访问进行访问控制，防止未经授权的访问
影响主机	10.211.128.19 10.211.128.26 10.211.128.32 10.211.128.35 10.211.128.23 10.211.128.30
解决建议	只需在服务器上的文件$ORACLE_HOME/network/admin/sqlnet.ora 中设置以下行 tcp.validnode_ checking=yes tcp.invited_ nodes=（ip1，ip2…）

表 5-75　Oracle 系统人工安全评估中主要暴露的问题及解决建议（16）

编　　号	Oracle-05003
名称	在某些应用环境下可设置数据库连接超时，比如数据库将自动断开超过 10 分钟的空闲远程连接
检查方法	在 sqlnet.ora 中设置下列参数 SQLNET.EXPIRE_TIME=10
检查结果	系统默认设置
结果分析	设置登录超时，防止非授权的访问
影响主机	10.211.128.19 10.211.128.26 10.211.128.32 10.211.128.35 10.211.128.23 10.211.128.30
解决建议	在 sqlnet.ora 中设置下列参数 SQLNET.EXPIRE_TIME=10

表 5-76 Oracle 系统人工安全评估中主要暴露的问题及解决建议（17）

编　　号	Oracle-05004
名称	使用 Oracle 提供的高级安全选件来加密客户端与数据库之间或中间件与数据库之间的网络传输数据
检查方法	1. 访谈 2. 通过网络层捕获的数据库传输包为加密包 3. 检查 $ORACLE_HOME/network/admin/sqlnet.ora 文件中是否设置 sqlnet.encryption 等参数
检查结果	LOGSTDBY_ADMINISTRATOR
结果分析	未使用加密传输保证数据的保密性
影响主机	10.211.128.19　10.211.128.20　10.211.128.26 10.211.128.32 10.211.128.35 10.211.128.23　10.211.128.30
解决建议	1. 在 Oracle Net Manager 中选择 Oracle Advanced Security 2. 选择 Encryption 3. 选择 Client 或 Server 选项 4. 选择加密类型 5. 输入加密种子（可选） 6. 选择加密算法（可选） 7. 保存网络配置，sqlnet.ora 被更新

2. MySQL 数据库人工安全评估风险及加固建议

在 MySQL 系统人工安全评估中，主要暴露的问题及解决建议如表 5-77～表 5-79 所示。

表 5-77 MySQL 系统人工安全评估中主要暴露的问题及解决建议（1）

编　　号	MySQL-01001
名称	限定远程访问 MySQL
检查方法	若 MySQL 允许远程访问，应检查 MySQL 对哪些用户开放了哪些权限 select * from mysql.user; 检查 HOST 下的地址
检查结果	仅 root
结果分析	仅存在 root 用户，使用 root 用户进行远程数据库操作权限过大存在风险，如误操作、口令泄漏等都可能造成严重的后果，建议创建普通权限的用户
影响主机	10.211.128.33
解决建议	创建普通权限的数据库用户进行数据库远程操作，并对可登录的 IP 地址进行限制，禁止 root 用户远程登录

表 5-78 MySQL 系统人工安全评估中主要暴露的问题及解决建议（2）

编　　号	MySQL-01002
名称	限定非 root 用户对 MySQL 的操作权限
检查方法	若 MySQL 允许非 root 用户的访问，应确认非 root 用户的权限 select * from mysql.user 检查 user 下的用户名和每个权限下的 Y/N，其中 Y 代表具有这种权限，N 代表不具有该权限
检查结果	仅存在 root 用户
结果分析	仅存在 root 用户，进行数据库操作时权限过大存在风险，如误操作、口令泄漏等都可能造成严重的后果，建议创建普通权限的用户
影响主机	10.211.128.33
解决建议	创建普通用户并为其分配适当的权限。尽量减少直接使用 root 用户操作数据库

表 5-79　MySQL 系统人工安全评估中主要暴露的问题及解决建议（3）

编　　号	MySQL-01003
名称	MySQL 是否使用非特权用户运行
检查方法	通过任务管理进行查看
检查结果	administrator
结果分析	MySQL 进程权限过大，可能导致攻击者直接通过数据库获得操作系统的控制权
影响主机	10.211.128.33
解决建议	以较低权限的用户运行 MySQL 数据库

3. SQL Server 2008 数据库人工安全评估风险及加固建议

在 SQL Server 2008 系统人工安全评估中，主要暴露的问题及解决建议如表 5-80 ~ 表 5-86 所示。

表 5-80　SQL Server 2008 系统人工安全评估中主要暴露的问题及解决建议（1）

编　　号	SQL Server 2008-01001
名称	禁止不必要的用户连接到数据库
检查方法	禁止不必要的用户连接到数据库引擎，打开 managementstutio 安全性→登录名→属性→状态，进行检查
检查结果	所有登录名均可连接数据库
结果分析	仅允许有授权（必须）的用户访问数据库，防止非授权的数据库访问
影响主机	10.211.128.21 10.211.128.101 10.211.128.240
解决建议	打开 managementstutio 安全性→登录名→属性→状态，禁止不必要的用户连接数据库

表 5-81　SQL Server 2008 系统人工安全评估中主要暴露的问题及解决建议（2）

编　　号	SQL Server 2008-01002
名称	删除不需要连接数据库的登录名
检查方法	是否删除不需要连接数据库的登录名。打开 managementstutio 安全性→登录名，查看是否存在不需要登录数据库的账号
检查结果	存在不必要的可登录账号
结果分析	未禁用不必要的账号，防止多余账号的非授权登录
影响主机	10.211.128.21 10.211.128.101 10.211.128.240
解决建议	打开 managementstutio 安全性→登录名，删除不需要的登录名

表 5-82　SQL Server 2008 系统人工安全评估中主要暴露的问题及解决建议（3）

编　　号	SQL Server 2008-01003
名称	SA 账号名称
检查方法	检查数据库系统管理员 sa 账号名称是否修改。打开 managementstutio 安全性→登录名，查看是否存在 sa
检查结果	未修改
结果分析	为修改 sa 名称，防止 sa 账号及口令被破解
影响主机	10.211.128.21 10.211.128.101 10.211.128.240
解决建议	打开 managementstutio 安全性→登录名→属性，修改系统管理员 sa 为其他名称

表 5-83 SQL Server 2008 系统人工安全评估中主要暴露的问题及解决建议（4）

编　号	SQL Server 2008-02001
名称	审核跟踪
检查方法	在服务器的属性安全中，启用登录审核中的失败与成功登录，启用 C2 审核跟踪，C2 是一个政府安全等级，它保证系统能够保护资源并具有足够的审核能力。C2 模式允许用户监视对所有数据库实体的所有访问企图。打开 management stutio 服务器属性→安全性，进行检查
检查结果	未启用审核跟踪
结果分析	未保证足够的日志审计，数据库发生安全问题后，查找原因困难，无法追溯
影响主机	10.211.128.21 10.211.128.101 10.211.128.240
解决建议	打开 managementstutio　服务器属性→安全性，启用 C2 审核跟踪

表 5-84 SQL Server 2008 系统人工安全评估中主要暴露的问题及解决建议（5）

编　号	SQL Server 2008-03001
名称	SQL Server 默认端口
检查方法	修改 SQL Server 默认的端口 1433，打开 SQL Server Configuration Manager-SQL Server 2005 的网络配置→MS SQL Server 的协议→TCP/IP→属性→IP 地址，进行检查
检查结果	默认端口 1433
结果分析	改变数据库默认端口，防止被攻击的可能性
影响主机	10.211.128.21 10.211.128.101 10.211.128.240
解决建议	打开 SQL Server Configuration Manager-SQL Server 2005 的网络配置→MS SQL Server 的协议→TCP/IP→属性→IP 地址，修改 1433 为其他端口，重启数据库生效

表 5-85 SQL Server 2008 系统人工安全评估中主要暴露的问题及解决建议（6）

编　号	SQL Server 2008-03002
名称	端口访问限制
检查方法	是否使用 IPsec 对数据库的 1433 和 1434 端口访问进行限制
检查结果	未进行限制
结果分析	对数据库访问进行访问控制，防止未经授权的访问
影响主机	10.211.128.21 10.211.128.101 10.211.128.240
解决建议	单击“开始”按钮，选择“程序”→“管理工具”→“本地安全策略”选项。配置 IPsec 策略，根据访问需求对 1433 端口进行访问控制

表 5-86 SQL Server 2008 系统人工安全评估中主要暴露的问题及解决建议（7）

编　号	SQL Server 2008-03003
名称	扩展存储
检查方法	是否删除如下扩展存储过程 OLE 自动存储过程（删除后会造成管理器中的某些特征不能使用），这些过程包括以下几个： sp_OACreate sp_OADestroy sp_OAGetErrorInfo sp_OAGetProperty sp_OAMethod sp_OASetProperty sp_OAStop 注册表访问的存储过程，注册表存储过程甚至能够读出操作系统管理员的密码，如下所示 xp_regaddmultistring xp_regdeletekey xp_regdeletevalue xp_regenumvalues xp_regread xp_regremovemultistring xp_regwrite 如下命令可删除扩展存储过程：exec master..sp_dropextendedproc xp_cmdshell 打开 managementstutio→数据库→系统数据库→master→可编程性→扩展存储过程→系统扩展存储过程，检查是否存在以上存储过程

（续）

编　　号	SQL Server 2008-03003
检查结果	未删除或禁用
结果分析	某些扩展存储过程可以直接对操作系统进行操作，可能使已经获取数据库权限的攻击者进一步对操作系统进行攻击
影响主机	10.211.128.21 10.211.128.101 10.211.128.240
解决建议	停止不必要的存储过程，但可能造成企业管理器一些功能特性的丢失 Xp_cmdshell Sp_OACreate Sp_OADestroy Sp_OAGetErrorInfo Sp_OAGetProperty Sp_OAMethod Sp_OASetProperty Sp_OAStop Xp_regaddmultistring Xp_regdeletekey Xp_regdeletevalue Xp_regenumvalues Xp_regremovemultistring xp_regread/ xp_regwrite 的移除会影响一些主要功能，包括日志和 SP 的安装 p_sdidebug xp_availablemedia xp_cmdshell xp_deletemail xp_dirtree xp_dropwebtask xp_dsninfo xp_enumdsn xp_enumerrorlogs xp_enumgroups xp_enumqueuedtasks xp_eventlog xp_findnextmsg xp_fixeddrives xp_getfiledetails xp_getnetname xp_grantlogin xp_logevent xp_loginconfig xp_logininfo xp_makewebtask xp_msver xp_perfend xp_perfmonitor xp_perfsample xp_perfstart xp_readerrorlog xp_readmail xp_revokelogin xp_runwebtask xp_schedulersignal xp_sendmail xp_servicecontrol

（续）

编　号	SQL Server 2008-03003
解决建议	xp_snmp_getstate xp_snmp_raisetrap xp_sprintf xp_sqlinventory xp_sqlregister xp_sqltrace xp_sscanf xp_startmail xp_stopmail xp_subdirs xp_unc_to_drive xp_dirtree 也可以通过安装相应的补丁消除一些存储过程带来的隐患

4. Apache Web 服务器人工安全评估风险及加固建议

在 Apache Web 系统人工安全评估中，主要暴露的问题及解决建议如表 5-87 ～表 5-93 所示。

表 5-87　Apache Web 系统人工安全评估中主要暴露的问题及解决建议（1）

编　号	Apache-01001
名称	版本检查
检查方法	UINX、Linux 使用 httpd-v 命令查看，Windows 系统使用 apache.exe-v 查看 举例如下 # /usr/local/apache2/bin/httpd-v Server version:Apache/2.2.8 (UNIX) Server built:Feb 15 2008 12:28:53
检查结果	Apache 不是最新版本
结果分析	旧的版本存在漏洞，建议更新到最新版本
影响主机	10.211.128.14
解决建议	安装最新版本，且打上相应的补丁

表 5-88　Apache Web 系统人工安全评估中主要暴露的问题及解决建议（2）

编　号	Apache-02001
名称	是否禁用版本回显
检查方法	检查 httpd.conf ServerTokens 是否为 Prod 注：apache 1.x 版本此值的位置在 http.conf；apache2.x 版本此值的位置在/extra/httpd-default.conf，httpd-default.conf 配置文件需要在 httpd.conf 文件中激活，如 Include conf/extra/httpd-default.conf
检查结果	未禁用
结果分析	可能导致服务器信息泄漏
影响主机	10.211.128.14
解决建议	检查 httpd.conf 将 ServerTokens 设置为 Prod 注：apache 1.x 版本此值的位置在 http.conf；apache2.x 版本此值的位置在/extra/httpd-default.conf，httpd-default.conf 配置文件需要在 httpd.conf 文件中激活，如 Include conf/extra/httpd-default.conf

表 5-89　Apache Web 系统人工安全评估中主要暴露的问题及解决建议（3）

编　号	Apache-02002
名称	是否禁止服务器端生成文档的页脚
检查方法	检查 httpd.conf ServerSignature 值是否为 OFF 注：apache 1.x 版本此值的位置在 http.conf；apache2.x 版本此值的位置在/extra/httpd-default.conf，httpd-default.conf 配置文件需要在 httpd.conf 文件中激活，如 Include conf/extra/httpd-default.conf
检查结果	未禁用
结果分析	可能导致服务器信息泄漏
影响主机	10.211.128.14
解决建议	检查 httpd.conf 将 ServerSignature 值设置为 OFF 注：apache 1.x 版本此值的位置在 http.conf；apache2.x 版本此值的位置在/extra/httpd-default.conf，httpd-default.conf 配置文件需要在 httpd.conf 文件中激活，如 Include conf/extra/httpd-default.conf

表 5-90　Apache Web 系统人工安全评估中主要暴露的问题及解决建议（4）

编　号	Apache-02003
名称	是否禁用 HTTP 持久链接
检查方法	检查 httpd.conf KeepAlive 值是否为 OFF 注：apache 1.x 版本此值的位置在 http.conf；apache2.x 版本此值的位置在/extra/httpd-default.conf，httpd-default.conf 配置文件需要在 httpd.conf 文件中激活，如 Include conf/extra/httpd-default.conf
检查结果	未禁用
结果分析	可能导致服务器性能下降
影响主机	10.211.128.14
解决建议	检查 httpd.conf KeepAlive 值设置为 OFF 注：apache 1.x 版本此值的位置在 http.conf；apache2.x 版本此值的位置在/extra/httpd-default.conf，httpd-default.conf 配置文件需要在 httpd.conf 文件中激活，如 Include conf/extra/httpd-default.conf

表 5-91　Apache Web 系统人工安全评估中主要暴露的问题及解决建议（5）

编　号	Apache-02003
名称	是否禁止 Apache 遵循符号链接
检查方法	检查 httpd.conf <Directory /> 　　Options None 或　Options　-FollowSymLinks 　　… </Directory>
检查结果	未禁用
结果分析	可能导致系统信息泄漏
影响主机	10.211.128.14
解决建议	检查 httpd.conf，进行以下设置： <Directory /> 　　Options None 或　Options　-FollowSymLinks 　　… </Directory>

表 5-92 Apache Web 系统人工安全评估中主要暴露的问题及解决建议（6）

编　号	Apache-02003
名称	是否禁止不必要的模块
检查方法	检查 httpd.conf 是否加载了不必要的模块 建议关闭以下模块： mod_imap、mod_include、mod_info、mod_userdir、mod_status、mod_cgi、mod_autoindex、isapi_module（Windows 平台除外）、example_module、dav_module、cgid_module
检查结果	加载了某些不必要的模块
结果分析	不必要的模块可能给服务器带来安全风险
影响主机	10.211.128.14
解决建议	修改 httpd.conf，注释掉不需要的模块的加载，重启 apache

表 5-93 Apache Web 系统人工安全评估中主要暴露的问题及解决建议（7）

编　号	Apache-02003
名称	是否已设置上传目录禁止 PHP 运行
检查方法	检查 httpd.conf 是否存在以下内容，upload 为上传目录 <Location "/upload"> 　php_admin_flag engine off 　Options-ExecCGI AddType text/plain .html.htm.shtml.php </Location> 注：upload 为被禁止运行 PHP 或其他脚本语言的目录；php_admin_flag engine off 为禁止 PHP 运行；Options-ExecCGI 为禁止 CGI 程序脚本运行；AddType text/plain .html .htm .shtml .php 为强制将以.html、.htm、.shtml 和.php 等为扩展名的文件转化为 TXT 文本。一般此项放在 HTTPD.CONF 文件的网站目录下或虚拟网站目录下（conf/extra/httpd-vhosts.conf）
检查结果	未设置
结果分析	可能导致上传木马，从而使服务器被黑客控制
影响主机	10.211.128.14
解决建议	修改 httpd.conf，添加以下内容，upload 为网站上传目录 <Location "/upload"> 　php_admin_flag engine off 　Options-ExecCGI AddType text/plain.html.htm.shtml.php </Location> 注：upload 为被禁止运行 PHP 或其他脚本语言的目录；php_admin_flag engine off 为禁止 PHP 运行；Options-ExecCGI 为禁止 CGI 程序脚本运行；AddType text/plain.html .htm .shtml .php 为强制将以.html、.htm、.shtml 和.php 等为扩展名的文件转化为 TXT 文本。一般此项放在 HTTPD.CONF 文件的网站目录下或虚拟网站目录下（conf/extra/httpd-vhosts.conf）

5.3.5.3 应用人工安全评估详细内容

具体参见文件夹“项目\脆弱性评估”中“应用评估”的各系统人工评估结果。

5.3.6　网络架构安全评估

5.3.6.1　网络架构安全评估对象及方法

某单位系统网络安全评估主要采用人工安全检查及访谈的方式进行，检查的依据是根据业界经验和安全专家提炼的网络架构的 CheckList。

评估的内容如下。

- 网络冗余及数据备份。
- 访问控制。
- 审计和监控。
- 防网络攻击。

5.3.6.2　网络架构人工安全综合分析

某单位系统网络架构安全评估的目标是找到网络架构层面存在的安全弱点，通过安全配置或网络架构的优化和改造，降低安全风险，提高安全水平。

根据人工评估数据分析，低碳系统网络架构的主要问题及解决建议如表 5-94 ～表 5-119 所示。

表 5-94　低碳系统网络架构的主要问题及解决建议（1）

编　　号	WLJG-01001
问题描述	重要数据没有异地备份
问题分析	重要数据的异地备份是必需的，防止自然灾害等带来的数据丢失
解决建议	对重要数据进行异地备份，保证数据的完整性

表 5-95　低碳系统网络架构的主要问题及解决建议（2）

编　　号	WLJG-01002
问题描述	存在单点故障
问题分析	网络进出的流量经过一台单独的设备，或者最后一台设备没有安装冗余的单元或冗余电源，或者专线不存在冗余的线路
解决建议	为网络增加备份线路，保证网络的可用性

表 5-96　低碳系统网络架构的主要问题及解决建议（3）

编　　号	WLJG-01003
问题描述	网络结构层次划分合理，并且 IP 地址按照网络结构进行分配
问题分析	网络结构划分不合理，缺少汇聚层，并且各业务系统都处于同一个 VIAN
解决建议	合理规划 VIAN，为不用的业务系统划分不同的 VIAN，并严格设置 VIAN 间的访问策略

表 5-97　低碳系统网络架构的主要问题及解决建议（4）

编　　号	WLJG-01004
问题描述	采用流量的负载均衡
问题分析	在 HSRP 中配置多 VIAN 的情况下，没有采用负载分担的手段，容易造成网络拥塞
解决建议	部署负载均衡设备，保证网络的可用性

表 5-98 低碳系统网络架构的主要问题及解决建议（5）

编　　号	WLJG-02001
问题描述	整个系统设有完整的访问控制方案
问题分析	使许多完全没有任何联系的设备之间也可以互联互通，或是外部的非信任地址可以直接访问系统的关键服务器，VIAN 间没有严格的访问控制
解决建议	部署访问控制设备，并设置严格的访问控制策略

表 5-99 低碳系统网络架构的主要问题及解决建议（6）

编　　号	WLJG-02002
问题描述	采用 OSPF 认证加密或强度不够
问题分析	没有强有力的加密手段，容易被破解，导致路由信息泄漏
解决建议	启用 OSPF 认证，保证网络信息的保密性

表 5-100 低碳系统网络架构的主要问题及解决建议（7）

编　　号	WLJG-02003
问题描述	对于大量设备和主机未进行集中身份认证及有效管理
问题分析	在没有有效工具的情况下，大量设备的身份认证管理要求难以完成
解决建议	部署统一认证系统，进行统一的认证，授权管理

表 5-101 低碳系统网络架构的主要问题及解决建议（8）

编　　号	WLJG-02004
问题描述	未设置通过限定客户端地址的方式来禁止不明来历的访问
问题分析	是强化访问控制的重要手段之一
解决建议	限定客户端地址方式来禁止不明来历的访问

表 5-102 低碳系统网络架构的主要问题及解决建议（9）

编　　号	WLJG-02005
问题描述	没有安全域的划分
问题分析	没有安全域的概念，从而无法在域的边界设置安全措施
解决建议	划分安全域，并对安全域的边界采取访问控制

表 5-103 低碳系统网络架构的主要问题及解决建议（10）

编　　号	WLJG-02006
问题描述	未对边缘进行访问控制及防地址欺诈功能
问题分析	没有在网络边缘采用防火墙进行访问控制，也没有采取防地址欺骗的措施
解决建议	部署防火墙设置，并配置严格的策略

表 5-104 低碳系统网络架构的主要问题及解决建议（11）

编　　号	WLJG-02007
问题描述	未对 MAC 地址绑定防止窃听
问题分析	MAC 地址绑定是防止网络窃听的重要手段之一
解决建议	采取 MAC 地址与 IP 地址绑定，在一定程度上可以防御 ARP 欺骗和非法用户盗用合法用户 IP

表 5-105　低碳系统网络架构的主要问题及解决建议（12）

编　　号	WLJG-02008
问题描述	没有带外传输
问题分析	没有带外传输不能保证数据安全
解决建议	对非业务数据进行带外传输。防止非业务流量和业务流量走同一台物理线缆而对业务的可用性造成影响

表 5-106　低碳系统网络架构的主要问题及解决建议（13）

编　　号	WLJG-02009
问题描述	未在网络边缘采用防火墙进行网络隔离
问题分析	没有在网络边缘采用防火墙进行访问控制
解决建议	部署防火墙并设置严格的策略

表 5-107　低碳系统网络架构的主要问题及解决建议（14）

编　　号	WLJG-02010
问题描述	未设置一次性口令认证
问题分析	一次性口令即每次需要认证的密码都不同，这样可减小网络监听带来的威胁
解决建议	对安全性要求较高的业务系统设置一次性口令认证机制，保证认证的安全性

表 5-108　低碳系统网络架构的主要问题及解决建议（15）

编　　号	WLJG-02011
问题描述	已采用 PVLAN 技术防止窃听
问题分析	PVLAN 技术是防止网络窃听的重要手段之一
解决建议	运用 PVLAN 技术，防止网络窃听

表 5-109　低碳系统网络架构的主要问题及解决建议（16）

编　　号	WLJG-03001
问题描述	没有系统完整的日志管理计划和功能
问题分析	大量的日志管理工作没有实施，没有好的管理工具难以完成大量的工作
解决建议	建设统一的日志管理平台，对大量日志进行统一的收集、分析和保存

表 5-110　低碳系统网络架构的主要问题及解决建议（17）

编　　号	WLJG-03002
问题描述	存在默认的网管字串，如 public 和 private
问题分析	默认的网管公共字导致利用默认字串进行非法访问
解决建议	修改默认的 SNMP 字符串，或者关闭不必要的 SNMP 服务

表 5-111　低碳系统网络架构的主要问题及解决建议（18）

编　　号	WLJG-03003
问题描述	与外部系统进行专线连接时，进行访问控制与审计
问题分析	与多个不可管理的外部网络进行专线连接，包括各个其他部门、合作伙伴等，都没有必要的安全防护手段，如防火墙、IPS 等
解决建议	对外连接部署防火墙，并设置严格的访问控制策略

表 5-112 低碳系统网络架构的主要问题及解决建议（19）

编　　号	WLJG-03004
问题描述	没有安装统一的网络管理工具
问题分析	对网络流量和设备状态没有完整的管理手段
解决建议	购买符合企业需求的网络管理工具，统一部署，有专职人员负责管理

表 5-113 低碳系统网络架构的主要问题及解决建议（20）

编　　号	WLJG-03005
问题描述	使用 NTP 来进行网络设备的时间同步
问题分析	用 NTP 时间同步来保障审计的时间准确性
解决建议	部署 NTP 服务器，对整个网络的时间进行同步

表 5-114 低碳系统网络架构的主要问题及解决建议（21）

编　　号	WLJG-04001
问题描述	未采用 VTP 认证或认证强度不够
问题分析	没有强有力的加密手段，容易被破解
解决建议	启用 VTP 认证

表 5-115 低碳系统网络架构的主要问题及解决建议（22）

编　　号	WLJG-04002
问题描述	在关键网段和主机设置入侵检测系统
问题分析	可以实时发现各种入侵行为，并做出正确的响应
解决建议	部署入侵检测系统，保证系统安全

表 5-116 低碳系统网络架构的主要问题及解决建议（23）

编　　号	WLJG-03001
问题描述	有流量管理措施
问题分析	没有采用流量管理，无法防御或拒绝服务攻击
解决建议	部署流量管理设置

表 5-117 低碳系统网络架构的主要问题及解决建议（24）

编　　号	WLJG-04003
问题描述	网络设备的 iOS 不是最新版本
问题分析	升级 iOS 是消除各种 bug 的最有效手段
解决建议	升级 iOS 版本

表 5-118 低碳系统网络架构的主要问题及解决建议（25）

编　　号	WLJG-04004
问题描述	网络上大量数据明文传输
问题分析	采用了明文传输的方式，如 Telnet、FTP 和 HTTP，容易被监听
解决建议	避免明文传输，采取加密措施，尽量减少明文协议的使用

表 5-119 低碳系统网络架构的主要问题及解决建议（26）

编 号	WLJG-04005
问题描述	有采用蜜罐技术
问题分析	采用蜜罐技术可以发现网络目前所面临的攻击
解决建议	部署蜜罐系统，及时发现网络所面临的风险

5.3.6.3 网络人工安全评估详细内容

具体参见附件“项目”中“网络架构评估”的人工评估结果。

5.3.7 无线网络安全评估

5.3.7.1 无线网络评估对象及方法

某单位系统网络安全评估主要采用人工安全检查及访谈的方式进行，检查的依据是根据业界经验和安全专家提炼的网络架构的 CheckList。

评估的内容如下。

- 审计日志。
- 接入控制和访问控制。
- 认证和加密机制。
- 防网络攻击。

5.3.7.2 现状分析

1. 整体拓扑

拓扑描述如下。

- 核心为两台 6509 交换机。
- 只有一根连接上级集团的光纤，园区所有连接 Internet 的业务全通过该光纤上行到上级集团后访问外网。
- 所有园区接入交换机直接通过两根光纤接入到两台核心 6509 交换机。
- 所有服务器直接使用网线连接到一台核心 6509 交换机上。
- 整体网络构架层次为接入层和核心层。
- 无线 AP 通过接入层交换机接入网络。

2. 路由分析

路由描述如下。

- 所有接入交换机均使用二层 VLAN trunk 接入到核心 6509 上。
- 所有接入交换机上的所有 VLAN 网关均在核心 6509 上。
- 所有用户的 IP 地址均通过 DHCP 获得，网关在 6509 上。
- 服务器区所有服务器网关在 6509 上，且处于同一个 VLAN。

整体分析如下。

- 所有用户和服务器的网关均位于 6509 上。
- 两台核心 6509 和接入交换机之间使用 MSTP 保证二层无环路。
- MSTP 中的所有 VLAN 根交换机均位于同一台 6509 上。

- 所有服务器直接连接到 6509 上，且所有服务器处于一个 VLAN。
- 与上级集团之间无防火墙。
- 与上级集团核心之间只有一根光纤。

5.3.7.3　网络安全情况综述

某单位系统无线网络安全评估的目标是找到无线网络方面的安全风险弱点，通过安全配置或网络架构优化和改造，降低安全风险，提高安全水平。

根据人工评估数据分析，低碳系统无线网络的主要问题及解决建议如表 5-120 ～表 5-123 所示。

表 5-120　低碳系统无线网络的主要问题及解决建议（1）

编　号	WX-01001
问题描述	无线网络与有线网络混用 VLAN
问题分析	无线网络的安全性较低，口令可能被破解或者泄漏，则有线网络受到威胁，遭受 ARP 攻击等
解决建议	为无线网络和有线网络划分不同的 VLAN，并配置 VLAN 间的访问控制

表 5-121　低碳系统无线网络的主要问题及解决建议（2）

编　号	WX-01002
问题描述	无线网络可以直接访问各个业务系统，但是没有严格的身份验证、访问控制和行为审计
问题分析	通过无线接入可直接访问各个业务系统，没有相应的认证授权审计，一旦出现问题则无法追溯
解决建议	采用准入管理及行为审计

表 5-122　低碳系统无线网络的主要问题及解决建议（3）

编　号	WX-01003
问题描述	大量的 AP 采用唯一的口令认证，没有统一的准入管理
问题分析	一旦知道无线网络的口令，即可任意访问各业务系统
解决建议	采用准入管理，为每个用户进行单独认证

表 5-123　低碳系统无线网络的主要问题及解决建议（4）

编　号	WX-01004
问题描述	无线网络和业务系统共用同一个 Internet 网络出口
问题分析	无线网络的流量滥用可能直接影响业务系统的网络访问
解决建议	为无线网络开通单独的 Internet 出口

5.3.7.4　网络人工安全评估详细内容

具体参见附件“项目”中“无线安全评估”的人工评估结果。

5.3.8　工具扫描

5.3.8.1　工具扫描概述

工具扫描的具体内容如表 5-124 所示。

表 5-124 工具扫描的具体内容

任务名称	vlan [10.211.1.254/24；10.211.128.254/2...]
网络风险	▲ 风险值：10
主机统计	已扫描主机数：573 非常危险主机：53
使用模板	自动匹配扫描
时间统计	开始：2012-04-26 12：58：35 结束：2012-04-26 14：54：28

网络风险分布如图 5-3 所示。

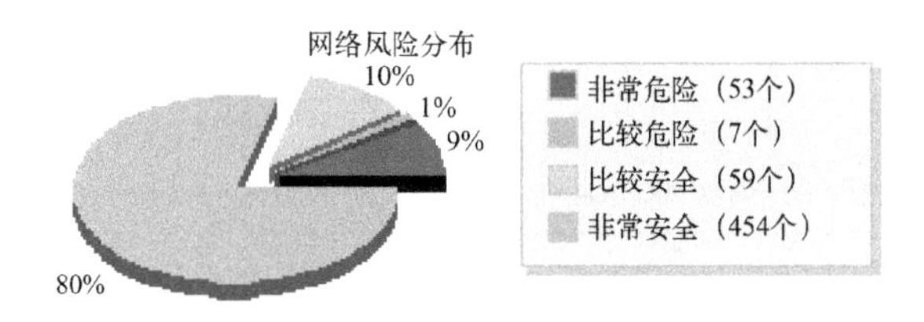

●图 5-3 网络风险分布

5.3.8.2 按风险类别统计

1. 服务分类

服务分类的高、中风险分布如图 5-4 所示。服务类风险统计如表 5-125 所示。

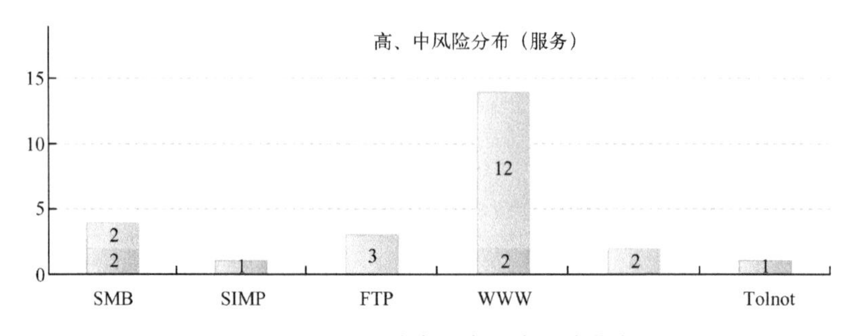

●图 5-4 服务分类的高、中风险分布

表 5-125 服务类风险统计

分类名	高风险	中风险	低风险	总计
ONC/RPC	0	0	4	4
SMB	2	2	18	22
SNMP	1	0	7	8
Kernel	0	0	2	2
DCE/RPC	0	0	3	3
FTP	0	3	3	6
WWW	2	12	17	31
SMTP	0	0	2	2

（续）

分类名	高风险	中风险	低风险	总计
SSH	0	0	1	1
CGI	0	0	2	2
远程管理	0	0	3	3
DNS	0	0	2	2
数据库	0	2	8	10
LDAP	0	0	2	2
Telnet	1	0	0	1
其他	0	0	6	

2. 系统分类

系统分类的高、中风险分布如图 5-5 所示。系统类风险统计如表 5-126 所示。

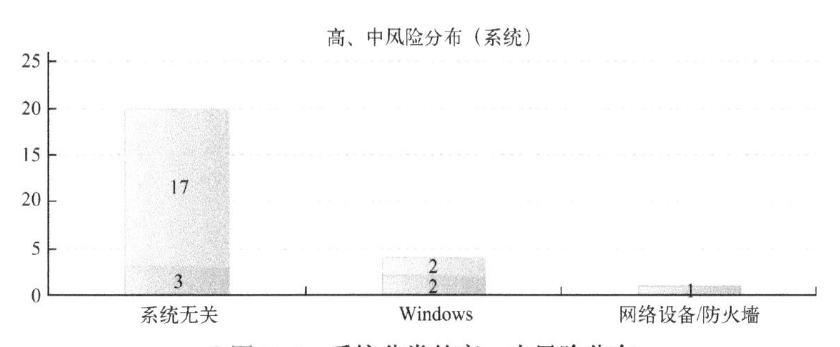

●图 5-5　系统分类的高、中风险分布

表 5-126　系统类风险统计

分类名	高风险	中风险	低风险	总计
UNIX 通用	0	0	4	4
系统无关	3	17	49	69
Windows	2	2	27	31
网络设备/防火墙	1	0		1

3. 应用分类

应用分类的高、中风险分布如图 5-6 所示。应用类风险统计如表 5-127 所示。

表 5-127　应用类风险统计

分类名	高风险	中风险	低风险	总计
RPC	2	0	5	7
Windows SMB	0	1	19	20
Snmpd	1	0	6	7
Apache	1	10	9	20
Tomcat	1	1	1	3
Terminal Server	0	0	3	3
BIND	0	0	2	2
MS SQL Server	0	0	6	6

（续）

分类名	高风险	中风险	低风险	总计
OpenLDAP	0	0	2	2
HP LaserJet	1	0	0	1
Samba	0	1	0	1
IIS	0	0	1	1
Oracle	0	2	2	4
Serv-U	0	1	0	1
其他	0	3	24	

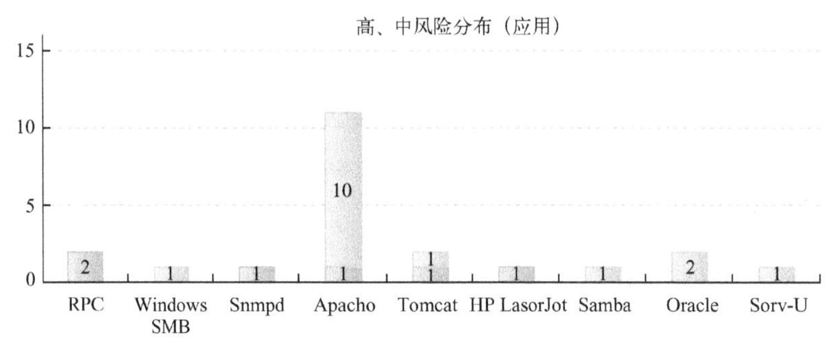

●图 5-6 应用分类的高、中风险分布

4. 威胁分类

威胁分类的高、中风险分布如图 5-7 所示。威胁类风险统计如表 5-128 所示。

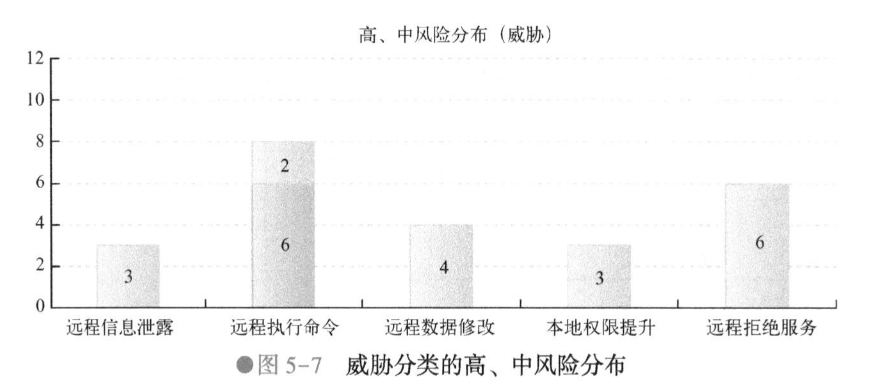

●图 5-7 威胁分类的高、中风险分布

表 5-128 威胁类风险统计

分类名	高风险	中风险	低风险	总计
不必要的服务	0	0	13	13
远程信息泄露	0	3	52	55
远程执行命令	6	2	3	11
远程数据修改	0	4	0	4
本地权限提升	0	3	3	6
远程拒绝服务	0	6	2	8
命令执行类型：系统命令执行	0	0	1	1
其他	0	1	6	

5. 时间分类

时间分类的高、中风险分布如图 5-8 所示。时间类风险统计如表 5-129 所示。

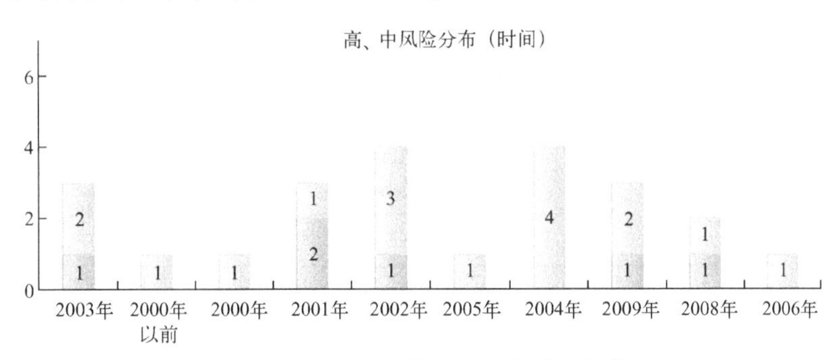

图 5-8　时间分类的高、中风险分布

表 5-129　时间类风险统计

分类名	高风险	中风险	低风险	总计
2003 年	1	2	7	10
2000 年以前	0	1	8	9
2000 年	0	1	15	16
2001 年	2	1	24	27
2002 年	1	3	2	6
2007 年	0	0	4	4
2005 年	0	1	4	5
2004 年	0	4	1	5
2009 年	1	2	8	11
2008 年	1	1	5	7
2006 年	0	1	0	1

5.3.8.3　主机风险等级列表

主机风险等级列表如表 5-130 所示。

表 5-130　主机风险等级列表

IP 地址	主机名	操作系统	高风险	中风险	低风险	风险值
10.211.128.16	NICE-FILE-01	Windows Server (R) 2008 Standard 6001 Service Pack 1	2	1	12	10
10.211.128.29	BRI002	Windows	1	11	19	10
10.211.128.36	NICE-AAA-01	Windows Server 2003 3790 Service Pack 2	2	0	21	10
10.211.160.1		--	1	0	9	7.2
10.211.160.2		--	1	0	9	7.2
10.211.160.3		--	1	0	9	7.2
10.211.160.7		Printer	1	2	12	9.4
10.211.160.8		--	1	0	10	7.2

（续）

IP 地址	主机名	操作系统	高风险	中风险	低风险	风险值
10. 211. 161. 1		--	1	0	9	7. 2
10. 211. 161. 2		--	1	0	9	7. 2
10. 211. 161. 3		--	1	0	9	7. 3
10. 211. 161. 7		Printer	1	1	12	8. 5
10. 211. 161. 17		--	1	0	9	7. 2
10. 211. 161. 19		--	1	0	9	7. 2
10. 211. 162. 1		--	1	0	9	7. 2
10. 211. 162. 3		--	1	0	9	7. 2
10. 211. 162. 5		--	1	0	8	7. 1
10. 211. 162. 7		--	1	0	9	7. 2
10. 211. 162. 8		--	1	0	9	7. 2
10. 211. 162. 10		--	1	0	9	7. 3
10. 211. 162. 11		--	1	0	9	7. 2
10. 211. 162. 12		--	1	0	8	7. 1
10. 211. 162. 13		--	1	0	9	7. 2
10. 211. 162. 14		--	1	0	9	7. 2
10. 211. 162. 15		--	1	0	9	7. 2
10. 211. 162. 18		--	1	0	8	7. 1
10. 211. 162. 19		Printer	1	1	16	9. 1
10. 211. 162. 20		--	1	0	10	7. 3
10. 211. 162. 21		--	1	1	6	7. 6
10. 211. 162. 22		--	1	1	6	7. 6
10. 211. 163. 1		--	1	0	9	7. 2
10. 211. 163. 3		--	1	0	8	7. 1
10. 211. 163. 4		--	1	0	9	7. 2
10. 211. 163. 5		--	1	0	9	7. 2
10. 211. 165. 1		--	1	0	8	7. 1
10. 211. 165. 2		--	1	0	9	7. 2
10. 211. 165. 3		--	1	0	8	7. 1
10. 211. 165. 5		--	1	0	9	7. 2
10. 211. 165. 6		--	1	0	9	7. 2
10. 211. 165. 7		Printer	2	1	14	10

（续）

IP 地址	主机名	操作系统	高风险	中风险	低风险	风险值
10. 211. 165. 8		--	1	0	10	7. 2
10. 211. 165. 9		--	1	0	9	7. 2
10. 211. 166. 1		--	1	0	9	7. 2
10. 211. 166. 2		--	1	0	9	7. 2
10. 211. 166. 19		--	1	0	9	7. 2
10. 211. 167. 1		--	1	0	8	7. 1
10. 211. 167. 2		--	1	0	9	7. 2
10. 211. 167. 3	NPI3FDFF6	UNIX	1	1	7	7. 8
10. 211. 167. 4		--	1	0	9	7. 2
10. 211. 167. 7	NPI38C726	Printer	1	1	15	8. 9
10. 211. 167. 8		--	1	0	10	7. 2
10. 211. 167. 55	WIN2003-NEW	Windows Server 2003 3790 Service Pack 2	1	0	18	8. 5
10. 211. 169. 20		--	1	2	17	10
10. 211. 128. 14	WINDOWS-HKPCOLR	Windows Server 2008 R2 Standard 7601 Service Pack 1	0	1	17	5. 5
10. 211. 128. 19	NICE-HR-01	Windows Server 2008 R2 Standard 7600	0	2	11	5. 3
10. 211. 128. 20	NICE-HR-02	Windows Server 2008 R2 Standard 7600	0	2	17	6. 3
10. 211. 128. 32	NICE-HR-03	Windows Server 2008 R2 Enterprise 7600	0	2	12	5. 4
10. 211. 128. 35	NICE-CS-TEST	Windows Server 2008 R2 Enterprise 7600	0	2	13	5. 5
10. 211. 128. 101	NICE-BLKBEY-01	Windows Server 2008 R2 Standard 7601 Service Pack 1	0	1	20	5. 7
10. 211. 162. 156	USER-THINK	Windows 7 Professional 7601 Service Pack 1	0	2	16	6. 1
10. 211. 128. 2	NICE-DC-02	Windows Server 2008 R2 Standard 7601 Service Pack 1	0	0	16	3. 5
10. 211. 128. 3	NICE-DC-03	Windows Server 2008 R2 Enterprise 7601 Service Pack 1	0	0	17	3. 6
10. 211. 128. 4	NICE-DC-01	Windows Server 2008 R2 Standard 7601 Service Pack 1	0	0	17	3. 3
10. 211. 128. 5		Windows Server 2008 R2 Standard 7601 Service Pack 1	0	0	15	3. 1
10. 211. 128. 6	NICE-CAS-02	Windows Server 2008 R2 Standard 7601 Service Pack 1	0	0	17	3. 3

（续）

IP 地址	主机名	操作系统	高风险	中风险	低风险	风险值
10. 211. 128. 8	NICE-EX-01	Windows Server 2008 R2 Enterprise 7601 Service Pack 1	0	0	14	3
10. 211. 128. 9	NICE-EX-02	Windows Server 2008 R2 Enterprise 7601 Service Pack 1	0	0	14	3
10. 211. 128. 10	NICE-DAG-01	Windows Server 2008 R2 Enterprise 7601 Service Pack 1	0	0	14	3
10. 211. 128. 12	NICE-OD-01	Windows Server 2008 R2 Standard 7600	0	0	14	2. 8
10. 211. 128. 18	NICE-RSA-01	Windows Server 2008 R2 Standard 7600	0	0	10	2. 6
10. 211. 128. 21	nice-portal-01. nicenergy. com	Windows Server 2008 R2 Standard 7601 Service Pack 1	0	0	16	3
10. 211. 128. 22	PRINTER	Windows Server 2008 R2 Enterprise 7600	0	0	13	2. 8
10. 211. 128. 23	NICE-FNA-TEST	Windows Server 2008 R2 Standard 7601 Service Pack 1	0	0	12	2. 7
10. 211. 128. 24	moss. nicenergy. com	Windows Server 2008 R2 Standard 7600	0	0	16	3
10. 211. 128. 25	NICE-DPM-01	Windows Server 2008 R2 Enterprise 7600	0	0	13	2. 8
10. 211. 128. 26	NICE-CS-01	Windows Server 2008 R2 Standard 7600	0	0	10	2. 6
10. 211. 128. 30	NICE-FPM-DB	Windows Server 2008 R2 Enterprise 7600	0	0	13	2. 8
10. 211. 128. 31	NICE-FPM-APP	Windows Server 2008 R2 Enterprise 7600	0	0	11	2. 6
10. 211. 128. 33	NICE-WEB-01	Windows	0	0	6	2. 4
10. 211. 128. 34	NICE-WSUS-01	Windows Server 2008 R2 Enterprise 7601 Service Pack 1	0	0	11	2. 6
10. 211. 128. 37	NICE-DHCP-01	Windows Server 2008 R2 Standard 7601 Service Pack 1	0	0	10	2. 6
10. 211. 128. 236	NICE-VM-01	Windows Server 2008 R2 Enterprise 7601 Service Pack 1	0	0	10	2. 6
10. 211. 128. 237	NICE-VM-01	Windows Server 2008 R2 Enterprise 7601 Service Pack 1	0	0	10	2. 6
10. 211. 128. 238	NICE-VM-02	Windows Server 2008 R2 Enterprise 7600	0	0	10	2. 6
10. 211. 128. 239	NICE-VM-02	Windows Server 2008 R2 Enterprise 7600	0	0	10	2. 6
10. 211. 161. 8		--	0	0	11	2. 4
10. 211. 161. 33		--	0	0	1	2. 1

（续）

IP 地址	主机名	操作系统	高风险	中风险	低风险	风险值
10.211.161.45	ZHAOXIANGLONG	Windows 7 Professional 7601 Service Pack 1	0	0	13	2.8
10.211.161.50	ZHAOJUNPENG	Windows	0	0	6	2.1
10.211.161.57	Z-PC	Windows	0	0	6	2.1
10.211.161.61		--	0	0	1	2.1
10.211.162.50		Windows 7 Ultimate 7601 Service Pack 1	0	0	8	2.7
10.211.162.56	20111101-0822	Windows 5.1	0	0	12	2.8
10.211.162.74		Windows	0	0	12	3.3
10.211.162.78	WANGFENG	Windows 7 Professional 7601 Service Pack 1	0	0	8	2.3
10.211.162.91	WIN-S881J10MT37	Windows Server 2008 R2 Enterprise 7600	0	0	17	3.6
10.211.162.94	JEFFREY-PC	Windows 7 Ultimate 7601 Service Pack 1	0	0	19	3.6
10.211.162.95		--	0	0	2	2.2
10.211.162.102	CIDONGHUI	Windows 7 Professional 7601 Service Pack 1	0	0	8	2.3
10.211.162.117		--	0	0	1	2.1
10.211.162.153	CHENWEI	Windows 7 Professional 7601 Service Pack 1	0	0	6	2.3
10.211.162.249		Linux 2.6.32-71.el6.i686	0	0	7	2.3
10.211.163.2	SEC00159966E11A	--	0	0	9	2.5
10.211.165.28	LICHUFU	Windows	0	0	6	2.1
10.211.165.32	WANGLX-PC	Windows	0	0	10	2.8
10.211.165.36	IBMT61-04	Windows 5.1	0	0	7	2.6
10.211.165.48		Windows	0	0	9	2.7
10.211.166.27	NICE-DES-04	Windows 7 Professional 7600	0	0	8	2.3
10.211.166.54	BUXUEPENG	Windows 7 Professional 7601 Service Pack 1	0	0	8	2.3
10.211.167.23	BL-KEVIN-PC	Windows 7 Ultimate 7600	0	0	8	2.3
10.211.167.25	SCCY	Windows 5.1	0	0	15	3.2
10.211.167.26		--	0	0	1	2.1
10.211.167.32	ZHANGXIAOTAO	Windows	0	0	3	2
10.211.167.35		--	0	0	1	2.1
10.211.167.41	123-814648BDB7D	Windows 5.1	0	0	13	3

（续）

IP 地址	主机名	操作系统	高风险	中风险	低风险	风险值
10. 211. 167. 45	CYRIX-T420I	Windows 7 Ultimate 7601 Service Pack 1	0	0	8	2. 3
10. 211. 167. 47	PC-201108311733	Windows 5. 1	0	0	16	3. 2
10. 211. 169. 7	NICE-PDC-04	Windows	0	0	7	2. 3
10. 211. 169. 8	NICE-DES-02	Windows 7 Professional 7600	0	0	8	2. 3
10. 211. 1. 1		--	0	0	3	1. 3
10. 211. 1. 2		--	0	0	3	1. 3
10. 211. 1. 3		--	0	0	3	1. 3
10. 211. 1. 4		--	0	0	3	1. 3
10. 211. 1. 5		--	0	0	3	1. 3
10. 211. 1. 6		--	0	0	3	1. 3
10. 211. 1. 7		--	0	0	3	1. 3
10. 211. 1. 8		--	0	0	3	1. 3
10. 211. 1. 9		--	0	0	3	1. 3
10. 211. 1. 10		--	0	0	3	1. 3
10. 211. 1. 11		--	0	0	3	1. 3
10. 211. 1. 12		--	0	0	3	1. 3
10. 211. 1. 13		--	0	0	3	1. 3
10. 211. 1. 14		--	0	0	3	1. 3
10. 211. 1. 15		--	0	0	3	1. 3
10. 211. 1. 16		--	0	0	3	1. 3
10. 211. 1. 17		--	0	0	3	1. 3
10. 211. 1. 18		--	0	0	3	1. 3
10. 211. 1. 19		--	0	0	3	1. 3
10. 211. 1. 20		--	0	0	3	1. 3
10. 211. 1. 21		--	0	0	3	1. 3
10. 211. 1. 22		--	0	0	3	1. 3
10. 211. 1. 23		--	0	0	3	1. 3
10. 211. 1. 24		--	0	0	3	1. 3
10. 211. 1. 25		--	0	0	3	1. 3
10. 211. 1. 26		--	0	0	3	1. 3

(续)

IP 地址	主机名	操作系统	高风险	中风险	低风险	风险值
10. 211. 1. 28		--	0	0	3	1. 3
10. 211. 1. 29		--	0	0	3	1. 3
10. 211. 1. 31		--	0	0	3	1. 3
10. 211. 1. 32		--	0	0	3	1. 3
10. 211. 1. 34		--	0	0	3	1. 3
10. 211. 1. 35		--	0	0	3	1. 3
10. 211. 1. 37		--	0	0	3	1. 3
10. 211. 1. 38		--	0	0	3	1. 3
10. 211. 1. 39		--	0	0	3	1. 3
10. 211. 1. 252		--	0	0	3	1. 3
10. 211. 1. 253		--	0	0	3	1. 3
10. 211. 1. 254		--	0	0	3	1. 3
10. 211. 128. 15	NICE-SYM-01	--	0	0	4	1. 7
10. 211. 128. 17		--	0	0	1	1. 1
10. 211. 128. 27	BRI001	Windows	0	0	5	1. 9
10. 211. 128. 28		--	0	0	0	0
10. 211. 128. 252		--	0	0	3	1. 3
10. 211. 128. 253		--	0	0	3	1. 3
10. 211. 128. 254		--	0	0	2	1. 2
10. 211. 160. 21		--	0	0	1	1. 1
10. 211. 160. 24	GAOXING	Windows	0	0	5	1. 9
10. 211. 160. 25	JIANGMINGZHE	Windows	0	0	5	1. 9
10. 211. 160. 27	ZHANGRUI	Windows	0	0	5	1. 9
10. 211. 160. 28		--	0	0	0	0
10. 211. 160. 29	CHANGBINJIE	Windows	0	0	4	1. 9
10. 211. 160. 30	LIJING	Windows	0	0	4	1. 9
10. 211. 160. 31	ZHAOSHUAI	Windows	0	0	5	1. 9
10. 211. 160. 33		--	0	0	0	0
10. 211. 160. 36	MAYINGQIONG	Windows	0	0	5	1. 9
10. 211. 160. 143		--	0	0	0	0

（续）

IP 地址	主机名	操作系统	高风险	中风险	低风险	风险值
10. 211. 160. 241		--	0	0	2	1. 2
10. 211. 160. 244		--	0	0	2	1. 2
10. 211. 160. 252		--	0	0	3	1. 3
10. 211. 160. 253		--	0	0	3	1. 3
10. 211. 160. 254		--	0	0	3	1. 3
10. 211. 161. 24	HUOWEIDONG	Windows	0	0	5	1. 9
10. 211. 161. 26	HANBING	Windows	0	0	4	1. 9
10. 211. 161. 28		--	0	0	1	1. 1
10. 211. 161. 30		--	0	0	0	0
10. 211. 161. 36	ZHANGSHENGZHEN	Windows	0	0	5	1. 9
10. 211. 161. 37	DUBING	Windows	0	0	5	1. 9
10. 211. 161. 38		--	0	0	0	0
10. 211. 161. 42	LONGYINHUA	Windows	0	0	5	1. 9
10. 211. 161. 43		--	0	0	0	0
10. 211. 161. 46		--	0	0	0	0
10. 211. 161. 47	RENDONGXUE	Windows	0	0	4	1. 9
10. 211. 161. 52	PANGUANGHONG	Windows	0	0	5	1. 9
10. 211. 161. 56		--	0	0	2	1. 2
10. 211. 161. 63		--	0	0	0	0
10. 211. 161. 64		--	0	0	0	0
10. 211. 161. 241		--	0	0	2	1. 2
10. 211. 161. 242		--	0	0	2	1. 2
10. 211. 161. 243		--	0	0	2	1. 2
10. 211. 161. 244		--	0	0	2	1. 2
10. 211. 161. 252		--	0	0	3	1. 3
10. 211. 161. 253		--	0	0	3	1. 3
10. 211. 161. 254		--	0	0	3	1. 3
10. 211. 162. 41		--	0	0	0	0
10. 211. 162. 42		--	0	0	0	0
10. 211. 162. 44		--	0	0	2	1. 7

（续）

IP 地址	主机名	操作系统	高风险	中风险	低风险	风险值
10.211.162.45	CHENQUAN	Windows	0	0	5	1.9
10.211.162.46		--	0	0	0	0
10.211.162.48		--	0	0	1	1.1
10.211.162.49		--	0	0	0	0
10.211.162.52	WANGXIAOLEI	--	0	0	2	1.7
10.211.162.53		--	0	0	0	0
10.211.162.54		--	0	0	0	0
10.211.162.55		--	0	0	0	0
10.211.162.61		--	0	0	1	1.1
10.211.162.63	FEIFENGXIA	Windows	0	0	5	1.9
10.211.162.64	ZHENGYING	Windows	0	0	5	1.9
10.211.162.65	BIAOYILAN-PC	Windows	0	0	6	1.9
10.211.162.66	LIDONGQING	Windows	0	0	5	1.9
10.211.162.67	LIUBIN	Windows	0	0	6	1.9
10.211.162.68		--	0	0	0	0
10.211.162.71	LIXUYING	Windows	0	0	5	1.9
10.211.162.79	ZHANGYING	Windows	0	0	4	1.9
10.211.162.84	DAIYING-PC	Windows	0	0	5	1.9
10.211.162.86	LIUSHUXIAN	Windows	0	0	5	1.9
10.211.162.87		--	0	0	0	0
10.211.162.89	ZHUQIANGWEI	Windows	0	0	5	1.9
10.211.162.92		--	0	0	0	0
10.211.162.100	CHENGYUXIN	Windows	0	0	5	1.9
10.211.162.103	FENGPEI-PC	Windows	0	0	5	1.9
10.211.162.107	GUOYU	Windows	0	0	4	1.9
10.211.162.108	A8426B3BC59948F	Windows	0	0	5	1.9
10.211.162.111	LIUXIAOXUE	Windows	0	0	5	1.9
10.211.162.113	MAZHUO	Windows	0	0	5	1.9
10.211.162.115	SUNDAN	Windows	0	0	4	1.9
10.211.162.119	SUOYA	Windows	0	0	4	1.9

（续）

IP 地址	主机名	操作系统	高风险	中风险	低风险	风险值
10. 211. 162. 120		--	0	0	2	1. 2
10. 211. 162. 122	ZHANGGUOJING	Windows	0	0	4	1. 9
10. 211. 162. 124	WANGNAN	Windows	0	0	4	1. 9
10. 211. 162. 148	LIUHONGYING	Windows	0	0	5	1. 9
10. 211. 162. 151	CAOYANTING	Windows	0	0	5	1. 9
10. 211. 162. 154	LENOVO-9E782698	Windows	0	0	5	1. 9
10. 211. 162. 241		--	0	0	2	1. 2
10. 211. 162. 242		--	0	0	2	1. 2
10. 211. 162. 243		--	0	0	2	1. 2
10. 211. 162. 244		--	0	0	2	1. 2
10. 211. 162. 245		--	0	0	2	1. 2
10. 211. 162. 246		--	0	0	2	1. 2
10. 211. 162. 248	XP-201111041638	Windows	0	0	6	1. 9
10. 211. 162. 250		--	0	0	3	1. 3
10. 211. 162. 251	ITMONITOR	Windows	0	0	5	1. 9
10. 211. 162. 252		--	0	0	3	1. 3
10. 211. 162. 253		--	0	0	3	1. 3
10. 211. 162. 254		--	0	0	2	1. 2
10. 211. 163. 21	TIANYAJUN	Windows	0	0	5	1. 9
10. 211. 163. 33		--	0	0	0	0
10. 211. 163. 34		--	0	0	0	0
10. 211. 163. 37	HEQINGYANG	Windows	0	0	5	1. 9
10. 211. 163. 38	HEQINGYANG	--	0	0	2	1. 7
10. 211. 163. 42	ZHANGFENG-PC	Windows	0	0	5	1. 9
10. 211. 163. 44		--	0	0	1	1. 1
10. 211. 163. 53		--	0	0	0	0
10. 211. 163. 55		--	0	0	0	0
10. 211. 163. 56	FENGYINGJIE	Windows	0	0	4	1. 9
10. 211. 163. 57	WUCHANGNING	Windows	0	0	5	1. 9
10. 211. 163. 61		--	0	0	2	1. 2

（续）

IP 地址	主机名	操作系统	高风险	中风险	低风险	风险值
10. 211. 163. 241		--	0	0	2	1. 2
10. 211. 163. 242		--	0	0	2	1. 2
10. 211. 163. 243		--	0	0	2	1. 2
10. 211. 163. 244		--	0	0	2	1. 2
10. 211. 163. 252		--	0	0	2	1. 2
10. 211. 163. 253		--	0	0	3	1. 3
10. 211. 163. 254		--	0	0	3	1. 3
10. 211. 164. 1		--	0	0	2	1. 2
10. 211. 164. 2		--	0	0	3	1. 3
10. 211. 164. 5		--	0	0	3	1. 3
10. 211. 164. 6		--	0	0	3	1. 3
10. 211. 164. 7		--	0	0	3	1. 3
10. 211. 164. 8		--	0	0	3	1. 3
10. 211. 164. 9		--	0	0	3	1. 3
10. 211. 164. 13		--	0	0	3	1. 3
10. 211. 164. 21		--	0	0	2	1. 2
10. 211. 164. 26		--	0	0	2	1. 2
10. 211. 164. 178		--	0	0	2	1. 2
10. 211. 164. 224		--	0	0	3	1. 3
10. 211. 164. 225		--	0	0	3	1. 3
10. 211. 164. 227		--	0	0	3	1. 3
10. 211. 164. 231		--	0	0	3	1. 3
10. 211. 164. 232		--	0	0	3	1. 3
10. 211. 164. 233		--	0	0	3	1. 3
10. 211. 164. 234		--	0	0	3	1. 3
10. 211. 164. 237		--	0	0	3	1. 3
10. 211. 164. 239		--	0	0	3	1. 3
10. 211. 164. 240		--	0	0	3	1. 3
10. 211. 164. 252		--	0	0	3	1. 3
10. 211. 164. 253		--	0	0	2	1. 2

（续）

IP 地址	主机名	操作系统	高风险	中风险	低风险	风险值
10. 211. 164. 254		--	0	0	2	1. 2
10. 211. 165. 22	FRANCISWANG	Windows	0	0	5	1. 9
10. 211. 165. 23	YANGHUIJUN-PC	Windows	0	0	5	1. 9
10. 211. 165. 24	HEGUANGLI	Windows	0	0	4	1. 9
10. 211. 165. 25		--	0	0	0	0
10. 211. 165. 35	SUNRENHUI-PC	Windows	0	0	5	1. 9
10. 211. 165. 39	ZHANGCUIQING	Windows	0	0	4	1. 9
10. 211. 165. 42	JIAHAOLIN	Windows	0	0	4	1. 9
10. 211. 165. 43		--	0	0	0	0
10. 211. 165. 44		--	0	0	1	1. 1
10. 211. 165. 46	EXAMPLE-PC	Windows	0	0	4	1. 9
10. 211. 165. 49	GUOYI_RDMP-PC	Windows	0	0	5	1. 9
10. 211. 165. 241		--	0	0	2	1. 2
10. 211. 165. 242		--	0	0	2	1. 2
10. 211. 165. 243		--	0	0	2	1. 2
10. 211. 165. 244		--	0	0	2	1. 2
10. 211. 165. 252		--	0	0	3	1. 3
10. 211. 165. 253		--	0	0	3	1. 3
10. 211. 165. 254		--	0	0	3	1. 3
10. 211. 166. 22	CONSULTANT-02	Windows	0	0	4	1. 9
10. 211. 166. 36	LUHAIYUN	Windows	0	0	5	1. 9
10. 211. 166. 37		--	0	0	0	0
10. 211. 166. 39		--	0	0	1	1. 1
10. 211. 166. 41	LIJUN	Windows	0	0	5	1. 9
10. 211. 166. 43		--	0	0	0	0
10. 211. 166. 45	WANGPENG	Windows	0	0	5	1. 9
10. 211. 166. 46	WANGPENG	Windows	0	0	5	1. 9
10. 211. 166. 47		--	0	0	0	0
10. 211. 166. 48	MAHUI	Windows	0	0	5	1. 9

（续）

IP 地址	主机名	操作系统	高风险	中风险	低风险	风险值
10. 211. 166. 56		--	0	0	0	0
10. 211. 166. 61		--	0	0	0	0
10. 211. 166. 241		--	0	0	2	1. 2
10. 211. 166. 242		--	0	0	2	1. 2
10. 211. 166. 243		--	0	0	2	1. 2
10. 211. 166. 244		--	0	0	1	1. 1
10. 211. 166. 252		--	0	0	3	1. 3
10. 211. 166. 253		--	0	0	3	1. 3
10. 211. 166. 254		--	0	0	3	1. 3
10. 211. 167. 22	THINKPAD-PC	Windows	0	0	5	1. 9
10. 211. 167. 24		--	0	0	0	0
10. 211. 167. 27		--	0	0	0	0
10. 211. 167. 28		--	0	0	0	0
10. 211. 167. 30	KONGYIN-PC	Windows	0	0	4	1. 9
10. 211. 167. 33	ZHANGLEI	Windows XP	0	0	3	1. 6
10. 211. 167. 34	DUQIONG	Windows	0	0	4	1. 9
10. 211. 167. 36	XULING	Windows	0	0	4	1. 9
10. 211. 167. 37		--	0	0	1	1. 1
10. 211. 167. 38		--	0	0	0	0
10. 211. 167. 39	QINFEI	Windows	0	0	5	1. 9
10. 211. 167. 40	JIAO-PC	Windows	0	0	4	1. 9
10. 211. 167. 42	GAOXUEQIN	Windows	0	0	5	1. 9
10. 211. 167. 43		--	0	0	0	0
10. 211. 167. 44		--	0	0	0	0
10. 211. 167. 48		--	0	0	0	0
10. 211. 167. 53		--	0	0	0	0
10. 211. 167. 56		--	0	0	0	0
10. 211. 167. 241		--	0	0	2	1. 2
10. 211. 167. 242		--	0	0	2	1. 2

（续）

IP 地址	主机名	操作系统	高风险	中风险	低风险	风险值
10. 211. 167. 243		--	0	0	2	1. 2
10. 211. 167. 244		--	0	0	2	1. 2
10. 211. 167. 245		--	0	0	2	1. 2
10. 211. 167. 252		--	0	0	3	1. 3
10. 211. 167. 253		--	0	0	2	1. 2
10. 211. 167. 254		--	0	0	3	1. 3
10. 211. 168. 252		--	0	0	2	1. 2
10. 211. 168. 253		--	0	0	2	1. 2
10. 211. 168. 254		--	0	0	2	1. 2
10. 211. 169. 252		--	0	0	2	1. 2
10. 211. 169. 253		--	0	0	2	1. 2
10. 211. 169. 254		--	0	0	2	1. 2
10. 211. 201. 1		--	0	0	3	1. 3
10. 211. 201. 2		--	0	0	3	1. 3
10. 211. 201. 3		--	0	0	3	1. 3
10. 211. 201. 4		--	0	0	3	1. 3
10. 211. 201. 5		--	0	0	3	1. 3
10. 211. 201. 6		--	0	0	3	1. 3
10. 211. 201. 7		--	0	0	3	1. 3
10. 211. 201. 8		--	0	0	3	1. 3
10. 211. 201. 9		--	0	0	3	1. 3
10. 211. 201. 10		--	0	0	3	1. 3
10. 211. 201. 11		--	0	0	3	1. 3
10. 211. 201. 12		--	0	0	3	1. 3
10. 211. 201. 13		--	0	0	3	1. 3
10. 211. 201. 14		--	0	0	3	1. 3
10. 211. 201. 15		--	0	0	3	1. 3
10. 211. 201. 16		--	0	0	3	1. 3
10. 211. 201. 17		--	0	0	3	1. 3

（续）

IP 地址	主机名	操作系统	高风险	中风险	低风险	风险值
10.211.201.18		--	0	0	3	1.3
10.211.201.19		--	0	0	3	1.3
10.211.201.20		--	0	0	3	1.3
10.211.201.21		--	0	0	2	1.2
10.211.201.22		--	0	0	3	1.3
10.211.201.23		--	0	0	3	1.3
10.211.201.24		--	0	0	3	1.3
10.211.201.25		--	0	0	3	1.3
10.211.201.26		--	0	0	3	1.3
10.211.201.27		--	0	0	3	1.3
10.211.201.28		--	0	0	3	1.3
10.211.201.29		--	0	0	3	1.3
10.211.201.30		--	0	0	3	1.3
10.211.201.31		--	0	0	3	1.3
10.211.201.32		--	0	0	3	1.3
10.211.201.33		--	0	0	3	1.3
10.211.201.34		--	0	0	3	1.3
10.211.201.35		--	0	0	3	1.3
10.211.201.36		--	0	0	3	1.3
10.211.201.37		--	0	0	3	1.3
10.211.201.38		--	0	0	3	1.3
10.211.201.39		--	0	0	3	1.3
10.211.201.40		--	0	0	3	1.3
10.211.201.41		--	0	0	3	1.3
10.211.201.42		--	0	0	3	1.3
10.211.201.43		--	0	0	3	1.3
10.211.201.44		--	0	0	3	1.3
10.211.201.45		--	0	0	3	1.3
10.211.201.46		--	0	0	3	1.3

（续）

IP 地址	主机名	操作系统	高风险	中风险	低风险	风险值
10.211.201.47		--	0	0	3	1.3
10.211.201.48		--	0	0	3	1.3
10.211.201.49		--	0	0	3	1.3
10.211.201.50		--	0	0	3	1.3
10.211.201.51		--	0	0	3	1.3
10.211.201.52		--	0	0	3	1.3
10.211.201.53		--	0	0	3	1.3
10.211.201.54		--	0	0	3	1.3
10.211.201.55		--	0	0	3	1.3
10.211.201.56		--	0	0	3	1.3
10.211.201.57		--	0	0	3	1.3
10.211.201.58		--	0	0	3	1.3
10.211.201.59		--	0	0	3	1.3
10.211.201.60		--	0	0	3	1.3
10.211.201.61		--	0	0	3	1.3
10.211.201.62		--	0	0	3	1.3
10.211.201.63		--	0	0	3	1.3
10.211.201.64		--	0	0	3	1.3
10.211.201.65		--	0	0	3	1.3
10.211.201.66		--	0	0	3	1.3
10.211.201.67		--	0	0	3	1.3
10.211.201.68		--	0	0	3	1.3
10.211.201.69		--	0	0	3	1.3
10.211.201.70		--	0	0	3	1.3
10.211.201.71		--	0	0	3	1.3
10.211.201.72		--	0	0	3	1.3
10.211.201.73		--	0	0	3	1.3
10.211.201.74		--	0	0	3	1.3
10.211.201.75		--	0	0	3	1.3

（续）

IP 地址	主机名	操作系统	高风险	中风险	低风险	风险值
10.211.201.76		--	0	0	3	1.3
10.211.201.77		--	0	0	3	1.3
10.211.201.78		--	0	0	3	1.3
10.211.201.79		--	0	0	3	1.3
10.211.201.80		--	0	0	3	1.3
10.211.201.81		--	0	0	3	1.3
10.211.201.82		--	0	0	3	1.3
10.211.201.83		--	0	0	3	1.3
10.211.201.84		--	0	0	3	1.3
10.211.201.85		--	0	0	3	1.3
10.211.201.86		--	0	0	3	1.3
10.211.201.87		--	0	0	3	1.3
10.211.201.88		--	0	0	3	1.3
10.211.201.89		--	0	0	3	1.3
10.211.201.90		--	0	0	3	1.3
10.211.201.91		--	0	0	3	1.3
10.211.201.92		--	0	0	3	1.3
10.211.201.93		--	0	0	3	1.3
10.211.201.94		--	0	0	3	1.3
10.211.201.95		--	0	0	3	1.3
10.211.201.96		--	0	0	3	1.3
10.211.201.97		--	0	0	3	1.3
10.211.201.98		--	0	0	3	1.3
10.211.201.99		--	0	0	3	1.3
10.211.201.100		--	0	0	3	1.3
10.211.201.101		--	0	0	3	1.3
10.211.201.102		--	0	0	3	1.3
10.211.201.103		--	0	0	3	1.3
10.211.201.104		--	0	0	3	1.3
10.211.201.105		--	0	0	3	1.3

（续）

IP 地址	主机名	操作系统	高风险	中风险	低风险	风险值
10.211.201.106		--	0	0	3	1.3
10.211.201.107		--	0	0	3	1.3
10.211.201.108		--	0	0	3	1.3
10.211.201.109		--	0	0	3	1.3
10.211.201.110		--	0	0	3	1.3
10.211.201.111		--	0	0	3	1.3
10.211.201.113		--	0	0	3	1.3
10.211.201.114		--	0	0	3	1.3
10.211.201.115		--	0	0	3	1.3
10.211.201.116		--	0	0	3	1.3
10.211.201.117		--	0	0	3	1.3
10.211.201.118		--	0	0	3	1.3
10.211.201.119		--	0	0	3	1.3
10.211.201.120		--	0	0	3	1.3
10.211.201.121		--	0	0	3	1.3
10.211.201.122		--	0	0	3	1.3
10.211.201.123		--	0	0	3	1.3
10.211.201.124		--	0	0	3	1.3
10.211.201.125		--	0	0	3	1.3
10.211.201.126		--	0	0	3	1.3
10.211.201.127		--	0	0	3	1.3
10.211.201.128		--	0	0	3	1.3
10.211.201.129		--	0	0	3	1.3
10.211.201.130		--	0	0	3	1.3
10.211.201.131		--	0	0	3	1.3
10.211.201.132		--	0	0	3	1.3
10.211.201.133		--	0	0	3	1.3
10.211.201.134		--	0	0	3	1.3
10.211.201.135		--	0	0	3	1.3

（续）

IP地址	主机名	操作系统	高风险	中风险	低风险	风险值
10.211.201.136		--	0	0	3	1.3
10.211.201.137		--	0	0	3	1.3
10.211.201.138		--	0	0	3	1.3
10.211.201.139		--	0	0	3	1.3
10.211.201.140		--	0	0	3	1.3
10.211.201.141		--	0	0	3	1.3
10.211.201.142		--	0	0	3	1.3
10.211.201.143		--	0	0	3	1.3
10.211.201.144		--	0	0	3	1.3
10.211.201.145		--	0	0	3	1.3
10.211.201.146		--	0	0	3	1.3
10.211.201.147		--	0	0	3	1.3
10.211.201.148		--	0	0	3	1.3
10.211.201.150		--	0	0	3	1.3
10.211.201.151		--	0	0	3	1.3
10.211.201.152		--	0	0	3	1.3
10.211.201.153		--	0	0	3	1.3
10.211.201.154		--	0	0	3	1.3
10.211.201.155		--	0	0	3	1.3
10.211.201.156		--	0	0	3	1.3
10.211.201.157		--	0	0	3	1.3
10.211.201.158		--	0	0	3	1.3
10.211.201.159		--	0	0	3	1.3
10.211.201.160		--	0	0	3	1.3
10.211.201.161		--	0	0	3	1.3
10.211.201.162		--	0	0	3	1.3
10.211.201.163		--	0	0	3	1.3
10.211.201.164		--	0	0	3	1.3
10.211.201.165		--	0	0	3	1.3

（续）

IP 地址	主机名	操作系统	高风险	中风险	低风险	风险值
10. 211. 201. 166		--	0	0	3	1. 3
10. 211. 201. 167		--	0	0	3	1. 3
10. 211. 201. 168		--	0	0	3	1. 3
10. 211. 201. 169		--	0	0	3	1. 3
10. 211. 201. 170		--	0	0	3	1. 3
10. 211. 201. 171		--	0	0	3	1. 3
10. 211. 201. 172		--	0	0	3	1. 3
10. 211. 201. 173		--	0	0	3	1. 3
10. 211. 201. 174		--	0	0	3	1. 3
10. 211. 201. 175		--	0	0	3	1. 3
10. 211. 201. 176		--	0	0	3	1. 3
10. 211. 201. 177		--	0	0	3	1. 3
10. 211. 201. 178		--	0	0	3	1. 3
10. 211. 201. 179		--	0	0	3	1. 3
10. 211. 201. 184		--	0	0	3	1. 3
10. 211. 201. 185		--	0	0	3	1. 3
10. 211. 201. 187		--	0	0	3	1. 3
10. 211. 201. 189		--	0	0	3	1. 3
10. 211. 201. 190		--	0	0	3	1. 3
10. 211. 201. 191		--	0	0	3	1. 3
10. 211. 201. 193		--	0	0	3	1. 3
10. 211. 201. 195		--	0	0	3	1. 3
10. 211. 201. 204		--	0	0	3	1. 3
10. 211. 201. 206		--	0	0	3	1. 3
10. 211. 201. 211		--	0	0	3	1. 3
10. 211. 201. 214		--	0	0	3	1. 3
10. 211. 201. 217		--	0	0	3	1. 3
10. 211. 201. 218		--	0	0	3	1. 3
10. 211. 201. 221		--	0	0	3	1. 3

（续）

IP 地址	主机名	操作系统	高风险	中风险	低风险	风险值
10.211.201.222		--	0	0	3	1.3
10.211.201.224		--	0	0	3	1.3
10.211.201.225		--	0	0	3	1.3
10.211.201.226		--	0	0	3	1.3
10.211.201.227		--	0	0	3	1.3
10.211.201.228		--	0	0	3	1.3
10.211.201.229		--	0	0	3	1.3
10.211.201.230		--	0	0	3	1.3
10.211.201.234		--	0	0	3	1.3
10.211.201.235		--	0	0	3	1.3
10.211.201.236		--	0	0	3	1.3
10.211.201.237		--	0	0	3	1.3
10.211.201.239		--	0	0	3	1.3
10.211.201.252		--	0	0	3	1.3
10.211.201.253		--	0	0	3	1.3
10.211.201.254		--	0	0	3	1.3

5.3.8.4 工具扫描漏洞描述及安全建议

在本次工具扫描过程中，主要暴露的问题及解决建议如表5-131所示。

表5-131 工具扫描过程中主要暴露的问题及解决建议

Apache Tomcat 默认账号/口令漏洞	5
受影响主机	10.211.167.8 10.211.165.8 10.211.160.8 10.211.128.16 10.211.128.36
详细描述	目标主机似乎正在运行 Apache Tomcat Servlet 引擎，并仍在使用默认账号/口令。潜在的攻击者可以利用这些默认账号/口令损害系统安全性
解决办法	编辑 Tomcat 安装目录下的 conf/users/admin-users.xml 文件，修改默认账号/口令
威胁分值	8
危险插件	否
发布日期	2003-01-23
HP LaserJet 口令为空	1
受影响主机	10.211.165.7
详细描述	设有为远程打印机设置口令，这允许任何人更改它的 IP，可能使用户不能正常使用打印机
解决办法	NSFOCUS 建议采取以下措施来降低威胁 * Telnet 到这台打印机，并为其设置一个足够强度的口令

（续）

威胁分值	8
危险插件	否
发布日期	2001-06-01
Apache Web Server 分块（chunked）编码远程溢出漏洞	1
受影响主机	10.211.128.29
详细描述	本次扫描根据版本进行，可能存在误报 Apache Web Server 是一款非常流行的开放源码、功能强大的 Web 服务器程序，由 Apache Software Foundation 开发和维护。它可以运行在多种操作系统平台下，如 Linux、UNIX、BSD 系统及 Windows 系统 Apache 在处理以分块（chunked）方式传输数据的 HTTP 请求时存在设计漏洞，远程攻击者可能利用此漏洞在某些 Apache 服务器上以 Web 服务器进程的权限执行任意指令或进行拒绝服务攻击 分块编码（chunked encoding）传输方式是 HTTP 1.1 协议中定义的 Web 用户向服务器提交数据的一种方法，当服务器收到 chunked 编码方式的数据时，会分配一个缓冲区进行存放，如果提交的数据大小未知，客户端会以一个协商好的分块大小向服务器提交数据 Apache 服务器默认也提供了对分块编码（chunked encoding）的支持。Apache 使用了一个有符号变量的存储分块长度，同时分配了一个固定大小的堆栈缓冲区来存储分块数据。出于安全考虑，在将分块数据复制到缓冲区之前，Apache 会对分块长度进行检查，如果分块长度大于缓冲区长度，Apache 将最多只复制缓冲区长度的数据，否则将根据分块长度进行数据复制。然而在进行上述检查时，没有将分块长度转换为无符号型进行比较，因此，如果攻击者将分块长度设置成一个负值，就会绕过上述安全检查，Apache 会将一个超长（至少>0x80000000 字节）的分块数据复制到缓冲区中，这会造成一个缓冲区溢出 对于 1.3 到 1.3.24（含 1.3.24）版本的 Apache，现在已经证实在 Win32 系统下，远程攻击者可能利用这一漏洞执行任意代码。在 UNIX 系统下，也已经证实至少在 OpenBSD 系统下可以利用这一漏洞执行代码。据报告称，下列系统也可以被成功地利用。 * Sun Solaris 6-8（sparc/x86） * FreeBSD 4.3-4.5（x86） * OpenBSD 2.6-3.1（x86） * Linux（GNU）2.4（x86） 对于 Apache 2.0 到 Apache 2.0.36（含 2.0.36）版本，尽管存在同样的问题代码，但它会检测错误出现的条件并使子进程退出 根据不同因素，包括受影响系统支持的线程模式的影响，本漏洞可导致各种操作系统下运行的 Apache Web 服务器拒绝服务
解决办法	临时解决方法： 此安全漏洞没有好的临时解决方案，由于已经有一个有效的攻击代码被发布，建议立刻升级到 Apache最新版本 厂商解决方案： Apache ---------- 目前厂商已经发布了升级补丁，以修复这个安全问题，请到厂商的主页下载。 http://www.apache.org/
威胁分值	8
危险插件	否
发布日期	2002-06-17
CVE 编号	CVE-2002-0392
BUGTRAQ	5033

（续）

SNMP 服务存在可写口令	46
受影响主机	10.211.167.1　10.211.167.2　10.211.167.4　10.211.167.7　10.211.169.20　10.211.167.3　10.211.166.1　10.211.166.2　10.211.166.19　10.211.165.1　10.211.165.2　10.211.165.3　10.211.165.5　10.211.165.6　10.211.165.9　10.211.165.7　10.211.163.1　10.211.163.3　10.211.163.5　10.211.163.4　10.211.162.1　10.211.162.3　10.211.162.7　10.211.162.5　10.211.162.11　10.211.162.10　10.211.162.13　10.211.162.12　10.211.162.8　10.211.162.15　10.211.162.14　10.211.162.18　10.211.162.20　10.211.162.19　10.211.162.22　10.211.162.21　10.211.161.3　10.211.161.1　10.211.161.2　10.211.161.17　10.211.161.7　10.211.161.19　10.211.160.1　10.211.160.2　10.211.160.3　10.211.160.7
详细描述	很多操作系统或者网络设备的 SNMP 代理服务都存在默认口令。如果没有修改这些默认口令或者口令为弱口令，远程攻击者就可以通过 SNMP 代理获取系统的很多细节信息。如果攻击者得到了可写口令，他甚至可以修改系统文件或者执行系统命令
解决办法	NSFOCUS 建议采取以下措施来降低威胁 * 修改 SNMP 默认口令或者禁止 SNMP 服务 在 Solaris 系统下，修改/etc/snmp/conf/snmpd.conf 中默认的口令，然后执行下列命令使之生效 #/etc/init.d/init.snmpdx stop #/etc/init.d/init.snmpdx start 在 Solaris 系统下，执行下列命令可以禁止 SNMP 服务 # /etc/init.d/init.snmpdx stop # mv /etc/rc3.d/S76snmpdx /etc/rc3.d/s76snmpdx 对于 Windows 系统，可以参考以下方法关闭 SNMP 服务（以 Windows 2000 为例）。 打开“控制面板”窗口，双击“添加或删除程序”选项，选择“添加/删除 Windows 组件”，选中“管理和监视工具”，双击打开，取消选择“简单网络管理协议”复选框，单击“确定”按钮，然后按照提示完成操作 在 Cisco 路由器上可以使用如下方式来修改或删除 SNMP 口令 1. Telnet 或者通过串口登录进入 Cisco 路由器 2. 进入 enable 口令 Router>enable Password: Router# 3. 显示路由器上当前的 snmp 配置情况 Router#show running-config Building configuration... ... ... snmp-server community public RO snmp-server community private RW ... ... 4. 进入配置模式 Router#configure terminal Enter configuration commands, one per line. ? End with CNTL/Z. Router (config) # 可以选用下面 3 种方法中的一种或者结合使用 （1）如果不需要通过 SNMP 进行管理，可以禁止 SNMP Agent 服务 将所有的只读和读写口令删除后，SNMP Agent 服务就禁止 a. 删除只读（RO）口令 Router (config) #no snmp-server community public RO ... b. 删除读写（RW）口令 Router (config) #no snmp-server community private RW ...

（续）

解决办法	（2）如果仍需要使用SNMP，修改SNMP口令，使其不易被猜测 a. 删除原先的只读或者读写口令 Router（config）#no snmp-server community public RO Router（config）#no snmp-server community private RW b. 设置新的只读和读写口令，口令强度应该足够，不易被猜测 Router（config）#no snmp-server community XXXXXXX RO Router（config）#no snmp-server community YYYYYYY RW （3）只允许信任主机通过SNMP口令访问（以对只读口令'public'为例） a. 创建一个访问控制列表（假设名为66） router（config）#access-list 66 deny any b. 禁止任何人访问public口令 router（config）#snmp-server community public ro 66 c. 设置允许使用public口令进行访问的可信主机（1.2.3.4） router（config）#snmp-server host 1.2.3.4 public 对于读写口令的访问限制同上 在对SNMP口令进行修改、删除等操作之后，需要执行write memory命令保存设置 router（config）#exit（退出configure模式） router#write memory（保存所做设置） * 在防火墙上过滤掉对内部网络UDP 161端口的访问
威胁分值	10
危险插件	否
发布日期	2001-01-01
CVE编号	CVE-1999-0516
Windows Server服务RPC请求缓冲区溢出漏洞（MS08-067）[精确扫描]	2
受影响主机	10.211.167.55 10.211.128.36
详细描述	本次为精确扫描，极少出现误报 Microsoft Windows是微软发布的非常流行的操作系统 Windows的Server服务在处理特制RPC请求时，存在缓冲区溢出漏洞，远程攻击者可以通过发送恶意的RPC请求触发这个溢出，导致完全入侵用户系统，以SYSTEM权限执行任意指令 对于Windows 2000、Windows XP和Windows Server 2003，无须认证便可以利用这个漏洞；对于Windows Vista和Windows Server 2008，可能需要进行认证 目前这个漏洞正在被名为TrojanSpy：Win32/Gimmiv.A和TrojanSpy：Win32/Gimmiv.A.dll的木马程序利用
解决办法	临时解决方法如下。 * 禁用Server和Computer Browser服务 * 在Windows Vista和Windows Server 2008上，阻断受影响的RPC标识符。在命令提示符中运行以下命令 netsh 然后在netsh环境中输入以下命令 netsh>rpc netsh rpc>filter netsh rpc filter>add rule layer=um actiontype=block netsh rpc filter>add condition field=if_uuid matchtype=equal data=4b324fc8-1670-01d3-1278-5a47bf6ee188 netsh rpc filter>add filter netsh rpc filter>quit * 在防火墙中阻断TCP 139和445端口 厂商补丁如下。 Microsoft --------- Microsoft已经为此发布了一个安全公告（MS08-067）及相应的补丁 MS08-067：Vulnerability in Server Service Could Allow Remote Code Execution（958644） 链接：http://www.microsoft.com/technet/security/bulletin/ms08-067.--mspx？pf=true

（续）

威胁分值	10
危险插件	否
发布日期	2008-10-23
CVE 编号	CVE-2008-4250
BUGTRAQ	31874
Microsoft Windows SMB2 报文协商越界内存引用漏洞（MS09-050）[精确扫描]	1
受影响主机	10.211.128.16
详细描述	Windows 是微软发布的非常流行的操作系统 Windows Vista 和 Windows 2008 捆绑了新版的 SMB2，SRV2.SYS 驱动没有正确地处理发送给 NEGOTIATE PROTOCOL REQUEST 功能的畸形 SMB 头，如果远程攻击者在发送的 SMB 报文的 Process Id High 头字段中包含有“&”字符，就会在_Smb2ValidateProviderCallback()函数中触发越界内存引用，导致执行任意代码或系统蓝屏死机
解决办法	临时解决方法如下 如果不能立刻安装补丁或者升级，NSFOCUS 建议采取以下措施来降低威胁 * 禁用 SMB v2 * 在防火墙中阻断 TCP 139 和 445 端口 厂商补丁如下 Microsoft --------- 目前厂商还没有提供补丁或者升级程序，建议使用此软件的用户随时关注厂商的主页，以获取最新版本 http://www.microsoft.com/technet/security/
威胁分值	9
危险插件	否
发布日期	2009-09-08
CVE 编号	CVE-2009-3103
BUGTRAQ	36299
Apache 错误日志转义序列注入漏洞	1
受影响主机	10.211.128.29
详细描述	本次扫描根据版本进行，可能存在误报 Apache 是一款开放源代码的 Web 服务程序 Apache 在错误日志记录过程中缺少充分过滤，远程攻击者可以利用这个漏洞创建任意文件或执行任意脚本代码 Apache Web 服务器由于在记录日志时存在输入验证错误，允许转义字符序列注入 Apache 日志文件中，利用这个漏洞可引出多个问题，如任意文件的建立或者脚本代码的执行
解决办法	建议使用 Apache 1.3.32 或 Apache 2.0.49 以上的最新版本 厂商补丁如下 Apache Software Foundation -------------------------- 目前厂商已经发布了升级补丁，以修复这个安全问题，请到厂商的主页下载 http://httpd.apache.org/
威胁分值	5
危险插件	否
发布日期	2004-03-19

（续）

CVE 编号	CVE-2003-0020	
BUGTRAQ	9930	
Apache 错误日志 escape 序列过滤漏洞		1
受影响主机	10.211.128.29	
详细描述	本次扫描根据版本进行，可能存在误报 Apache Web Server 是一款非常流行的开放源码、功能强大的 Web 服务器程序，由 Apache Software Foundation 负责开发和维护。它可以运行在多种操作系统平台下，如 UNIX、Linux、BSD 系统，以及 Windows 系统 Apache 1.3、1.3.26 和 2.0 2.0.46 以前的版本未能正确过滤 escape 字符（0x1B）序列，恶意攻击者通过在 Apache 日志中插入 escape 序列，可利用各种终端模拟程序的问题实施进一步的拒绝服务、数据修改和代码执行等攻击	
解决办法	Apache 1.3、1.3.26 和 2.0 2.0.46 或更新的版本	
威胁分值	5	
危险插件	否	
发布日期	2002-07-18	
CVE 编号	CVE-2003-0083	
Apache Web Server 覆盖 Scoreboard 内存段发送 SIGUSR1 信号漏洞		1
受影响主机	10.211.128.29	
详细描述	本次扫描根据版本进行，可能存在误报 Apache Web Server 是一款非常流行的开放源码、功能强大的 Web 服务器程序，由 Apache Software Foundation 负责开发和维护。它可以运行在多种操作系统平台下，如 UNIX、Linux、BSD 系统，以及 Windows 系统 Apache 在处理共享内存 Scoreboard 时存在漏洞，本地攻击者可能利用该漏洞以 Apache UID 的权限执行任意命令，并且可以以 root 的权限给任意进程发送 SIGUSR1 信号，杀死进程，产生拒绝服务 利用 Scoreboard 覆盖 parent[ ].pid 和 parent[ ].last_rtime 的共享内存段，可以以管理员权限给任意进程发送信号	
解决办法	升级到 Apache 1.3.27 以上的最新版本	
威胁分值	5	
危险插件	否	
发布日期	2002-10-03	
CVE 编号	CVE-2002-0839	
BUGTRAQ	5884	
Apache RotateLogs 拒绝服务漏洞		1
受影响主机	10.211.128.29	
详细描述	本次扫描根据版本进行，可能存在误报 Apache 是一款开放源代码的 Web 服务程序 Apache Windows 和 OS/2 版本中的 RotateLogs 程序不能正确处理某些控制字符，如 0x1A，远程攻击者通过发送这些控制字符将导致 RotateLogs 程序崩溃	
解决办法	建议使用 Apache 1.3.28 或更高版本 厂商补丁如下 Apache Software Foundation ------------------------- 目前厂商已经发布了升级补丁，以修复这个安全问题，请到厂商的主页下载 http://httpd.apache.org/	

（续）

威胁分值	7
危险插件	否
发布日期	2003-07-18
CVE 编号	CVE-2003-0460
BUGTRAQ	8226
Apache 本地正则表达式缓冲区溢出漏洞	1
受影响主机	10. 211. 128. 29
详细描述	本次扫描根据版本进行，可能存在误报 Apache 是一款开放源代码的 Web 服务程序 Apache 的 mod_alias 和 mod_rewrite 模块中存在缓冲区溢出漏洞，可能允许本地攻击者在有漏洞的主机上执行任意代码 Apache 在处理正则表达式时，存在一个缓冲区溢出问题。如果正则表达式配置了多于 9 个捕获括号，就可能导致 mod_alias 和 mod_rewrite 模块出现缓冲区溢出。本地攻击者通过构造特殊的配置文件（. htaccess 或 httpd. conf）可导致缓冲区溢出
解决办法	建议使用 Apache 2. 0. 48 或更高版本 厂商补丁如下 Apache Software Foundation -------------------------- 目前厂商已经发布了升级补丁，以修复这个安全问题，请到厂商的主页下载 http://httpd. apache. org/
威胁分值	5
危险插件	否
发布日期	2003-10-27
CVE 编号	CVE-2003-0542
BUGTRAQ	8911
Apache mod_digest nounces 信息伪造漏洞	1
受影响主机	10. 211. 128. 29
详细描述	本次扫描根据版本进行，可能存在误报 Apache 是一款流行的 Web 服务程序 Apache mod_digest 模块没有充分验证针对用户提供的 nonces 信息，远程攻击者可以利用这个漏洞从其他站点伪造应答信息 这个漏洞只有在伪造站和服务器上的用户的用户名及密码相同，并且实际名也相同的情况下产生，不过这种情况比较少
解决办法	建议使用 Apache 1. 3. 32 以上的最新版本 厂商补丁如下 Apache Software Foundation -------------------------- 目前厂商已经发布了升级补丁，以修复这个安全问题，请到厂商的主页下载 http://httpd. apache. org/
威胁分值	5
危险插件	否
发布日期	2004-05-12
CVE 编号	CVE-2003-0987
BUGTRAQ	9571

（续）

Apache 连接阻挡远程拒绝服务攻击漏洞	1
受影响主机	10.211.128.29
详细描述	本次扫描根据版本进行，可能存在误报 Apache 是一款开放源代码的 Web 服务程序 Apache 2.0.49 及 Apache 1.3.31 以前的版本存在安全问题，远程攻击者可以利用这个漏洞对 Apache 服务进行拒绝服务攻击 远程攻击者通过在极少有可能访问的端口上监听的套接口，可使 Apache 引起拒绝服务攻击。可封闭到服务器的新的连接，直到初始化在另一个极少有可能访问的端口上发起的其他连接
解决办法	建议使用 Apache 1.3.32 或 Apache 2.0.49 以上的最新版本 厂商补丁如下 Apache Software Foundation --------------------------- 目前厂商已经发布了升级补丁，以修复这个安全问题，请到厂商的主页下载 http://httpd.apache.org
威胁分值	7
危险插件	否
发布日期	2004-03-19
CVE 编号	CVE-2004-0174
BUGTRAQ	9921
Apache 1.3.31 htpasswd 本地缓冲区溢出漏洞	1
受影响主机	10.211.128.29
详细描述	Apache 是一款流行的 Web 服务程序 Apache 包含的 htpasswd 实现存在多个缓冲区溢出问题，本地攻击者可以利用这个漏洞绕过 CHROOT 限制 由于 apache/src/support/htpasswd.c 中的 strcpy 函数实现对用户名和密码变量缺少正确的缓冲区边界检查，攻击者利用缓冲区溢出，可绕出 Apache chroot 环境限制，因为 htpasswd 一般使用自己的环境
解决办法	请下载并更新到 Apache 1.3.32 以上的最新版本
威胁分值	5
危险插件	否
发布日期	2004-09-16
存在可访问的共享目录	1
受影响主机	10.211.162.156
详细描述	目标主机开放了 SMB 共享，并且存在可猜测的用户名口令，通过此用户名可访问共享目录下的文件
解决办法	NSFOCUS 建议采取以下措施来降低威胁 * 使用强壮的密码或者禁止共享 * 设置严格的权限控制：去掉 Everyone 的访问权限，直接针对用户开放具体的访问权限
威胁分值	5
危险插件	否
发布日期	2000-01-01
CVE 编号	CVE-1999-0519

（续）

猜测出远程可登录的 SMB/Samba 用户名及口令	4
受影响主机	10. 211. 167. 3 10. 211. 162. 22 10. 211. 162. 21 10. 211. 162. 156
详细描述	本次扫描通过暴力猜测方式证实目标主机上的 SMB/Samba 服务存在可猜测的口令 部分系统账号存在很容易被猜测的口令，这允许攻击者远程以该用户身份登录系统。如果管理员用户的口令薄弱，攻击者可能远程获取对目标主机的控制权 另外攻击者可以利用 SMB 暴力猜测用户名和密码，如果账号安全策略设置了账号锁定，会导致正常用户无法登录
解决办法	NSFOCUS 建议采取以下措施来降低威胁 * 修改用户口令，设置足够强度的口令 * 利用防火墙设置访问规则，阻止非授权的访问
威胁分值	5
危险插件	否
发布日期	2001-01-01
远程 FTP 服务器根目录匿名可写	1
受影响主机	10. 211. 160. 7
详细描述	远程 FTP 服务器开放了匿名服务，而且根目录可写。攻击者可能通过上传 . rhosts 或 . forward 文件等方法来执行命令。另外很多基于 FTP 漏洞的攻击要求有一个可写目录，这也增大了攻击者攻击成功的可能性
解决办法	NSFOCUS 建议采取以下措施来降低威胁 * 取消根目录的写权限 #chown root～ftp && chmod 0555～ftp * 如果并不需要提供匿名 FTP 服务，可禁止匿名 FTP 服务
威胁分值	5
危险插件	否
发布日期	1999-08-03
CVE 编号	CVE-1999-0527
RhinoSoft Serv-U FTP Server 未明拒绝服务漏洞	1
受影响主机	10. 211. 128. 16
详细描述	此次扫描根据版本信息来判断漏洞存在，可能出现误报 Serv-U 是一种被广泛运用的 FTP 服务器端软件 Serv-U FTP 服务器中存在未知的拒绝服务漏洞，攻击者可以利用这个漏洞导致服务器崩溃 Serv-U 6. 1. 0. 1 及其下版本受此漏洞影响 目前更多信息不详
解决办法	厂商补丁如下 RhinoSoft --------- 目前厂商已经发布了升级补丁，以修复这个安全问题，请到厂商的主页下载 http://www. serv-u. com/
威胁分值	7
危险插件	否
发布日期	2005-11-03
BUGTRAQ	15273

（续）

Apache Read_Connection( )缓冲区溢出漏洞	1
受影响主机	10.211.128.29
详细描述	本次扫描根据版本进行，可能存在误报 Apache是一款广泛使用的开放源代码的Web服务程序 Apache webserver的web-benchmarking模块存在缓冲区溢出漏洞。攻击者通过发送特定数据包可以引发拒绝服务攻击或者执行任意指令
解决办法	厂商补丁如下 Apache Group ------------ 目前厂商已经发布了升级补丁，以修复这个安全问题，请到厂商的主页下载 http://httpd.apache.org/download.cgi
威胁分值	7
危险插件	否
发布日期	2002-10-04
CVE编号	CVE-2002-0843
BUGTRAQ	5995
猜测出远程FTP服务存在可登录的用户名和口令	6
受影响主机	10.211.167.7 10.211.169.20 10.211.165.7 10.211.162.19 10.211.161.7 10.211.160.7
详细描述	本次扫描通过暴力猜测方式证实目标主机上的FTP服务存在可猜测的口令 远程攻击者可通过猜测出的用户名及口令对目标主机实施进一步的攻击，这将极大地威胁目标主机及目标网络的安全
解决办法	NSFOCUS建议采取以下措施来降低威胁 * 如果FTP服务不是必需的，建议停止此服务 * 修改用户口令，设置足够强度的口令
威胁分值	5
危险插件	否
发布日期	2006-04-25
Oracle 2008年7月紧急补丁更新修复多个漏洞	4
受影响主机	10.211.128.19 10.211.128.20 10.211.128.32 10.211.128.35
详细描述	本次扫描为版本扫描，可能发生误报 Oracle Database是一款商业性质大型数据库系统 Oracle发布了2008年7月的紧急补丁更新公告，修复了多个Oracle产品中的多个漏洞。这些漏洞将影响Oracle产品的所有安全属性，可导致本地和远程的威胁。其中一些漏洞可能需要各种级别的授权，但也有些不需要任何授权。最严重的漏洞可能导致完全入侵数据库系统。目前已知的漏洞包括以下几个： 1）Oracle应用服务器在后端数据库安装了一些PLSQL软件包，其中的WWV_RENDER_REPORT软件包存在PLSQL注入漏洞。SHOW过程取将要执行的函数名称作为其第二个参数，而该参数未经过滤便嵌入了PLSQL的动态执行匿名块。由于是匿名PLSQL块，因此攻击者可以通过在execute immediate中包装语句并指定autonomous_transaction pragma来执行任意SQL语句 2）Linux和UNIX平台的Oracle数据库所发布的一个set-uid程序中存在安全漏洞。如果该程序加载了被替换过的模块，就会导致以root用户权限执行任意代码。如果要利用这个漏洞，攻击者必须可以访问数据库所有者账号（通常为oracle）或为Oracle安装组的成员（通常为oinstall） 3）Oracle的Internet Directory服务由两个进程组成，一个为处理入站连接并将连接传送给第二个进程的监听程序，另一个用于处理请求。在处理畸形的LDAP请求时，处理程序可能会引用空指针，导致进程崩溃。如果要利用这个漏洞，攻击者必须能够在有漏洞的服务器上创建LDAP会话，通常通过TCP 389端口或启用了SSL的TCP 636端口来实现

（续）

详细描述	4）Oracle 数据库产品所安装的 DBMS_AQELM 软件包没有正确地验证用户输入，如果远程攻击者在请求中提供了超长字符串，就可以触发缓冲区溢出，导致以数据库用户的权限执行任意代码。如果要利用这个漏洞，攻击者必须拥有可执行 DBMS_AQELM 软件包权限的数据库账号，默认为 AQ_ADMINISTRATOR_ROLE
解决办法	厂商补丁如下 Oracle ------ Oracle 已经为此发布了一个安全公告（cpujul2008）及相应的补丁 cpujul2008：Oracle Critical Patch Update Advisory-July 2008 链接：http://www.oracle.com/technology/deploy/security/critical-patch-updates/cpujul2008.html?_template=/o
威胁分值	5
危险插件	否
发布日期	2008-07-15
CVE 编号	CVE-2008-2607 CVE-2008-2613 CVE-2008-2592 CVE-2008-2604 CVE-2008-2591 CVE-2008-2600 CVE-2008-2602 CVE-2008-2605 CVE-2008-2611 CVE-2008-2608 CVE-2008-2590 CVE-2008-2603 CVE-2008-2587 CVE-2008-2597 CVE-2008-2598 CVE-2008-2599 CVE-2008-2589 CVE-2008-2594 CVE
BUGTRAQ	30177
Oracle 2009 年 1 月紧急补丁更新修复多个漏洞	4
受影响主机	10.211.128.19 10.211.128.20 10.211.128.32 10.211.128.35
详细描述	本次扫描是通过版本进行的，可能发生误报 Oracle Database 是一款商业性质大型数据库系统 Oracle 发布了 2009 年 1 月的紧急补丁更新公告，修复了多个 Oracle 产品中的多个漏洞。这些漏洞将影响 Oracle 产品的所有安全属性，可导致本地和远程的威胁。其中一些漏洞可能需要各种级别的授权，但也有些不需要任何授权。最严重的漏洞可能导致完全入侵数据库系统。目前已知的漏洞包括以下几个： 1）Oracle 数据库中的函数允许通过认证的用户，以提升的权限创建或重写任意文件 2）Oracle Secure Backup Administration Server 的 php/login.php 中没有正确地过滤通过 Cookie 所传送的输入，这可能导致注入并执行任意 shell 命令 3）Oracle Secure Backup Administration Server 的 php/common.php 文件中没有正确地验证某些参数输入，这可能导致注入并执行任意 shell 命令 4）在执行 MDSYS.SDO_TOPO_DROP_FTBL 触发时，没有正确地过滤某些输入，远程攻击者可以执行 SQL 注入攻击。成功攻击要求拥有 CREATE SESSION 权限 5）没有正确地过滤对 BPELConsole/default/activities.jsp 所传送的 URL 输入便返回给了用户，这可能导致在管理员的浏览器会话中执行任意 HTML 和脚本代码 6）Apache、Sun 和 IIS Web 服务器的 WebLogic 插件在处理特制的 HTTP 请求时，存在缓冲区溢出漏洞 7）Oracle TimesTen 的 timestend 守护程序的 evtdump CGI 模块没有正确地过滤 msg 参数，允许远程攻击者执行格式串攻击 8）默认情况下，Oracle Secure Backup 在 TCP 400 端口监听 Oracle 的私有协议数据。如果向这个端口发送了畸形数据，就会导致拒绝服务 9）向 Oracle Secure Backup 发送畸形的 NDMP 客户端认证（NDMP_CONECT_CLIENT_AUTH 命令）报文可以触发缓冲区溢出 10）发送畸形的 NDMP connect open（NDMP_CONNECT_OPEN 命令）、NDMP connect close（NDMP_CONNECT_CLOSE 命令）和 NDMP mover get state（NDMP_MOVER_GET_STATE 命令）报文都会导致数据库崩溃
解决办法	厂商补丁如下 Oracle ------

（续）

解决办法	Oracle 已经为此发布了一个安全公告（cpujan2009）及相应的补丁 cpujan2009:Oracle Critical Patch Update Advisory-January 2009 链接：http://www.oracle.com/technology/deploy/security/critical-patch-updates/cpujan2009.html?_template=/o
威胁分值	5
危险插件	否
发布日期	2009-01-14
CVE 编号	CVE-2008-2623 CVE-2008-4014 CVE-2008-4017 CVE-2008-5438 CVE-2008-5446 CVE-2008-5450 CVE-2008-5454 CVE-2008-5458 CVE-2008-5457 CVE-2008-5459 CVE-2008-5460 CVE-2008-5461 CVE-2008-5462 CVE-2008-3973 CVE-2008-3974 CVE-2008-3978 CVE-2008-3979 CVE-2008-3997 CVE
BUGTRAQ	33177
Apache 服务器不完整 HTTP 请求拒绝服务漏洞［精确扫描］	2
受影响主机	10.211.169.20 10.211.128.14
详细描述	Apache HTTP Server 是一款流行的 Web 服务器 如果远程攻击者使用发包工具向 Apache 服务器发送了不完整的 HTTP 请求，服务器会打开连接等待接受完整的头，但如果发包工具不再继续发送完整请求而是发送无效头，就会一直保持打开的连接。这种攻击所造成的影响很严重，因为攻击者不需要发送很大的通信，就可以耗尽服务器上的可用连接。也就是说，即使低带宽的用户也可以攻击大流量的服务器
解决办法	临时解决方法如下： * 更改默认的 TimeOut 选项，或使用 mod_limitipconn 模块限制单个 IP 地址的连接数 厂商补丁如下： Apache Group ------------ 目前厂商还没有提供补丁或者升级程序，建议使用此软件的用户随时关注厂商的主页，以获取最新版本
威胁分值	7
危险插件	否
发布日期	2009-07-07
Apache Tomcat 目录主机 Appbase 绕过认证漏洞	1
受影响主机	10.211.128.101
详细描述	Apache Tomcat 是一个流行的开放源代码的 JSP 应用服务器程序 默认情况下，Tomcat 会自动部署主机 appBase 中的任何目录，这种行为是受主机的 autoDeploy 属性（默认为 true）控制的。如果卸载部署失败，自动部署过程仍会部署剩余的文件，导致正常情况下受一个或多个安全限制保护的文件也被继续部署，这样用户就可以无须认证便访问这些文件了
解决办法	厂商补丁如下 Apache Group ------------ 目前厂商已经发布了升级补丁，以修复这个安全问题，请到厂商的主页下载 http://svn.apache.org/viewvc? rev=892815&view=rev http://svn.apache.org/viewvc? rev=902650&view=rev
威胁分值	5
危险插件	否
发布日期	2010-01-25
CVE 编号	CVE-2009-2901

（续）

BUGTRAQ	37942
OpenSSL kssk_keytab_is_available( )远程拒绝服务出漏洞	2
受影响主机	10.211.128.29
详细描述	本次扫描是通过版本进行的，可能发生误报 OpenSSL 是一种开放源码的 SSL 实现，用来实现网络通信的高强度加密，现在被广泛地用于各种网络应用程序中 OpenSSL 的 ssl/kssl.c 文件中的 kssl_keytab_is_available( ) 函数没有正确地检查 krb5_sname_to_principal( )函数的返回值。如果 kssl_keytab_is_available( )失败，就可能使用空的 principal 调用 krb5_kt_get_entry( )。远程攻击者可以通过在 client hello 消息中发送特制的密码组来触发空指针引用，导致拒绝服务的情况
解决办法	厂商补丁如下 OpenSSL Project ---------------- 目前厂商已经发布了升级补丁，以修复这个安全问题，请到厂商的主页下载 http://cvs.openssl.org/chngview? cn=19374
威胁分值	5
危险插件	否
发布日期	2010-03-03
CVE 编号	CVE-2010-0433
BUGTRAQ	38533

5.3.9 管理安全评估

5.3.9.1 安全组织

- 未设置专门的信息安全团队，目前只有一个人负责安全方面的事务，安全人员没有角色备份。
- 缺少专业的、长期的安全技术服务。

5.3.9.2 安全访问

- 各系统缺少专门的安全管理人员（大部分由系统管理员兼任）。
- 系统维护岗位的相关人员没有明确的安全职责。
- 信息技术人员在应聘时未与组织签订安全保密协议。
- 未定期组织对信息技术人员进行技术或任职资格考核。

5.3.9.3 教育培训

- 组织未对所有员工进行过计算机安全管理的普及培训教育。
- 组织未定期对信息技术人员进行安全技术培训。
- 组织未定期以不同形式、不同级别的方式对信息技术人员进行培训。

5.3.9.4 制度管理

- 未建立明确的信息网络安全策略或安全规划。
- 未制定机房安全管理制度。
- 未制定核心信息及资产访问和处理的制度。

- 未制定灾难应急和备份恢复制度。
- 未制定文档管理制度，未对机密文件的安全存放、使用和销毁做出相应的要求。

5.3.9.5 物理环境

- 没有严格的机房进出控制。
- 机房内未安装摄像头。
- 进入机房弱电未分开部署。
- 机柜没有门，进出人员没有严格的登记记录。
- 未开启机房气体灭火系统。
- 机房内灰尘太多，窗户封闭性不好。
- 各楼层间强机架线缆混乱，不利于设备的更换维修，影响散热。
- 机房空调漏水。

5.3.9.6 资产管理

- 新购置的网络设备及网络安全产品并非经过严格的安全检测和实际测试合格后才投入使用。
- 没有包含所有信息资产的清单。
- 未根据机密程度和商业重要程度对数据和信息进行分类。
- 对重要的业务数据没有严格的安全与保密管理，包括对数据的转出、转入、备份和恢复的权限控制。
- 未对存有重要业务数据的主机实现对输入媒介（U盘、光驱等）的控制。
- 关键的业务数据未进行加密存储和传输，并未对传输进行实时监控。
- 关键业务数据未进行实时备份。
- 冷备份的数据和设备未进行异地存放。
- 没有明确的管理人员负责借阅及复制技术资料的登记管理。
- 没有明确报废的技术资料是否进行销毁。

5.3.9.7 操作运行

- 对重要的服务器和路由器的安全配置管理没有进行定期的审计和检查。
- 对于骨干核心交换机没有严格使用固定终端进行配置和管理。
- 没有选用网络系统运行的入侵检测设备、防火墙和防病毒网关的安全设备。
- 未采用负载均衡设备，以保证网络运行的可用性。
- 信息系统未采取抗拒绝服务的安全措施。
- 未对关键业务数据的传输线路进行备份，Internet 出口为单一电信专线。
- 没有漏洞扫描设备，未定期对系统进行安全漏洞扫描。
- 未定期对系统的安全漏洞进行修补或加固。
- 未制定业务系统及重要硬件设备的规范操作流程，并要求相关人员严格按照流程操作。
- 未完全启动关键系统软件和应用软件的审计日志功能。
- 没有专人负责定期检查和管理软件的审计日志。

5.3.9.8 访问控制

- 没有严格的系统权限管理机制，为不同的岗位划分不同的权限。

- 不同角色的用户未实现“权限最小原则”。
- 未定期审查组织网管员的用户访问权限。
- 外网和内网之间没有防火墙等隔离设备。
- 可以移动的计算机介质如 U 盘、磁带、磁盘及印刷的报告没有妥善的管理和控制措施。
- 网络没有严格的准入控制措施和访问权限控制。

5.3.9.9 应急恢复

- 未制定完善的灾难恢复计划应急预案。
- 未定期对应急人员培训应急计划中的各种应急方案和技术措施。
- 未定期组织应急人员和技术人员对应急计划进行演练和测试。
- 没有专职人员负责灾难恢复工作。
- 未定期对灾难恢复人员培训灾难恢复计划中的各种恢复方案和技术措施。
- 未购买专业安全服务商长期的快速、高效应急响应等安全服务。

5.3.9.10 问题总结

主要原因是缺乏整体安全规划，信息安全体系建设不完善，缺乏有效的制度和文档管理，导致各方面都存在着不符合规范要求的安全问题，给信息系统的安全性带来风险。

建议加强安全体系建设，完善制度，加强管理，提高人员的安全意识，防患于未然。

5.4 综合风险分析

5.4.1 综合风险评估方法

风险是指特定的威胁利用资产的一种或一组脆弱性，导致资产丢失或损害的潜在可能性，即特定威胁事件发生的可能性与后果的结合。风险只能预防、避免、降低、转移和接受，但不可能完全被消灭。在完成资产、威胁和脆弱性的评估后，进入安全风险的评估阶段。在这个过程中，检查组将采用最新的方法进行综合分析，表述出威胁源采用何种威胁方法，利用了系统的何种脆弱性，对哪一类资产产生了什么样的影响，并描述采取何种对策来防范威胁，减少脆弱性。

在检查组的风险评估模型中，主要包含信息资产、脆弱性、威胁和风险 4 个要素。每个要素有各自的属性，信息资产的属性是资产价值，脆弱性的属性是脆弱性被威胁利用后，对资产带来的影响的严重程度，威胁的属性是威胁发生的可能性，风险的属性是风险发生的后果。

综合风险计算方法如下。

根据风险计算公式 $R=f(A,V,T)=f(Ia,L(Va,T))$，即：风险值=资产价值×威胁可能性×弱点严重性。

注意：

R 表示风险；A 表示资产；V 表示脆弱性；T 表示威胁；Ia 表示资产发生安全事件后，对组织业务的影响（也称为资产的重要程度）；Va 表示某一资产本身的脆弱性，L 表示威胁利用资产的脆弱性造成安全事件发生的可能性。

风险的级别划分为5级，等级越高，风险越高。风险等级划分方法如表5-132所示。

表5-132 风险等级划分

等级	标识	风险值范围	描述
5	很高	49～125	一旦发生将产生非常严重的经济或社会影响，如组织信誉被严重破坏，严重影响组织的正常经营，经济损失重大，或者社会影响恶劣
4	高	37～48	一旦发生将产生较大的经济或社会影响，在一定范围内给组织的经营和组织信誉造成损害
3	中	25～36	一旦发生会造成一定的经济、社会或生产经营影响，但影响面和影响程度不大
2	低	13～24	一旦发生所造成的影响程度较低，一般仅限于组织内部，通过一定的手段很快便能解决
1	很低	1～12	一旦发生所造成的影响几乎不存在，通过简单的措施就能弥补

5.4.2 综合风险评估分析

综合风险分析如表5-133所示。

表5-133 综合风险分析

（A表示资产；V表示脆弱性；T表示威胁）

	序号	风险	相关脆弱性	相关威胁	受影响资产	风险要素			风险值	标识
						V	T	A		
技术风险		机房物理环境存在缺陷	机房没有安装电子门禁系统	非授权访问	机房内所有的硬件、软件和数据资产	4	2	3	18	低
			一些线缆暴露在外，未铺设在地下或管道中	恶意或非恶意破坏		2	2	3		
		网络结构配置存在安全隐患	外网防火墙存在单点故障	冗余恢复能力不足	外网防火墙	3	2	3	18	低
		关键网络设备安全配置不足	交换机ISO很长时间没有进行更新	不能规避新发现的交换机漏洞	外网DMZ交换机 内网汇聚交换机	2	2	2	26.8	中
			交换机未对Telnet会话实行超时限制	交换机被非法操作，导致服务中断	外网DMZ交换机 内网汇聚交换机	3	3	4		
			交换机没有配置警告和禁止信息的登录标志	不能警告非授权用户非法登录	外网DMZ交换机 内网汇聚交换机	3	3	4		
			交换机审计功能不足	记录内容不足，没有自动记录的日志主机，应该记录更多内容，以便于追踪入侵者	外网DMZ交换机 内网汇聚交换机	3	3	3		

（续）

	序号	风　险	相关脆弱性	相关威胁	受影响资产	风险要素			风险值	标识
						V	T	A		
技术风险		关键业务服务器操作系统补丁更新不及时	未安装最新的 Hotfix	不能规避新发现的系统漏洞	NICE-OD-01					
		关键业务服务器防病毒功能存在安全隐患	病毒库很长时间没有更新	不能防范新出现的病毒	NICE-CS-01 NICE-CS-03					
		关键业务服务器安全配置不足	未配置密码策略	暴力破解	NICE-CS-01					
			未配置审核策略	缺乏事件追踪能力	NICE-DES-03 NICE-DES-05					
			未关闭不必要的服务	未关闭的服务可能带来相关风险	NICE-PDC-03					
		关键业务服务器存在高风险安全漏洞		被攻击者利用，从而取得服务器权限	NICE-OD-01				27	中
		关键数据库系统未安装最近的补丁程序	未安装 SP3	不能规避新发现的系统漏洞	NICE-DES-03 NICE-DES-05	5	2	2.7		
		关键应用中间件系统存在安全隐患	未删除不用的脚本映射	暴力破解	NICE-DES-02					
			关键应用中间件系统网站目录下存在无关的文件、代码或备份程序	被攻击者利用，从而取得服务器权限	系统应用中间件					
			未删除调试用和测试用的文件	被攻击者利用，从而取得服务器权限	系统应用中间件					
管理风险		安全管理制度建设存在不足	没有成文的、经过专门的部门或人员制定、审核、发布的安全管理方针、策略和相关的管理制度	各方面的威胁可能利用管理上的漏洞对信息系统造成损害	全部信息系统	2	2	2.5	10	很低
		安全管理机构建设存在不足	没有设立安全主管和安全管理各个方面的负责人岗位，并定义各负责人的职责	各方面的威胁可能利用管理上的漏洞对信息系统造成损害	全部信息系统	2	2	2.5	10	很低
		人员安全管理存在缺陷	缺乏对各类人员进行安全意识教育、岗位技能培训和相关安全技术培训，人员安全意识和技术能力依然需要提高	各方面的威胁可能利用管理上的漏洞对信息系统造成损害	全部信息系统	2	2	2.5	10	很低

（续）

	序号	风　险	相关脆弱性	相关威胁	受影响资产	风险要素			风险值	标识
						V	T	A		
管理风险		系统运维管理存在不足	资产管理方面没有编制与信息系统相关的资产清单，建立资产安全管理制度，规定信息系统资产管理的责任人员或责任部门，没有对各类介质进行控制和保护，并实行存储环境专人管理	各方面的威胁可能利用管理上的漏洞对信息系统造成损害	全部信息系统	2	2	2.5	12.5	很低
			缺乏系统安全管理和网络安全管理方面的制度；没有建立对系统和网络方面的审计制度，定期对运行日志和审计数据进行分析	各方面的威胁可能利用管理上的漏洞对信息系统造成损害	全部信息系统	3	2	2.5		
			没有根据数据的重要性及其对系统运行的影响，制定数据的备份策略和恢复策略；没有关于安全响应和恢复方面的业务可持续性计划	各方面的威胁可能利用管理上的漏洞对信息系统造成损害	全部信息系统	3	2	2.5		
			没有制定安全事件报告和处置管理制度	各方面的威胁可能利用管理上的漏洞对信息系统造成损害	全部信息系统	2	2	2.5		

风险分布情况如图5-10所示。

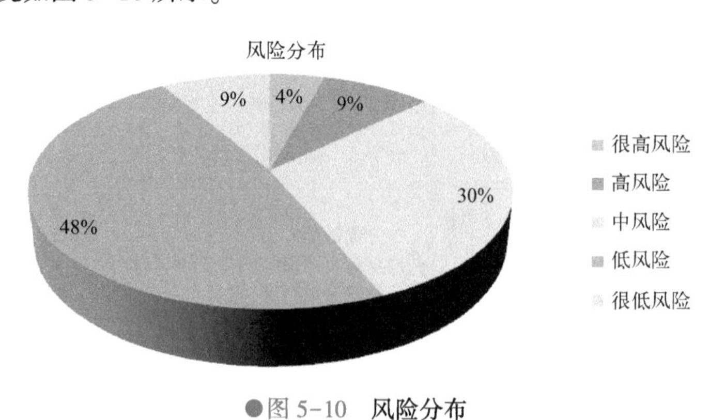

图5-10　风险分布

通过上述总结分析可以看到，北京某单位信息系统安全风险分布为：很高风险数占4%；高风险占9%，很高风险和高风险对信息系统影响较大，建议立即采取有效措施进行控制防范；中风险占 30%，建议及时采取有效措施进行防范；低风险占 48%；很低风险占 9%。对于低和很低风险应注意其发展趋势，防止其发展成为高风险。

通过此次风险评估的结论，清楚地了解了北京某单位信息系统所存在的风险状况，以结合相关安全标准和组织自身的安全要求，制定本风险控制规划，达到防范威胁、减少自身脆弱性、将风险降低到可接受范围内的目的。

5.5　风险处置

5.5.1　风险处置方式

在考虑风险处置前，组织应决定确定一个风险是否能被接受的准则。如果评估显示，风险较低或处理成本对于组织来说不划算，则风险可被接受。这些决定应加以记录。对于风险评估所识别的每一个风险，必须做出风险处置决定。

消除所有风险往往是不切实际的，也是不可能的，必须在权衡成本的前提下实现最合适的安全措施，将风险处置在可接受的级别，使得可能的负面影响最小化。

风险处置是一种系统化方法，可通过多种方式实现，列举如下。

- 风险接受：接受潜在的风险并继续运行信息系统，不对风险进行处理。
- 风险降低：通过实现安全措施来降低风险，从而将脆弱性被威胁源利用后可能带来的不利影响最小化（如使用防火墙、漏洞扫描系统等安全产品）。
- 风险规避：不介入风险，通过消除风险的原因和/或后果（如放弃系统某项功能或关闭系统）来规避风险。
- 风险转移：通过使用其他措施来补偿损失，从而转移风险，如购买保险。

在选择风险处置方式时，应该考虑单位的目标和使命。事实上，不可能解决所有的风险，应对那些可能给使命带来严重危害的威胁进行优先级排序。同时，在保护单位的使命及其信息系统时，由于各单位有其特定的环境和目标，因此用来处理风险的方式和实现安全措施的方法也各有不同。

经评估，××××（客户名称）信息系统安全控制方式如表 5-134 所示。

表 5-134　安全控制方式

风　　险	优先级	控制方式	可行控制措施
机房物理环境存在缺陷	较高	降低	对物理基础环境进行整改
网络结构配置存在安全隐患	较高	降低	对网络基础环境进行整改
关键网络设备安全配置不足	较高	降低	对关键网络设备进行安全加固，以消除安全漏洞
关键业务服务器操作系统补丁更新不及时	高	降低	对现有业务服务器进行安全加固，以消除安全漏洞
关键业务服务器防病毒功能存在安全隐患	高	降低	布置统一的网络版防病毒软件，实现全网防病毒监控、引擎升级、病毒代码更新、策略配置、告警报告和任务调度的集中管理
关键业务服务器安全配置不足	高	降低	对现有业务服务器进行安全加固，以消除安全漏洞

（续）

风　险	优先级	控制方式	可行控制措施
关键业务服务器存在高风险安全漏洞	高	降低	对现有业务服务器进行安全加固，以消除安全漏洞
关键数据库系统未安装最近的补丁程序	高	降低	对关键数据库系统进行安全加固，以消除安全漏洞
关键数据库系统安全配置不足	高	降低	对关键数据库系统进行安全加固，以消除安全漏洞
关键应用中间件系统存在安全隐患	高	降低	对关键应用中间件系统进行安全加固，以消除安全漏洞
安全管理制度建设存在不足	中	降低	建设安全管理体系，消除安全管理风险
安全管理机构建设存在不足	中	降低	建设安全管理体系，消除安全管理风险
人员安全管理存在缺陷	中	降低	建设安全管理体系，消除安全管理风险
系统运维管理存在不足	中	降低	建设安全管理体系，消除安全管理风险

5.5.2 风险处置计划

5.5.2.1 安全技术处置计划

1. 物理基础环境整改建议

1）配置有产品安全资质的电子门禁系统，以控制、鉴别和记录进入的人员。同时检查电子门禁系统是否正常工作（不考虑断电后的工作情况）；定时查看电子门禁系统的运行和维护记录，检查系统是否运行正常；定时查看监控进入机房的电子门禁系统记录，检查是否能够鉴别和记录进入的人员身份。

2）将通信线缆铺设在隐蔽处，可铺设在地下或管道中。

2. 网络基础环境整改建议

目前外网业务域只部署了一台防火墙进行访问控制，存在单点故障的可能，当这台防火墙出现故障无法正常工作时，就会导致访问中断，这对组织来说是不可接受的。因此，需要在外网业务域增加一台防火墙，最好与原有防火墙形成双机热备份的方式，以提高系统冗余能力，降低单点故障导致访问中断的风险。

3. 防病毒策略整改建议

网络系统面临的最普通、最常见的严峻挑战是当前日益猖獗的计算机病毒，某单位信息系统虽然已部署了防病毒系统，但使用不统一，有些服务器使用网络版防病毒系统，有些服务器使用单机版防病毒系统，存在不能统一管理、统一监控的缺陷，导致有些防病毒软件的病毒库更新不及时，需要完善目前的防病毒体系，通过部署统一的网络版防病毒系统，实施“层层设防、集中控制、以防为主、防杀结合”的策略，通过全方位、多层次的防病毒系统配置，构建严密的网络防病毒体系，监控和防范病毒在网络中的传播与扩散，使网络没有薄弱环节可成为病毒入侵的缺口。同时，实现防病毒集中监控管理、引擎自动升级和病毒代码自动更新等。

4. 系统安全加固建议

由于功能复杂、代码庞大，操作系统和数据库系统在设计上存在一些安全漏洞和一些未知的“后门”，一般情况下很难发现。同时由于系统的配置不当，也会带来安全隐患，是黑客攻击得手的关键因素。根据评估结果，某单位信息系统服务器存在关键网络设备安全配置不足、关键业务服务器操作系统补丁更新不及时、关键业务服务器防病毒功能存在安全隐患、关键业务服务器安全配置不足、关键业务服务器存在高风险安全漏洞、关键数据库系统未安装最近的补丁程序，以及关键数据库系统安全配置不足的安全风险，主要原因是现有业务服务器操作系统和数据库系统都是默认安装的，未进行基线的安全设置，存在开放服务过多、开放默认共享和审核策略不完善等脆弱点，因此，对某单位的主要服务器、数据库系统和网络设备进行安全加固是非常重要的。

安全加固是配置主机系统、数据库系统和网络设备操作系统的过程，涉及系统补丁、系统服务、账号的安全、访问控制策略和日志审核等方面，应及时解决操作系统、数据库和网络设备系统存在的各种安全隐患，降低相关安全风险。

系统加固并非是一次性的，随着业务系统的增加和新的安全漏洞的出现，需要不断调整安全策略，定期或不定期地对系统进行加固。同时，由于信息系统安全的复杂性和专业性，建议某单位今后采取外包安全服务方式，由专业的安全服务公司定期进行安全加固。

5.5.2.2　安全管理处置计划

1. 安全管理制度整改建议

1）制定信息安全工作的总体方针、政策性文件和安全策略等，说明机构安全工作的总体目标、范围、方针、原则和责任等。

2）对安全管理活动中的各类管理内容建立安全管理制度，以规范安全管理活动，约束人员的行为方式。

3）对要求管理人员或操作人员执行的日常管理操作，建立操作规程，以规范操作行为，防止操作失误。

4）形成由安全政策、安全策略、管理制度和操作规程等构成的全面的信息安全管理制度体系。

5）由安全管理职能部门定期组织相关部门和相关人员对安全管理制度体系的合理性和适用性进行审定。

2. 安全管理机构整改建议

1）设立信息安全管理工作的职能部门，设立安全主管人及安全管理各个方面的负责人，定义各负责人的职责。

2）设立系统管理人员、网络管理人员和安全管理人员岗位，定义各个工作岗位的职责。

3）成立指导和管理信息安全工作的委员会或领导小组，其最高领导应由单位主管领导委任或授权。

4）制定文件明确安全管理机构各个部门和岗位的职责、分工和技能要求。

3. 安全人员管理整改建议

1）定期对各类人员进行安全意识教育。

2）告知人员相关的安全责任和惩戒措施。

3）制订安全教育和培训计划，对信息安全基础知识、岗位操作规程等进行培训。

4）针对不同岗位制订不同的培训计划。

5）对安全教育和培训的情况和结果进行记录，并归档保存。

4. 系统运维管理整改建议

（1）资产管理

1）建立资产安全管理制度，规定信息系统资产管理的责任人员或责任部门，并规范资产管理和使用的行为。

2）编制并保存与信息系统相关的资产、资产所属关系、安全级别和所处位置等信息的资产清单。

3）根据资产的重要程度对资产进行定性赋值和标识管理，根据资产的价值选择相应的管理措施。

4）规定信息分类与标识的原则和方法，并对信息的使用、存储和传输做出规定。

（2）系统安全管理

1）指定专人对系统进行管理，删除或者禁用不使用的系统默认账户。

2）制定系统安全管理制度，对系统安全配置、系统账户及审计日志等方面做出规定。

3）对能够使用系统工具的人员及数量进行限制和控制。

4）定期安装系统的最新补丁程序，并根据厂家提供的可能危害计算机的漏洞进行及时修补，并在安装系统补丁前，对现有的重要文件进行备份。

5）根据业务需求和系统安全分析，确定系统的访问控制策略。系统访问控制策略用于控制分配信息系统、文件及服务的访问权限。

6）对系统账户进行分类管理，权限设定应当遵循最小授权要求。

7）对系统的安全策略、授权访问、最小服务、升级与打补丁、维护记录、日志，以及配置文件的生成、备份、变更审批和符合性检查等方面做出具体要求。

8）规定系统审计日志的保存时间，以便为可能的安全事件调查提供支持。

9）进行系统漏洞扫描，对发现的系统安全漏洞进行及时修补。

10）明确各类用户的责任、义务和风险，对系统账户的登记造册、用户名分配、初始口令分配、用户权限及其审批程序、系统资源分配，以及注销等做出规定。

11）对于账户安全管理的执行情况进行检查和监督，定期审计和分析用户账户的使用情况，对发现的问题和异常情况进行相关处理。

（3）管理与恢复管理

1）识别需要定期备份的重要业务信息、系统数据及软件系统等。

2）规定备份信息的备份方式（如增量备份或全备份等）、备份频度（如每日或每周等）、存储介质和保存期等。

3）根据数据的重要性和数据对系统运行的影响，制定数据的备份策略和恢复策略，备份策略应指明备份数据的放置场所、文件命名规则、介质替换频率和将数据离站运输的方法。

4）指定相应的负责人定期维护和检查备份及冗余设备的状况，确保需要接入系统时能够正常运行。

5）根据设备备份方式，规定备份及冗余设备的安装、配置和启动的流程。

6）建立控制数据备份和恢复过程的程序，应记录备份过程，所有文件和记录应妥善保存。

7）根据系统级备份所采用的方式和产品，建立备份设备的安装、配置、启动、操作及维护过程控制的程序，记录设备运行过程状况，所有文件和记录应妥善保存。

8）定期执行恢复程序，检查和测试备份介质的有效性，确保可以在恢复程序规定的时间内完成备份的恢复。

（4）安全事件管理

1）所有用户均有责任报告自己发现的安全弱点和可疑事件，但任何情况下用户均不应尝试验证弱点。

2）制定安全事件报告和处置管理制度，规定安全事件的现场处理、事件报告和后期恢复的管理职责。

3）分析信息系统的类型、网络连接特点和信息系统用户特点，了解本系统和同类系统已发生的安全事件，识别本系统需要防止发生的安全事件，事件可能来自攻击、错误、故障、事故或灾难。

4）根据国家相关管理部门对计算机安全事件等级的划分方法，根据安全事件在本系统产生的影响，将本系统计算机安全事件进行等级划分。

5）制定安全事件报告和响应处理程序，确定事件的报告流程，响应和处置的范围、程度，以及处理方法等。

6）在安全事件报告和响应处理过程中，分析和鉴定事件产生的原因，收集证据，记录处理过程，总结经验教训，制定防止再次发生的补救措施，过程形成的所有文件和记录均应妥善保存。

7）对造成系统中断和信息泄密的安全事件，应采用不同的处理程序和报告程序。

思考题

- 安全风险评估内容包括哪些？
- 风险处置有哪几种方式？

第6章 信息安全管理控制措施

6.1 选择控制措施的方法

一旦识别了安全要求，就应选择并实施适宜的控制措施，确保将风险降低到一个可接受的程度。可从本书中选择合适的控制措施，也可以设计新的控制措施，以满足特定的需求。风险管理有许多方法，本书提供了常用方法的示例。但是请务必注意，其中一些方法并不适用于所有信息系统或环境，而且可能不适用于所有组织。例如说明了如何划分责任来防止欺诈行为和错误行为，在较小的组织中，很难将所有的责任划分清楚，因此需要使用其他方法来达到同样的控制目的。

控制措施的选择基于实施降低风险措施所花费的代价，以及如果安全破坏发生，所造成的损失，还应考虑声誉受损等非金钱因素。

本章的一些控制方式作为信息安全管理的指导性原则，适用于大多数组织。

6.1.1 信息安全起点

控制措施作为指导性原则，为实施信息安全提供了一个很好的起点。这些方法可以是根据基础的法律要求制定的，也可以从信息安全的最佳实践经验中获得。

从法律角度来看，对于一个组织至关重要的控制措施包括以下几个。

- 对数据的保护和个人信息的隐私权保护。
- 组织记录的安全保护。
- 知识产权。

在保护信息安全的实践中，非常好且常用的控制措施包括以下几个。

- 信息安全策略文件。
- 信息安全职责分配。
- 信息安全教育和培训。
- 报告安全事故。
- 业务连续性管理。

这些控制方式适用于大多数组织，并可在大多数环境中使用。需要注意的是，尽管本章中的所有控制措施都是重要的，但一种方法是否适用，还是取决于一个组织所面临的特定安全风险。因此，尽管采用上述措施可以作为一个很好的安全保护起点，但不能取代根据风险评估结果选择控制措施的要求。

6.1.2 关键的成功因素

以往的经验表明，在组织中成功地实施信息安全保护，下列几个因素是非常关键的。

- 反映组织目标的安全策略、目标及活动。
- 与组织文化一致的实施安全保护的方法。

- 来自管理者的实际支持和承诺。
- 对安全要求、风险评估及风险管理的深入理解。
- 向全体管理人员和雇员有效地宣传安全理念。
- 向全体雇员和承包商宣传信息安全策略的指导原则和标准。
- 提供适当的培训和教育。
- 一个综合平衡的测量系统，用来评估信息安全管理的执行情况，反馈意见和建议，以便进一步改进。

6.1.3 制定自己的指导方针

实施细则可作为开发组织特定指南的起点。实施细则的所有指南和控制方式并不是都适用的。

6.2 选择控制措施的过程

在风险评估过程中，存在的风险控制及控制措施如表 6-1 所示。

表 6-1 风险评估控制措施过程

<table>
<tr><td>资产评估</td><td>资产信息泄漏</td><td>高</td><td>合同、协议、规章、制度、法律、法规</td></tr>
<tr><td>安全管理评估</td><td>安全管理信息泄漏</td><td>高</td><td>合同、协议、规章、制度、法律、法规</td></tr>
<tr><td rowspan="2">网络/安全设备评估</td><td>误操作引起设备崩溃或数据丢失、损坏</td><td>高</td><td>规范审计流程
严格选择审计人员
用户进行全程监控
制订可能的恢复计划</td></tr>
<tr><td>网络/安全设备资源占用</td><td>低</td><td>避开业务高峰
控制扫描策略（线程数量、强度）</td></tr>
<tr><td rowspan="2">漏洞扫描</td><td>网络流量</td><td>低</td><td>避开业务高峰
控制扫描策略（线程数量、强度）</td></tr>
<tr><td>主机资源占用</td><td>低</td><td>避开业务高峰
控制扫描策略（线程数量、强度）</td></tr>
<tr><td>渗透测试</td><td>主机资源占用</td><td>低</td><td>避开业务高峰
选取测试策略
用户进行全程监控
制订可能的恢复计划</td></tr>
<tr><td rowspan="2">控制台审计</td><td>误操作引起系统崩溃或数据丢失、损坏</td><td>高</td><td>规范审计流程
严格选择审计人员
用户进行全程监控
制订可能的恢复计划</td></tr>
<tr><td>网络流量和主机资源占用</td><td>低</td><td>避开业务高峰</td></tr>
</table>

根据风险评估所需的评估项，也一一对应相关标准，如表 6-2 所示。

表 6-2 评估项及对应标准

评 估 项	对应的标准
评估工程组织、实施	SSE-CMM 2.0
调查表和问题的设计	加拿大《威胁和风险评估工作指南》 美国国防部彩虹系列 NCSC-TG-019 ISO/ISE 17799：2000/BS7799 BMZ3-2001 RFC 2196
资产评估	ISO/ISE 17799：2000/BS7799 加拿大《威胁和风险评估工作指南》
风险分析方法	ISO/ISE 13335：2000

6.3 完善信息安全管理组织架构

为了有效地运行、维护和改进风险管理，组织应着手完善自己的信息安全管理组织架构，通常应该考虑以下几点。

- 信息安全委员会：组织应该建立全公司统一的信息安全委员会，评审信息安全方针，确保对安全措施的选择有一个明确的指导方向并且得到高管的实际支持，同时负责协调信息安全委员会的成员应该包括组织高管代表（通常是总经理）、信息安全主管和各单位代表（包括业务部门和 IT 部门）。
- 信息安全主管：通常由组织的最高管理者委任，是组织高管在信息安全管理方面的代表。信息安全主管负责组织的信息安全方针的贯彻与落实，发生安全事故时，还需要进行现场的指导和统筹。
- 信息安全委员：组织的各个部门应该有代表作为信息安全委员会的成员，除了承担信息安全委员会的共同职责外，还应该负责各自部门内部的安全控制活动。
- 内审员：信息安全主管应该委派 ISMS 内审人员，组建内审小组，按照既定的内审流程，对已实施的 ISMS 进行 BS7799 符合性审查，以便及时发现问题，予以纠正。内审员必须是经过 ISMS 审核培训的，且有一定经验和技能的员工担任，内审工作应该保持独立性，最好由专人负责内审事务。

6.4 信息安全管理控制规范

以某集团为例，通常由公司分管网络的副总经理担任组长，网络部分管信息安全的副总经理担任副组长，由省公司网络部归口进行职能管理，省公司各网络生产维护部门设置信息安全管理及技术人员，负责信息安全管理工作，省监控中心设置安全监控人员，各市分公司及生产中心设置专职或兼职信息安全管理员，各系统维护班组负责系统信息安全、负责全省各系统及网络的信息安全管理协调工作。

（1）网络与信息安全工作管理组组长的职责

负责公司与相关领导之间的联系，跟踪重大网络信息安全事件的处理过程，并负责与政府相关应急部门联络，汇报情况。

（2）网络与信息安全工作管理组副组长的职责

负责牵头制定网络信息安全相关管理规范，负责网络信息安全工作的安排与落实，协调网络信息安全事件的解决。

（3）省网络部信息安全职能管理职责

省公司网络部设置信息安全管理员，负责组织贯彻和落实各项安全管理要求，制订安全工作计划；制定和审核网络与信息安全管理制度、相关工作流程及技术方案；组织检查和考核网络及信息安全工作的实施情况；定期组织对安全管理工作进行审计和评估；组织制定安全应急预案和应急演练，针对重大安全事件，组织实施应急处理工作及后续的整改工作；汇总和分析安全事件情况和相关安全状况信息；组织安全教育和培训。

（4）信息安全技术管理职责

各分公司、省网络部和省生产中心设置信息安全技术管理员，根据总公司及省公司制定的技术规范和有关技术要求，制订实施细则。对各类网络、业务系统和支撑系统提出相应的安全技术要求，牵头对各类网络和系统实施安全技术评估和工作；发布安全漏洞和安全威胁预警信息，并细化制订相应的技术解决方案；协助制订网络与信息安全的应急预案，参与应急演练；针对重大安全事件，组织实施应急处理，并定期对各类安全事件进行技术分析。

设置信息安全评估审计员，根据总公司及省公司制定的安全审计技术规范和有关技术要求，制订实施细则。牵头对各类网络和系统实施安全技术审计工作，定期对各类网络和系统账号、口令设置，以及操作日志等进行审计及复核，生成审计报告。

（5）安全监控人员的职责

省网管中心设置安全监控人员，对全网安全设备进行集中监控；及时发现全网信息安全事件，根据故障管理相关规定进行派单和督促处理；进行安全事件上报。

（6）各系统维护员的职责

各单位分生产系统设置兼职系统安全维护员，负责本系统网络信息安全的技术工作及相关协调工作，贯彻执行总公司和省/市公司网络部下发的相关信息安全技术规范及文件，根据相关安全技术规范和技术要求，对本系统进行包括安全在内的日常维护。处理本系统网络安全事件，协助分析、处理复杂和重大安全事件。提升系统安全级别，降低安全隐患，减少信息安全事件的发生，保障其安全运行。

信息安全关键岗位说明如下。

- 掌握业务及系统超级用户权限的岗位（各系统超级用户管理员，根据要求，由各单位分管领导进行授权）。
- 掌握查看客户信息权限的岗位。
- 可能造成严重影响客户感知的岗位。
- 掌握各类安全管理系统，如集中账号管理、网络认证接入和日志审计系统操作行为权限的岗位。

思考题

- 风险控制措施都要考虑哪些内容？
- 风险管理都要具备哪些岗位？

第 7 章

手机客户端安全检测

7.1　APK 文件安全检测技术

风起云涌的高科技时代，随着智能手机和 iPad 等移动终端设备的普及，人们逐渐习惯了使用应用客户端上网的方式，而智能终端的普及不仅推动了移动互联网的发展，也带来了移动应用的爆炸式增长。在海量的应用中，APP 可能会面临以下威胁。

- 木马。
- 病毒。
- 恶意篡改。
- 暴力破解。
- 钓鱼攻击。
- 二次打包。
- 账号窃取。
- 广告植入。
- 信息支持。

接下来将通过某个 APK 文件，来了解一下如何有效地进行手机客户端文件的安全检测。

7.1.1　安装包证书检验

通过查找，发现证书文件 assets\rootCA\目录下的密钥明文存储未做加密处理，如图 7-1 所示。

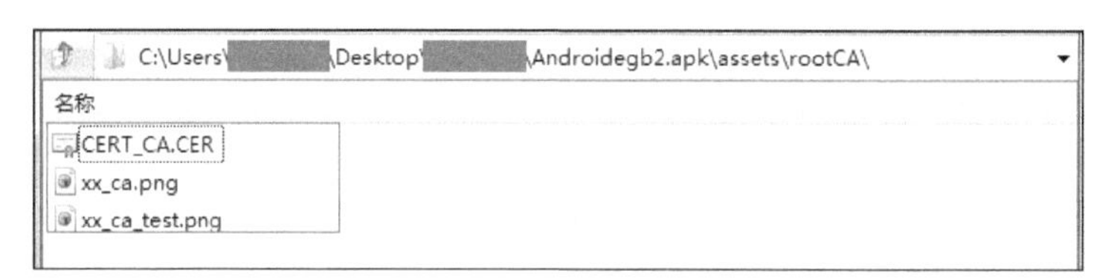

●图 7-1　测试 APK 文件的证书文件

7.1.2　证书加密测试

通过查看二进制，发现该 APK 文件的证书文件未做加密，如图 7-2 所示。

7.1.3　代码保护测试

该 APK 文件代码未做任何安全保护，能轻易地通过 Java 代码调试程序进行反编译，如图 7-3 所示。

```
CERT_CA.CER
            0  1  2  3  4  5  6  7  8  9  a  b  c  d  e  f
00000000h: 30 82 03 34 30 82 02 1C A0 03 02 01 02 02 01 63 ; 0?40?.?.....c
00000010h: 30 0D 06 09 2A 86 48 86 F7 0D 01 01 05 05 00 30 ; 0...*咹嗺......0
00000020h: 4A 31 1B 30 19 06 03 55 04 03 13 12 52 59 54 4F ; J1.0...U....RYTO
00000030h: 4E 47 20 43 41 28 32 30 34 38 62 69 74 29 31 13 ; NG CA(2048bit)1.
00000040h: 30 11 06 03 55 04 0A 13 0A 45 4D 50 54 4C 53 54 ; 0...U....EMPTLST
00000050h: 65 73 74 31 16 30 14 06 03 55 04 0B 13 0D 45 4D ; est1.0...U....EM
00000060h: 50 54 4C 53 54 65 73 74 20 43 41 30 1E 17 0D 31 ; PTLSTest CA0...1
00000070h: 30 31 30 32 35 30 31 31 39 30 31 5A 17 0D 32 30 ; 01025011901Z..20
00000080h: 31 30 32 35 30 31 31 39 30 31 5A 30 4A 31 1B 30 ; 1025011901Z0J1.0
00000090h: 19 06 03 55 04 03 13 12 52 59 54 4F 4E 47 20 43 ; ...U....RYTONG C
000000a0h: 41 28 32 30 34 38 62 69 74 29 31 13 30 11 06 03 ; A(2048bit)1.0...
000000b0h: 55 04 0A 13 0A 45 4D 50 54 4C 53 54 65 73 74 31 ; U....EMPTLSTest1
000000c0h: 16 30 14 06 03 55 04 0B 13 0D 45 4D 50 54 4C 53 ; .0...U....EMPTLS
000000d0h: 54 65 73 74 20 43 41 30 82 01 22 30 0D 06 09 2A ; Test CA0?"0...*
000000e0h: 86 48 86 F7 0D 01 01 01 05 00 03 82 01 0F 00 30 ; 咹嗺.......?..0
000000f0h: 82 01 0A 02 82 01 01 00 BD F2 35 73 4B EC 12 FB ; ?..?..津5sK??
00000100h: 13 A8 41 2D 1B 9B 75 56 A1 63 DA 39 16 5C 78 83 ; .`-.泆V  ?.\x?
00000110h: 9C 9F DF 93 C0 CE 1B 13 49 A7 75 DC AE E8 D3 A7 ; 湡邠牢..I  粿栌?
00000120h: 54 52 66 50 D8 DE 11 BD EC 05 F2 90 C3 EA E9 05 ; TRfP刳.届.醚藾?
00000130h: A4 34 D4 F4 66 06 61 ED D1 9E 5D 8F 41 89 67 F2 ; ?贼f.a硌滏唐塯?
00000140h: BD A5 5B 26 63 32 7F 0B 33 1F 2C 1D 6D 1D 09 95 ; 渐[&c2.3.,.m..?
00000150h: B5 CA 97 6E 7A 28 BD 11 1D DD 3B DC C0 B0 A2 10 ; 凳鼻z(?.?芾阿.
00000160h: 4B D6 BC 2E 7C 97 14 77 D6 98 56 CD F6 CB B9 10 ; K旨.|?w謽V亡斯.
00000170h: 2B 18 B8 9D A3 9F F4 BA 94 A7 4F 82 88 7E AA A5 ; +.笹  艉敼O倛~
00000180h: 7A C9 2B 27 8F 52 AF AE 5E 48 25 7E 22 0B 5F 60 ; z?'廟  ^H%~"._`
00000190h: D3 40 BE 68 F5 76 42 79 1D AC 8E 56 51 5E 85 3E ; 親縦鯱By.瑤VQ^?
000001a0h: 07 F1 E2 FC AF 95 75 5D BA CB E2 99 28 BD AD 17 ; .疋  畦]核鉓(江.
000001b0h: B3 CF 1B B5 8D 64 99 B0 19 83 23 DA 63 FB 00 30 ; 诚.禅d櫔.?赹?0
000001c0h: 99 AB 8A 9B 43 46 F7 70 FB 00 37 B2 20 B0 A2 65 ; 櫕姏CF鱬?7?阿e
000001d0h: BB 13 B0 4B AD 15 28 95 2A 0A 15 06 B3 B1 FE 98 ; ?癒?(?...潮樢
```

●图 7-2　证书文件未做加密

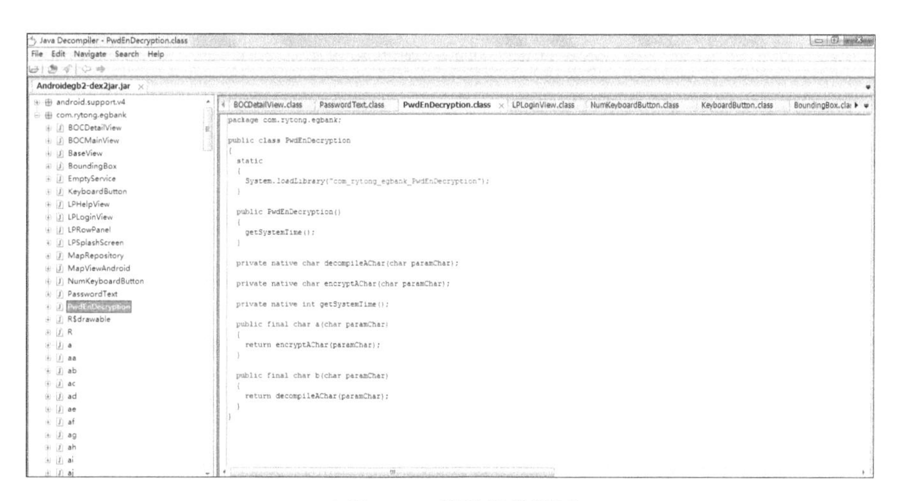

●图 7-3　代码保护测试

7.1.4　登录界面劫持测试

测试 APK 文件的界面是否可被劫持，若可被劫持，说明安装包有可能是被二次修改后，上传到安卓市场供用户进行下载安装。常见的如恶意加入第三方广告宣传。图 7-4 所示为 APK 文件安装后运行的原界面。

通过调试工具进行加载修改后，生成新的 APK 文件安装，发现可被二次修改，如图 7-5 所示。

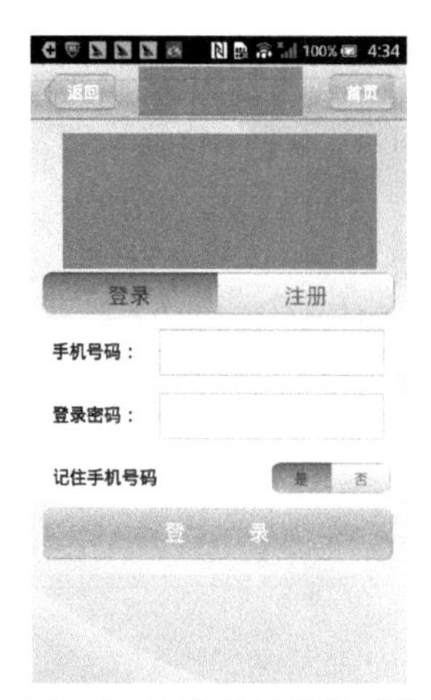

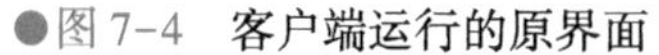

●图 7-4　客户端运行的原界面

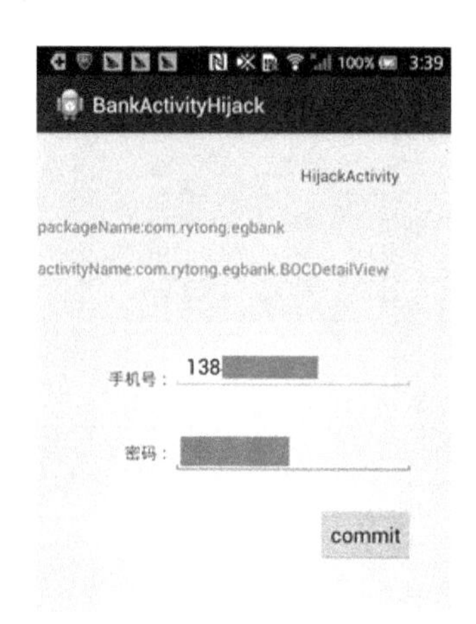

●图 7-5　修改后的登录界面

获取用户提交时输入的账号和密码信息，如图 7-6 所示。

Level	Time	PID	Text
V	07-16 15:36:51...	4539	service start..
V	07-16 15:36:59...	4539	hijacking start..
V	07-16 15:38:26...	4539	Hijack packageName:com.rytong.egbank
V	07-16 15:38:26...	4539	Hijack activityName:com.rytong.egbank.BOCDetailView
V	07-16 15:38:26...	4539	138
V	07-16 15:38:26...	4539	

●图 7-6　获取的账号和密码

7.1.5　日志打印测试

从反编译 APK 文件的代码中可以看出，代码中含有日志打印函数调用，如图 7-7 所示。

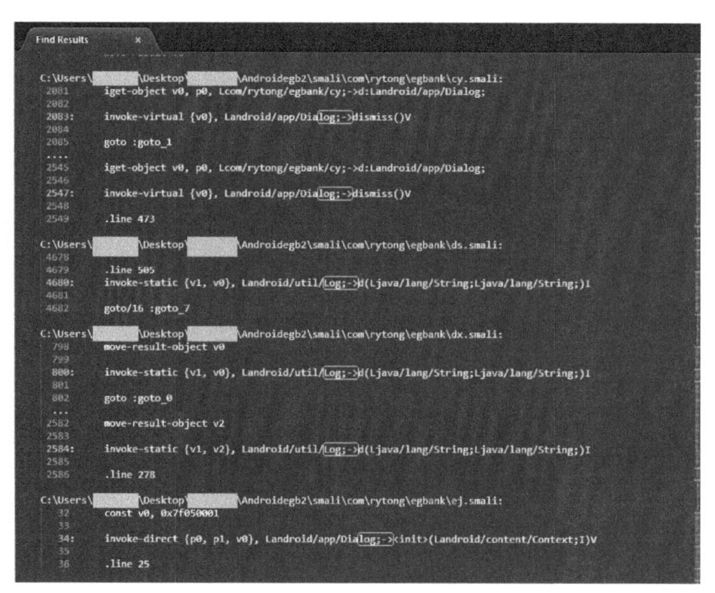

●图 7-7　日志打印函数调用

7.1.6　敏感信息测试

用账号和密码正常登录，测试发现%SystemRoot%\system32\drivers\etc 登录后，账号和密码存在于内存中，如图 7-8 和图 7-9 所示。

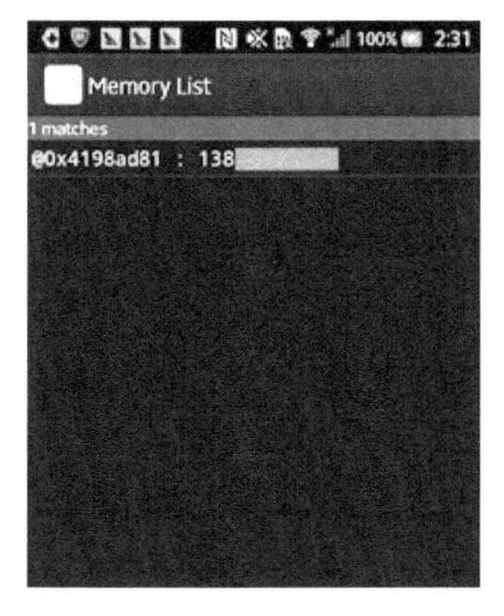

●图 7-8　内存中抓取的用户名

●图 7-9　内存中抓取的密码

7.1.7　登录过程测试

测试登录过程发现源代码可泄露，在登录过程中可以截取源代码，如图 7-10所示。


```
<?xml version='1.0' encoding='utf-8'?>
 I/System.out(12903):
<state
    serverrandom="U1OXIZrZKZNOPFu4Seu+xK6P/wkN+n3ksjL+XmN8UuE="
    status="0" />
  17:44:40.395: I/System.out(12903): parsexmlD = str ====== T7WdnqYVj2JpDnMcWoIzkA==
  17:44:40.395: I/System.out(12903): parsexmlD = str ====== yes
  17:44:40.400: I/System.out(12903): parsexmlD = str ====== 登　　录
  17:44:40.400: I/System.out(12903): parsexmlD = body ====mobileNo=186 &password=T7Wdn &remember=yes&ewp_login_app=%e7%99%bb%e3
  17:44:40.400: I/System.out(12903): parsexmlD = str ======
  17:44:40.425: I/System.out(12903): parsexmlD = url-->http:// /phone_s/login?app=egb&agent=android
  17:44:40.425: I/System.out(12903): parsexmlD = url------------->http:// :7020/phone_s/login?app=egb&agent=android
  17:44:40.425: I/System.out(12903): parsexmlD = requestStr------>
  17:44:40.425: I/System.out(12903): parsexmlD = tgqWxryqjt5I1/flathPKIPJWjokDD64atki12EDHS3daoBz9Bx4Gfltz+cW
  17:44:40.425: I/System.out(12903): +bUD+3wRrBg4Csyr8FF+4gxEbZ3FN7oW9EYh7U41R+N10UQkCEj+1HrrYAQp
  17:44:40.425: I/System.out(12903): a0MBq4QbDqMiD1ehoAizi1JS2iDEvrdXAPZ7J+Mjke997g7NGWcYGJorySJg
  17:44:40.425: I/System.out(12903): s+S2YTi1kR+AqOjvYeTSQV9Po9lpyiiIyA==
  17:44:40.425: I/System.out(12903): parsexmlD = ~~~~~~~~~~~~~~~~~~CMNET~~~~~~~~~~~~~~~~~~~~~
  17:44:40.430: I/System.out(12903): parsexmlD = request Accept ---> text/vnd.wap.wml
  17:44:40.445: I/System.out(12903): parsexmlD = request Content-Type ---> application/x-www-form-urlencoded
  17:44:40.460: I/System.out(12903): parsexmlD = request cookie ---> _session_id=bf2d80997aae7d65d1019edfb4f2e92a
  17:44:40.900: I/System.out(12903): parsexmlD = ResponseCode--->200
  17:44:40.910: I/System.out(12903): parsexmlD = encodeing gzip---->gzip
  17:44:41.170: I/System.out(12903): parsexmlC = result--->jy4ZLpW2eJ83qXbEsgqQJF6bi73FR1USXzyv2QDZbIdnaycLb/OPaMfr30rvzgD7F1bUTIpNwJBdt/HLgbJVenk86NSEmPLUL
  17:44:41.170: I/System.out(12903): parsexmlC = 2J22208y2In0f45R118khiEeq9Yy8YL7Mn1mLoUzTe/JXKOndrW+tEQUc1SDoKwkOFPGCWz3fmlfPQeD+Efq8O/ZITcwebU1Nbvs//bpLq1
  17:44:41.170: I/System.out(12903): parsexmlC = LWOZRJmp5SWAeKigBVsVrWymLR0BtZA9KHahPrJmr8lr0clyLKqBfmy7H1nqHymQeHXQGDgwsd1563nfaaF4WewqwvgsDoA9JxDzG656lg4
  17:44:41.175: I/System.out(12903): parsexmlD = response Content-Type ---> application/xml; charset=utf-8
  17:44:41.175: I/System.out(12903): parsexmlC = result--->jy4ZLpW2eJ83qXbEsgqQJF6bi73FR1USXzyv2QDZbIdnaycLb/OPaMfr30rvzgD7F1bUTIpNwJBdt/HLgbJVenk86NSEmPLUL
  17:44:41.175: I/System.out(12903): parsexmlC = 2J22208y2In0f45R118khiEeq9Yy8YL7Mn1mLoUzTe/JXKOndrW+tEQUc1SDoKwkOFPGCWz3fmlfPQeD+Efq8O/ZITcwebU1Nbvs//bpLq1
  17:44:41.175: I/System.out(12903): parsexmlC = LWOZRJmp5SWAeKigBVsVrWymLR0BtZA9KHahPrJmr8lr0clyLKqBfmy7H1nqHymQeHXQGDgwsd1563nfaaF4WewqwvgsDoA9JxDzG656lg4
  17:44:41.335: I/System.out(12903): parsexmlC = result--->
```


●图 7-10　登录过程源码

7.1.8　密码加密测试

用户的密码是重要的加密密码，也是重要的测试项，对抓取的加密密码进行破解，发现采用的是 BASE64 的加密方式，可被轻易解密还原，如图 7-11 和图 7-12所示。

```
39  04-20 17:44:40.265: W/System.err(12903):     at com.rytong.egbank.FormAction$3.run(FormAction.java:358)
40  04-20 17:44:40.270: W/System.err(12903):     at com.rytong.egbank.WaitDialog$Task.mainEntrance(WaitDialog.java:329)
41  04-20 17:44:40.270: W/System.err(12903):     at com.rytong.egbank.WaitDialog$Worker.run(WaitDialog.java:198)
42  04-20 17:44:40.270: I/System.out(12903): parsexmlD = result--->
43  <?xml version='1.0' encoding='utf-8'?>
44        17:44:40.270: I/System.out(12903):
45  <state
46      serverrandom="U1OXIZrZKZNOFFu4Seu+xK6P/wkN+n3ksjL+XmN8UuE="
47      status="0" />
48        17:44:40.395: I/System.out(12903): parsexmlD = str ====== T7WdnqYVj2JpDnMcWoIzkA==
49        17:44:40.395: I/System.out(12903): parsexmlD = str ====== yes
50        17:44:40.400: I/System.out(12903): parsexmlD = str ====== 登    录
51        17:44:40.400: I/System.out(12903): parsexmlD = body ====mobileNo=186        &password=T7WdnqYVj2JpDnMcWoIzkA%3d%3d&remember=yes&ewp_login_
52        17:44:40.400: I/System.out(12903): parsexmlD = str ======
53        17:44:40.425: I/System.out(12903): parsexmlD = url-->http://          :7020/phone_s/login?app=egb&agent=android
54        17:44:40.425: I/System.out(12903): parsexmlD = url------------->http://          :7020/phone_s/login?app=egb&agent=android
55        17:44:40.425: I/System.out(12903): parsexmlD = requestStr------>
56        17:44:40.425: I/System.out(12903): parsexmlD = tgqWxryqjt5I1/flathPKIPJWjokDD64atki12EDHS3daoBz9Bx4Gfltz+oW
57        17:44:40.425: I/System.out(12903): +bUD+3wRrBg4Csyr8FF+4gxEbZ3FN7oW9EYh7U41R+N10UQkCEj+1HrrYAQp
58        17:44:40.425: I/System.out(12903): a0MBq4QbDqMiD1ehoAizilJS2iDEvrdXAPZ7J+Mjke997g7NGWcYGJorySJg
59        17:44:40.425: I/System.out(12903): s+S2YTi1kR+AqOjvYeTSQV9Po9lpyiiIyA==
60        17:44:40.425: I/System.out(12903): parsexmlD = ~~~~~~~~~~~~~~~~~~CMNET~~~~~~~~~~~~~~~~~~~~
61        17:44:40.430: I/System.out(12903): parsexmlD = request Accept ---> text/vnd.wap.wml
62        17:44:40.445: I/System.out(12903): parsexmlD = request Content-Type ---> application/x-www-form-urlencoded
63        17:44:40.460: I/System.out(12903): parsexmlD = request cookie ---> _session_id=bf2d80997aae7d65d1019edfb4f2e92a
64        17:44:40.900: I/System.out(12903): parsexmlD = ResponseCode--->200
```

●图 7-11　用户登录加密密码

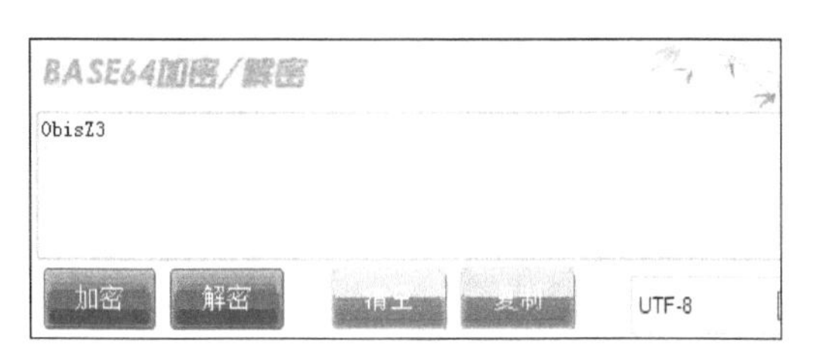

●图 7-12　解密还原后的密码

7.1.9　检测是否有测试文件

对 APK 文件的源代码进行反汇编后，发现 APK 文件内有测试文件没有被清除，测试文件中有敏感的个人信息，如图 7-13 所示。

```
<?xml version='1.0' encoding='utf-8'?>
      17:44:40.270: I/System.out(12903):
<state
    serverrandom="U1OXIZrZKZNOFFu4Seu+xK6P/wkN+n3ksjL+XmN8UuE="
    status="0" />
      17:44:40.395: I/System.out(12903): parsexmlD = str ====== T7WdnqYVj2JpDnMcWoIzkA==
      17:44:40.395: I/System.out(12903): parsexmlD = str ====== yes
      17:44:40.400: I/System.out(12903): parsexmlD = str ====== 登    录
      17:44:40.400: I/System.out(12903): parsexmlD = body ====mobileNo=186        &password=T7WdnqYVj2JpDnMcWoIzkA%3d%3d&remember=yes&ewp_login_app=%e7%9
0%80%e3%80%80%e3%80%80%e5%bd%95&to=i&login_button=1
      17:44:40.400: I/System.out(12903): parsexmlD = str ======
      17:44:40.425: I/System.out(12903): parsexmlD = url-->http://          :7020/phone_s/login?app=egb&agent=android
      17:44:40.425: I/System.out(12903): parsexmlD = url------------->http://          :7020/phone_s/login?app=egb&agent=android
      17:44:40.425: I/System.out(12903): parsexmlD = requestStr------>
      17:44:40.425: I/System.out(12903): parsexmlD = [illegible]
      17:44:40.425: I/System.out(12903): +bUD+3wRrBg4Csyr8FF+4gxEbZ3FN7oW9EYh7U41R+N10UQkCEj+1HrrYAQp
      17:44:40.425: I/System.out(12903): a0MBq4QbDqMiD1ehoAizilJS2iDEvrdXAPZ7J+Mjke997g7NGWcYGJorySJg
      17:44:40.425: I/System.out(12903): s+S2YTi1kR+AqOjvYeTSQV9Po9lpyiiIyA==
      17:44:40.425: I/System.out(12903): parsexmlD =                  CMNET
      17:44:40.430: I/System.out(12903): parsexmlD = request Accept ---> text/vnd.wap.wml
      17:44:40.445: I/System.out(12903): parsexmlD = request Content-Type ---> application/x-www-form-urlencoded
      17:44:40.460: I/System.out(12903): parsexmlD = request cookie ---> _session_id=bf2d80997aae7d65d1019edfb4f2e92a
```

●图 7-13　文件含有测试信息

7.1.10　代码中是否含有测试信息

对 APK 文件的源代码进行反汇编后，发现 APK 文件内有测试使用过的银行卡号和姓名等敏感信息，如图 7-14 所示。

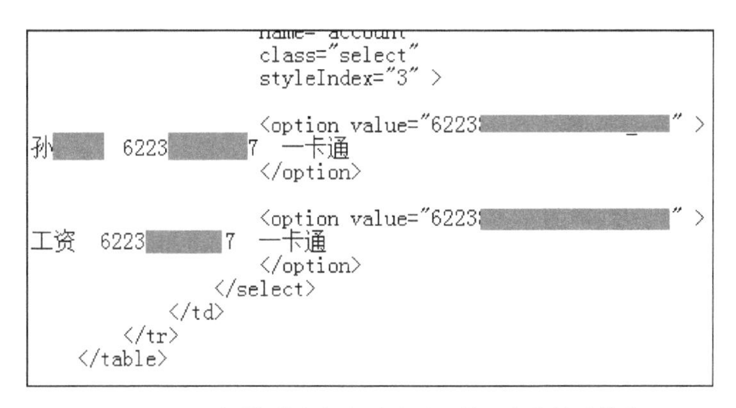

```
                 name="account"
                 class="select"
                 styleIndex="3" >

                 <option value="6223[redacted]" >
孙[redacted]  6223[redacted]7  一卡通
                 </option>

                 <option value="6223[redacted]" >
工资  6223[redacted]7  一卡通
                 </option>
             </select>
         </td>
     </tr>
 </table>
```

●图 7-14　源代码中含有测试用过的用户的敏感信息

7.1.11　加密方式测试

对 APK 文件进行测试，使程序发生程序错误，错误信息暴露了密码的加密方式，如图 7-15 所示。

```
NOFFu4Seu+xK6P/wkN+n3ksjL+XmN8UuE="

.err(12903): java.lang.RuntimeException: 错误的数据格式引起decode出错: <
.err(12903):     at com.rytong.egbank.Base64.decode(Base64.java:126)
.err(12903):     at com.rytong.egbank.Base64.decodeToStream(Base64.java:145)
.err(12903):     at com.rytong.egbank.Base64.decodeToBytes(Base64.java:162)
.err(12903):     at com.rytong.egbank.AESCipher.decrypt(AESCipher.java:70)
.err(12903):     at com.rytong.egbank.LPMid.DecryptWithSessionKey(LPMid.java:1412)
.err(12903):     at com.rytong.egbank.HttpManager.sendHttpRequest(HttpManager.java:360)
.err(12903):     at com.rytong.egbank.HttpManager.sendPostRequest(HttpManager.java:139)
```

●图 7-15　错误信息暴露了密码的加密方式

7.1.12　APK 完整性校验

常见的 Android 完整性检测包括检测签名、校验 classes. dex、校验整个 APK。

（1）检测签名

Android 对每一个 APK 文件都会进行签名，在 APK 文件安装时，系统会对其签名信息进行比对，判断程序的完整性，从而决定该 APK 文件是否可以安装，在一定程度上达到安全的目的。

- MANIFEST. MF：这是摘要文件。程序遍历 APK 包中的所有文件（entry），对非文件夹非签名文件的文件，逐个用 SHA1 生成摘要信息，再用 Base64 进行编码。如果改变了 APK 包中的文件，那么在 APK 安装校验时，改变后的文件摘要信息与 MANIFEST. MF 的检验信息不同，于是程序就不能成功安装。
- CERT. SF：这是对摘要的签名文件。对前一步生成的 MANIFEST. MF，使用 SHA1-RSA 算法，用开发者的私钥进行签名。在安装时只能使用公钥才能解密它。解密之后，将它与未加密的摘要信息（即 MANIFEST. MF 文件）进行对比，如果相符，则表明内容没有被异常修改。

- CERT. RSA 文件中保存了公钥、所采用的加密算法等信息。系统对签名文件进行解密，所需要的公钥就是从这个文件里取出来的。

(2) 校验 classes. dex

用 crc32 对 classes. dex 文件的完整性进行校验。

```
public class MainActivity extends Activity {
@ Override
protected void onCreate(BundlesavedInstanceState) {
    super.onCreate(savedInstanceState);
    setContentView(R.layout.activity_main);
    String apkPath = getPackageCodePath();
    Long dexCrc = Long.parseLong(getString(R.string.classesdex_crc));
    //建议将 dexCrc 值放在服务器做校验
    try
    {
        ZipFile zipfile = new ZipFile(apkPath);
        ZipEntry dexentry = zipfile.getEntry("classes.dex");
        Log.i("verification","classes.dexcrc="+dexentry.getCrc());
        if(dexentry.getCrc() != dexCrc){
        Log.i("verification","Dexhas been modified!");
        }else{
        Log.i("verification","Dex hasn't been modified!");
        }
    } catch (IOException e) {
     // TODO Auto-generated catch block
     e.printStackTrace();
    }
  }
}
```

(3) 校验整个 APK

```
public class MainActivity extends Activity {
@ Override
protected void onCreate(BundlesavedInstanceState) {
    super.onCreate(savedInstanceState);
    setContentView(R.layout.activity_main);
String apkPath = getPackageCodePath();
     MessageDigest msgDigest = null;
       try {
         msgDigest = MessageDigest.getInstance("SHA-1");
         byte[] bytes = new byte[1024];
         intbyteCount;
```

```
        FileInputStream fis = new FileInputStream(new File(apkPath));
        while ((byteCount = fis.read(bytes)) > 0)
        {
            msgDigest.update(bytes, 0, byteCount);
        }
        BigInteger bi = new BigInteger(1, msgDigest.digest());
        String sha = bi.toString(16);
        fis.close();
        //这里添加从服务器中获取哈希值,然后进行对比校验
        } catch (Exception e) {
          e.printStackTrace();
        }
    }
}
```

7.2　APK 文件安全保护建议

由于安卓 App 是基于 Java 程序开发的，所以非常容易被破解。一个不经过加固的 App 毫无安全性可言。之前曾有新闻报道，一些专职的 App 打包客就是专门从各种渠道找到 APK 文件，通过各种破解手段将 APK 文件破解、反编译，然后加入广告或病毒代码，重新打包投入市场，用户在安卓市场将带有病毒广告的 APK 文件下载下来安装运行，进而造成利益损失。

下面将介绍 App 加固的原理和实现的步骤。

7.2.1　Android 原理

Android 自底层向上分为下列 4 个功能层，如图 7-16 所示。

- Linux 内核层。
- 系统运行库层。
- 应用程序框架层。
- 应用程序层。

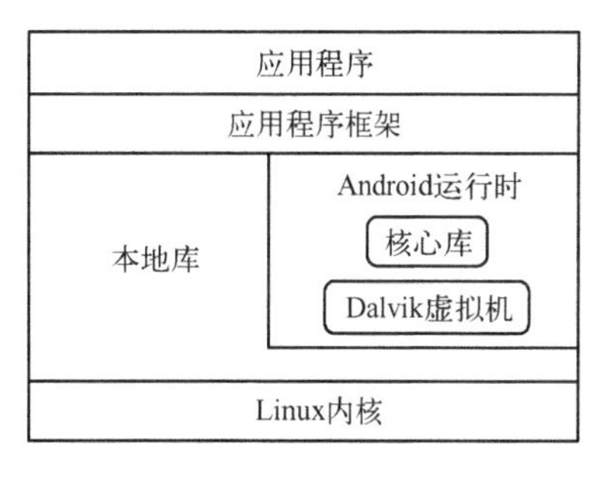

图 7-16　Android 系统的 4 个功能层

其中应用程序框架层提供了开发 Android 应用程序所需的一系列类库，包含 4 类基本组件：丰富的控件、资源管理器、内容提供器和活动管理器。

传统的安卓应用一般都是由 Java 语言编写，由 4 个主要组件组成：Activity、Intent Receiver、service 和 content provider，如图 7-17 所示。

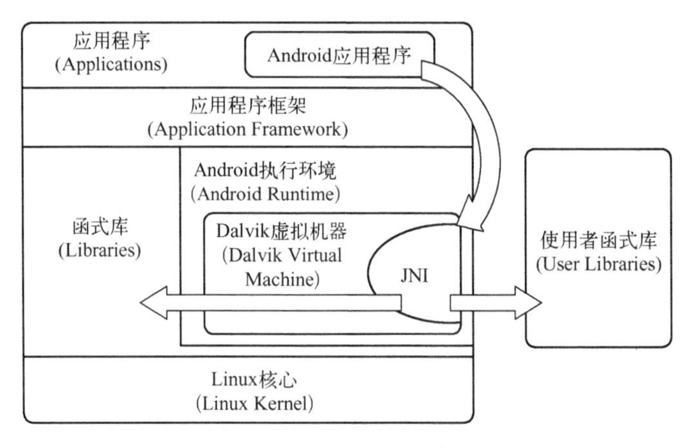

●图 7-17　Android 递归

Android 应用程序所使用的编程语言是 Java 语言，和 Java SE 一样，编译时使用 Sun JDK 将 Java 源程序编程成标准的 Java 字码文件（. class 文件），而后通过工具软件 DX 把所有字节码文件转成 DEX 文件，最后使用 Android 打包工具（aapt）将 DEX 文件、资源文件及 Android-Manifest. xml 文件组合成一个应用程序包（APK），如表 7-1 所示。

表 7-1　文件名及说明

文　件　名	说　　明
META-INF	存放签名信息
Res	存放资源文件的目录
Android-Manifest. xml	程序全局配置文件
Classes，dex	Java 源码编译后生成的 Dalvik 字节码文件
Resources. arsc	编译后的二进制资源文件

7. 2. 2　APK 文件保护步骤

源码加密：源码加密包括 DEX 文件保护、防二次打包、so 文件保护和资源文件保护。其中各个加密项目又包括很多小项目，以 DEX 文件加密保护为例，DEX 加密需要 DEX 加壳保护、DEX 加花和 DEX 动态类加载等，如图 7-18 所示。

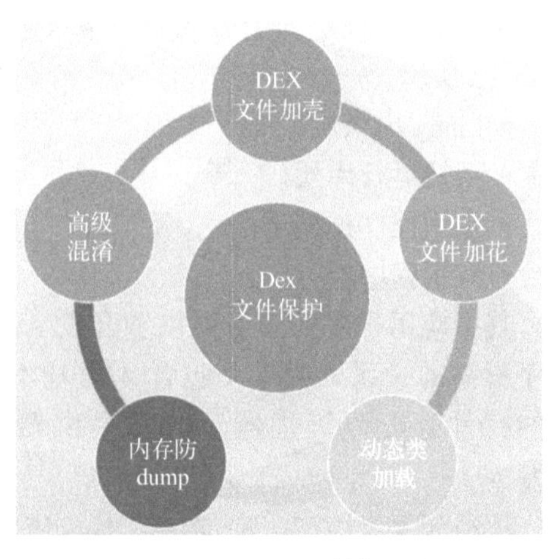

●图 7-18　DEX 文件保护方式

应用加密：应用加密包括 log 日志输入屏蔽和清场技术。以清场技术为例，清场技术依赖于云端黑名单和白名单 DB，应用每次启动后，便自动进行本地的黑名单和白名单 DB 数据更新。若检测到有异常情况，则可对用户进行提示，如图 7-19 所示。

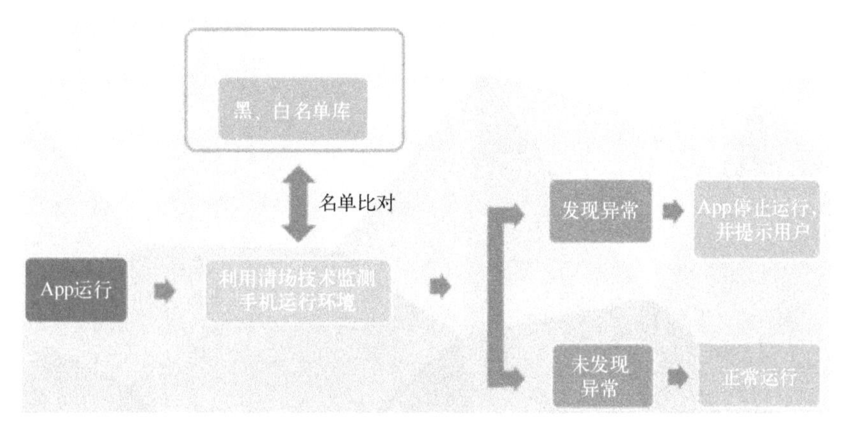

●图 7-19　应用加密技术

数据安全：数据安全包括页面防劫持、本地数据保护、截屏保护、内存数据防查询、协议加密和虚拟键盘。

以防截屏录屏功能为例，通过 Hook 技术监控系统底层截屏相关函数（操作），阻止相关函数调用，也可以在界面中添加代码来防止页面截屏，如图 7-20 所示。

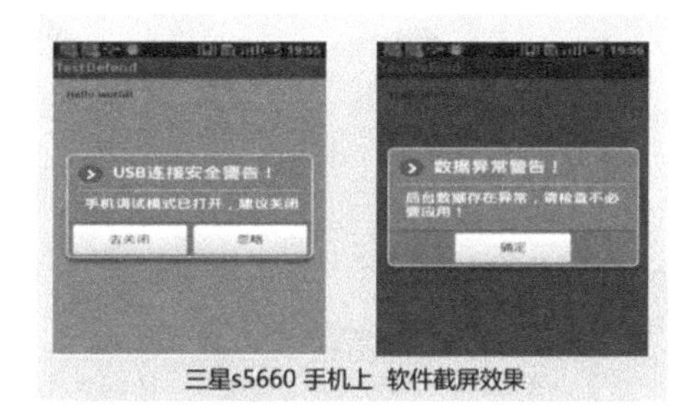

●图 7-20　防截屏保护实例

思考题

- App 可能会面临哪些威胁？
- Android 有几个功能层？分别是什么？

第 8 章
云计算信息安全风险评估

8.1　云计算安全与传统安全的区别

云计算安全与传统安全的区别不大，下面就来看看它们的异同。云计算安全与传统安全的相同点如下。

- 目标是相同的，保护信息与数据的安全和完整。
- 保护对象相同，保护计算、网络和存储资源的安全性。
- 采用的技术类似，如传统的加解密技术、安全检测技术等。

云计算安全与传统安全的不同点如下。

- 云计算服务模式导致的安全问题。
- 虚拟化带来的技术和管理问题。

云计算安全会面临的安全威胁挑战主要来源于技术、管理和法律风险3个方面。挑战包括以下几个。

- 数据集中，聚集的用户、应用和数据资源可以使黑客更方便地发动集中攻击，事故一旦产生，影响范围广，后果严重。
- 传统基于物理安全边界的防护机制在云计算的环境中难以得到有效的应用。
- 基于云的业务模式，给数据安全保护提出了更高的要求。
- 云计算的系统非常大，发生故障时，如果要快速地定位问题所在，挑战也很大。
- 云计算的开放性对接口安全提出了新的要求。
- 管理方面的挑战在于管理权方面，云计算数据的管理权和所有权是分离的，比如，在公有云服务方面，是否给供应商提供一些高权限的管理；此外，在企业和服务提供商之间需要在安全方面达成一致；还有就是在协同和管理上的一些问题，比如，发生攻击时的联动，对运营管理的模式提出了一些要求，同时还有监管方面的挑战等。
- 在法律风险方面主要是地域性的问题。云计算应用引发了地域性弱、信息流动性大的特点，在信息安全监管、隐私保护等方面可能存在法律风险。

8.2　云计算信息安全检测的新特性

8.2.1　云计算抗DDoS的安全

DDoS是实施成本较低和技术手段最为容易的恶意攻击形式，许多全球大型互联网企业都曾遭受过DDoS攻击，无数的中、小企业更是深受其害。无论是技术含量较高的反射式攻击，还是简单粗暴的带宽消耗，无不令受害者防不胜防、头痛不已。

好的一面是，随着近年来DDoS的攻击流量和频率都越来越大，抗DDoS服务也变得越来越重要，重量级的选手也纷纷参与进来。目前国内已经有数家在技术和基础设施上均具备雄厚资源的抗 DDoS 服务提供商，并在业界有着良好的口碑和长期的服务经验。

云平台抗 DDoS 服务主要体现在以下几个方面。

- 攻击检测利用覆盖全网核心路由器的 NetFlow 数据进行攻击监测，在大流量攻击发生时，有别于传统攻击检测方式，只能在近攻击目的端的网络或主机上计算攻击流量和访问量，因而无法避免出现因为流量拥塞或丢包带来的记数严重偏小的问题，可以在全网所有链路上对去往目标 IP 的实际攻击流量进行全面评估，因此对大型 DDoS 攻击的流量规模测度最为准确。
- 攻击防护包含流量压制和流量清洗两种主要功能，其突出优势是“近源防护”的概念，监控分析全网的路由器的 NetFlow 数据，能够准确辨别一个攻击的主要区域来向，可以判断是从境外发起还是从国内其他运营商发起，并定位发起点是哪一家运营商、哪一个城市甚至是 IDC 机房，从而调度 IP 承载网路由器和分布式部署的流量清洗设备将攻击流量在“最靠近攻击发起源”的网络结点上对攻击流量进行清除，因此其攻击防护能力在理论上无限大。清洗设备以运营商级大容量高性能清洗设备为主，有很强的小包处理和转发性能，对 Web 安全过滤有一定的能力，同时接受用户对清洗防护策略模板的深度定制。
- 分析溯源主要解决对攻击来源的准确定位。大家知道，黑客利用僵尸主机发起攻击时，通常会使用虚假源 IP 地址，以达到混淆身份、藏匿归属的目的。通过将每一个监测到的攻击进行实时 NetFlow 分析，找出攻击发起点接入网络设备的物理电路接口，通过该接口就能准确定位攻击源，不需要进行任何关于 IP 源地址的归属推测。

8.2.2 云计算多用户可信领域安全

云安全架构的一个关键特点是云服务提供商所在的等级越低，云服务用户自己所要承担的安全能力和管理职责就越多。

加密磁盘上的数据或生产数据库中的数据都很重要（静止的数据），可以用来防止恶意的云服务提供商、恶意的邻居“租户”及某些类型应用的滥用。但是静止数据加密比较复杂，如果仅使用简单存储服务进行长期的档案存储，用户加密他们自己的数据后，发送密文到云数据存储商那里是可行的。但是对于 PaaS 或者 SaaS 应用来说，数据是不能被加密的，因为加密过的数据会妨碍索引和搜索。到目前为止，还没有可商用的算法可以实现数据全加密。

PaaS 和 SaaS 应用为了实现可扩展、可用性、管理及运行效率等方面的“经济性”，基本都采用多租户模式，因此被云计算应用所用的数据会和其他用户的数据混合存储（如 Google 的 BigTable）。虽然云计算应用在设计之初已采用诸如“数据标记”等技术来防止非法访问混合数据，但是通过应用程序的漏洞，非法访问还是会发生，最著名的案例就是 2009 年 3 月发生的谷歌文件非法共享。

虽然有些云服务提供商应用第三方审查应用程序或第三方应用程序的安全验证工具加强应用程序安全，但出于经济性考虑，无法实现单租户专用数据平台，因此唯一可行的选择就是不要把任何重要的或者敏感的数据放到公共云中。

8.2.3　云计算的其他安全新特性

8.2.3.1　应用安全

由于云环境的灵活性、开放性及公众可用性等特性，给应用安全带来了很多挑战。提供商在云主机上部署的Web应用程序应当充分考虑来自互联网的威胁。

（1）终端用户安全

对于使用云服务的用户，应该保证自己计算机的安全。在用户的终端上部署安全软件，包括反恶意软件、防病毒、个人防火墙及IPS类型的软件。目前，浏览器已经普遍成为云服务应用的客户端，但不幸的是，所有的互联网浏览器毫无例外地存在软件漏洞，这些软件漏洞加大了终端用户被攻击的风险，从而影响云计算应用的安全。因此云用户应该采取必要措施来保护浏览器免受攻击，在云环境中实现端到端的安全。云用户应使用自动更新功能，定期完成浏览器补丁和更新工作。

（2）SaaS应用安全

SaaS应用提供给用户的能力是命名服务商运行在云基础设施之上的应用，用户使用各种客户端设备通过浏览器来访问应用。用户并不管理或控制底层的云基础设施，如网络、服务器、操作系统或存储等甚至是其中单个的应用能力，除非是某些有限用户的特殊应用配置项。SaaS模式决定了提供商管理和维护整套应用，因此SaaS提供商应最大限度地确保提供给客户的应用程序和组件的安全，客户通常只需负责操作层的安全功能，包括用户和访问管理，所以选择SaaS提供商特别需要慎重。目前，对于提供商评估通常的做法是根据保密协议，要求提供商提供有关安全实践的信息。该信息应包括设计、架构、开发、黑盒与白盒应用程序安全测试和发布管理。有些客户甚至请第三方安全厂商进行渗透测试（黑盒安全测试），以获得更为详细的安全信息，不过渗透测试通常费用很高，而且也不是所有提供商都同意这种测试。

还有一点需要特别注意的是，SaaS提供商提供的身份验证和访问控制功能通常情况下是客户管理信息风险唯一的安全控制措施。大多数服务包括谷歌都会提供基于Web的管理用户界面。最终用户可以分派读取和写入权限给其他用户。然而这个特权管理功能可能不先进，细粒度访问可能会有弱点，也可能不符合组织的访问控制标准。

在目前的SaaS应用中，提供商将客户数据（结构化和非结构化数据）混合存储是普遍的做法，通过唯一的客户标识符，在应用中的逻辑执行层可以实现客户数据逻辑上的隔离，但是当云服务提供商的应用升级时，可能会使这种隔离在应用层执行过程中变得脆弱。

因此，客户应了解SaaS提供商使用的虚拟数据存储架构和预防机制，以保证多租户在一个虚拟环境下所需要的隔离。SaaS提供商应在整个软件生命开发周期加强在软件安全性上所采取的措施。

（3）PaaS应用安全

PaaS应用提供给用户的能力是在云基础设施之上部署用户创建或采购的应用，这些应用使用服务商支持的编程语言或工具开发，用户并不管理或控制底层的云基础设施，包括网络、服务器、操作系统或存储等，但是可以控制部署的应用及应用主机的某个环境配置。

PaaS 应用安全包括两个层面：PaaS 平台自身的安全；客户部署在 PaaS 平台上应用的安全。

在多租户 PaaS 的服务模式中，最核心的原则就是多租户应用隔离。云用户应确保自己的数据只能在自己的企业用户和应用程序间访问。提供商维护 PaaS 平台运行引擎的安全，在多租户模式下必须提供“沙盒”架构，平台运行引擎的“沙盒”特性可以集中维护客户部署在 PaaS 平台上应用的保密性和完整性。云服务提供商负责监控新的程序缺陷和漏洞，以避免这些缺陷和漏洞被用来攻击 PaaS 平台和打破“沙盒”架构。

（4）LaaS 应用安全

LaaS 应用提供商（如亚马逊 EC2、GoGrid 等）将客户在虚拟机上部署的应用看成是一个黑盒子，LaaS 提供商完全不知道客户应用的管理和运维。客户的应用程序和运行引擎无论运行在何种平台上，都由客户部署和管理，因此客户负有云主机之上应用安全的全部责任，客户不应期望 LaaS 提供商的应用安全帮助。

8. 2. 3. 2　虚拟化安全

基于虚拟化技术的云计算引入的风险主要有两个方面：一个是虚拟化软件的安全；另一个是使用虚拟化技术的虚拟服务器的安全。

（1）虚拟化软件安全

该软件直接部署于裸机之上，提供能够创建、运行和销毁虚拟服务器的能力。实现虚拟化的方法不止一种，实际上，有几种方法都可以通过不同层次的抽象来实现相同的结果，如操作系统级虚拟化、全虚拟化或半虚拟化。在 LaaS 云平台上，云主机的客户不必访问此软件层，它完全应该由云服务提供商来管理。

由于虚拟化软件层是保证客户的虚拟机在多租户环境下相互隔离的重要层次，可以使客户在一台计算机上同时安全地运行多个操作系统，所以必须严格限制任何未经授权的用户访问虚拟化软件层。云服务提供商应建立必要的安全控制措施，限制对于 Hypervisor 和其他形式的虚拟化层次的物理和逻辑访问控制。

虚拟化层的完整性和可用性对于保证基于虚拟化技术构建的公有云的完整性和可用性是最重要，也是最关键的。一个有漏洞的虚拟化软件会暴露所有的业务域给恶意的入侵者。

（2）虚拟服务器安全

虚拟服务器位于虚拟化软件之上，对于物理服务器的安全原理与实践也可以被运用到虚拟服务器上，当然也需要兼顾虚拟服务器的特点。

应选择具有 TPM 安全模块的物理服务器，TPM 安全模块可以在虚拟服务器启动时检测用户密码，如果发现密码及用户名的 Hash 序列不对，就不允许启动此虚拟服务器。因此，对于新建的用户来说，选择这些功能的物理服务器来作为虚拟机应用是很有必要的。如果有可能，应使用新的带有多核的处理器，并支持虚拟技术的 CPU，这样就能保证 CPU 之间的物理隔离，从而减少许多安全问题。

安装虚拟服务器时，应为每台虚拟服务器分配一个独立的硬盘分区，以便将各虚拟服务器之间从逻辑上隔离开来。虚拟服务器系统还应安装基于主机的防火墙、杀毒软件、IPS（IDS），以及日志记录和恢复软件，以便将它们相互隔离，并与其他安全防范措施一起构成多层次防范体系。

对于每台虚拟服务器，应通过 VLAN 和不同的 IP 网段的方式进行逻辑隔离。对需要相互通信的虚拟服务器之间的网络连接，应当通过 VPN 的方式来进行，以保护它们之间网络传输的安全。实施相应的备份策略，包括它们的配置文件、虚拟机文件及其中的重要数据都要进行备份，备份也必须按照一个具体的备份计划来进行，应当包括完整、增量或差量备份方式。

在防火墙中，尽量对每台虚拟服务器进行相应的安全设置，进一步对它们进行保护和隔离。将服务器的安全策略加入到系统的安全策略中，并按物理服务器安全策略的方式来对待。

对虚拟服务器的运行状态进行严密监控，实时监控各虚拟机中的系统日志和防火墙日志，以此来发现存在的安全隐患。对不需要运行的虚拟机应当立即关闭。

8.3 云计算安全防护

8.3.1 针对 APT 攻击防护

主要针对云平台 APT 攻击中广泛采用的 0DAY/NDAY 漏洞、特种木马和渗透行为等技术手段及战法进行全流量的深入分析，并结合攻击事件关联、资产关联和可视化展示等功能实现对 APT 攻击的全生命周期的预警。

8.3.1.1 虚拟执行技术发现漏洞攻击

虚拟执行技术原理是将实时文件先引入虚拟机，在打开文件的同时，对虚拟机的文件系统、进程、注册表和网络行为实施监控，判断文件中是否包含恶意代码，从而实现对恶意代码和 0DAY/NDAY 漏洞攻击的行为预警。

虚拟执行将不再局限于可执行程序，而是面向更广阔的软件应用，虚拟出来的运行环境能够模拟正常的软件行为，例如模拟微软 Word 程序的功能来打开捕获而来的可疑 .doc 文档文件，从这个过程中发现是否有利用恶意代码漏洞来尝试进行攻击的行为，如远程 URL 下载、释放文件并执行等。

8.3.1.2 网络级的木马安全检测

通过旁路方式分析核心交换的流量数据，对全网范围内的木马通信行为进行监控、分析、识别和预警，弥补传统安全软件（防火墙、入侵检测系统和防毒墙等）在网络层对木马检测的技术空白。

8.3.1.3 基于行为和特征的检测方法

通过强大的特征库和行为库，使用基于行为和特征的木马检测方法，在网络层对各种已知和未知木马的网络通信行为进行实时监控、分析和识别预警，如通过黑域名、黑 IP 和木马特征码对已知木马进行检测和发现，通过心跳规律、可疑流出流量和动态域名等木马行为对未知木马进行检测和发现。

8.3.1.4 木马追踪和地址定位

一旦发现网络内部具有木马行为，则可以对内网的主机和外网的目标地址进行准确定位，判断目标主机所在的国家和地区，并获取与木马相关的深度信息，包括木马名称、木马编号、木马类型、木马家族、制作组织、来源国家、木马特征、危害等级、风险描述和安全建议等。

8.3.1.5 未知木马检测

准确识别已知木马，还应具有强大的未知木马的识别能力。对已知木马的识别是基于已知木马特征（木马特征库包括木马特征码、黑域名、黑 IP 和黑网址）检测方法，发现已知木马；而未知木马的识别则是基于行为（异常规律域名解析、异常心跳信号、异常 DNS 服务器、异常流量、异常动态域名和非常规域名等）的木马检测方法，通过多种通信行为的复合权值，判断未知木马的网络通信行为。

8.3.2 针对恶意 DDoS 攻击防护

8.3.2.1 分布全国的防护中心

针对恶意 DDoS 攻击，在全国拥有防护中心，其中包括若干高防机房，覆盖全国的主要运营商线路。每个防护中心拥有多个防护结点，以保证可用性，最高可达到 20 GB，足够应对已知的大多数 DDoS 攻击。通过 DNS 解析服务将流量导向到最近的防护中心进行流量清洗，正常的访问将被转发到被保护网站。

8.3.2.2 高带宽中心机房

当 DDoS 攻击超过一般的防护中心范围时，可及时将流量导向到高防中心机房，动态总防护能力可达到 2 TB 以上。抗 CC 攻击能力可达到每秒百万级的访问，可防御已知规模最大的 DDoS 攻击。

8.3.2.3 已知 DDoS 的防护能力

使网站能够抵御 OSI 的 4 ～ 7 层的 DDoS 攻击，包括网络层、传输层和应用层的攻击，同时可以有效抵御各种反射攻击和僵尸网络攻击，如 TCP Flood、UDP Flood 和 ICMP Flood。

可抵御以下类型的 DDoS 攻击。

- TCP 类流量攻击，如 TCP SYN+ACK、TCP FIN、TCP RESET、TCP ACK、TCP ACK+PSH 和 TCP Fragment 等。
- 其他 Flood 类攻击，如 UDP、ICMP、IGMP 和 HTTP 等 Flood 攻击，DNS flood、混合 SYN+UDP or ICMP+UDP flood 等。
- 反射类攻击，如 Smurf、UDP 反射、NTP 反射和 DNS 反射攻击等。
- 其他 DDoS 攻击，如 Teardrop、Slowloris 等。

8.3.2.4 抗 CC 攻击能力

能根据访问者的 URL、频率行为等访问特征，智能识别 CC 攻击。当有 CC 攻击被保护网站时，可及时发现并进行拦截，可以避免网站资源被 CC 攻击耗尽，确保网站能被正常访问。

8.4 智慧城市安全防护

智慧城市是基于泛在网络交联，物理、社会、数字、网络四维空间深度融合，提供智能处理城市事务的资源和能力，实现高度智能化、安全可信、按需服务的城市，安全是发展的前提。本节中，将详细讲述智慧城市的安全防护方法。

8.4.1 智慧城市的安全防护思路

伴随网络技术的发展，网上应用的丰富，互联网+的时代已经来临。近年来，网络空间已经成为继陆、海、空、天之后的第五大国家主权空间，网络安全涉及国家关键基础设施和经济社会稳定大局，辐射范围之广，影响行业之多，应当予以充分重视。

8.4.1.1 安全现状

面对新的安全形式和技术，我们以满足国家信息安全相关规范的要求为依据，借助国内互联网安全公司的丰富经验和先进的技术，结合智慧城市的实际建设情况，搭建起一套全新的信息安全体系。

8.4.1.2 防护思路

由于本方案内容涉及很多方面，因此进行分析时要本着多层面、多角度的原则，从理论到实际，从软件到硬件，从组件到人员，制定详细的实施方案和安全策略，避免遗漏。本方案遵循以下原则：

- 高可用性：系统设计尽量不改变现有的网络结构和设备。
- 可靠性和安全性：信息系统的稳定可靠关系重大，因此可靠性是信息系统运行的首要保证。方案采用相应的手段保证系统、网络和数据的稳定可靠性，系统设计要具备较高的可靠性和安全性，保证网络故障尽可能小地影响内部业务系统。
- 高扩展性：系统设计所选择的软硬件产品应具有一定的通用性，采用标准的技术、结构、系统组件和用户接口，支持所有流行的网络标准及协议；系统设计应采用先进的技术设备，便于今后网络规模和业务的扩展。
- 可管理性：保证整个信息系统应具备较高的资源利用率并便于管理和维护。网络系统的管理和维护工作至关重要，在系统设计时，既要充分考虑平台的易管理性，为平台维护者提供方便的管理工具，同时又要具备设计规范，但不失灵活的工作流程。
- 高效性：保证整个信息系统应具有较高的性能价格比，并能够很好地保护投资。
- 协同性：以前的安全防护无论采用哪种技术手段，基本上都是基于单一的防护手段，比如单纯的边界访问控制、单纯的病毒检测查杀、单纯的入侵检测等，可以把传统的安全防御体系比作一道固若金汤的长城，但是长城的弱点是打穿一点，就失去了全线的防御能力。因此，方案设计实现从物理、边界、终端和内网这四个维度的智能感知与联动，形成一种类似于网格化的安全防御体系，在每个节点上都有一座防御塔，而这些塔之间形成了一张防御的网，即使突破一点，也很难渗透进入系统内部。

8.4.2 智慧城市的安全解决方案

8.4.2.1 安全域的划分

为了实现智慧城市信息系统的等级化划分与保护，需要依据安全标准里的相关原则规划与区分不同安全保障对象，并根据保障对象设定不同业务功能及安全级别的安全区域，以根据各区域的重要性进行分级的安全管理。

信息系统是进行安全保护管理的最终对象，为体现重点保护重要信息系统安全，有效控制信息安全建设成本，优化信息安全资源配置的等级保护原则，在进行信息系统的划分时，应考虑以下几个方面：

（1）相同的管理机构

信息系统内的各业务子系统在同一个管理机构的管理控制之下，可以保证遵循相同的安全管理策略。

（2）相似的业务类型

信息系统内的各业务子系统具有相同的业务类型，安全需求相近，可以保证遵循相同的安全策略。

（3）相同的物理位置或相似的运行环境

信息系统内的各业务子系统具有相同的物理位置或相似的运行环境，意味着系统所面临的威胁相似，有利于采取统一的安全保护。

（4）相似安全控制措施

信息系统内的各业务子系统面临相似的安全威胁，因此需采用相似的安全控制措施来保证业务子系统的安全。

根据智慧城市信息系统的业务功能、特点及各业务系统的安全需求，将网络划分为边界接入区、网络核心区、数据通信区、内网业务区和运维管理区。

8.4.2.2　多维联动塔防式的安全防控体系

用“物理+端+边界+内网感知”的协同安全体系模型弥补了物理安全、边界安全、终端安全与内网安全之间的孤岛问题，将四者有机统一起来，形成一个真正有防护价值的下一代安全体系，如图 8-1 所示。

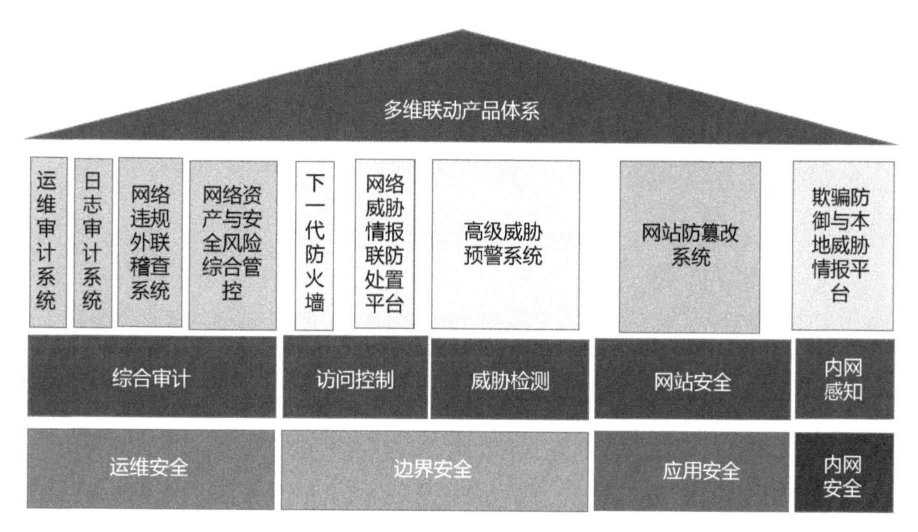

●图 8-1　多维联动式安全防护体系

8.4.2.3　协同防御的安全模型

利用威胁情报，为网络侧安全产品提供了情报支持。通过对边界网络流量的全流量感知和分析，来发现边界威胁。利用沙箱，对网络侧来往的文件进行还原检测。即使黑客突破的边界防御，作为内网最后一道防护屏障的内网感知系统也会持续发挥作用，仍可有效地混淆和隔离攻击，输出标准的威胁情报，同步其他边界设备，达到协同防御的目的，如图 8-2 所示。

通过全景视频系统和人体多维特征与行为识别系统来保证中心数据机房的安全。
01
物理
安全
02
边界
安全
对流经网络边界全流量进行检测，通过安全沙箱发现攻击行为，并通过云端、终端协同阻止攻击行为。
四维安全
防护体系
服务端
威胁检测
内网
感知
依据安全检测标准，由安全专家对当前服务端进行安全检测、加固。
03
04
通过部署安全诱捕节点，有效混淆、隔离攻击，输出标准威胁情报，实现协同防御。

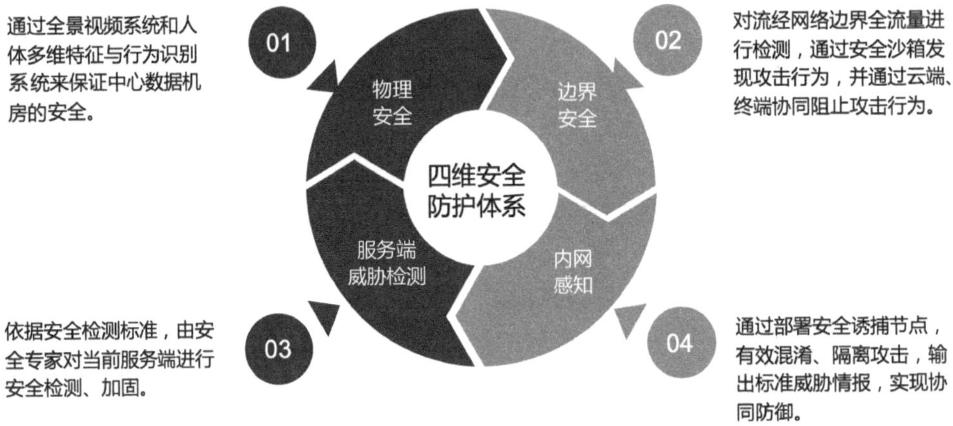

●图 8-2 协同防御安全模型

思考题

- 云计算信息安全与传统安全有哪些区别?
- 针对云计算的 APT 攻击可以用什么方式进行防护?